講義実録 統計入門

京都大学
データ科学イノベーション
教育研究センター〔著〕

現代図書

目　次

はじめに

京都大学　データ科学イノベーション教育研究センター長

山本　章博

　データサイエンスは科学研究の基礎的素養の一つである。自然科学のみならず人文・社会科学においても、現象を観察してその結果をコンピュータに記録し、解析することにより現象の裏に潜む原理を解き明かす、という手法が用いられる。科学研究でだけでなく、企業活動においてもデータを収集して分析し、ビッグデータとして活用することが多くなった。さらにビッグデータは、法律・政策、金融・保険、健康・医療、災害対策など社会における様々な分野で扱われている。ビッグデータの解析と人工知能などの高度な情報技術を原動力にして Society 5.0 の構築を主導する人材の育成は喫緊の課題である。文部科学省はデータサイエンス教育を推進し、普及させることを目標に平成 29 年度から共通政策課題「数理及びデータサイエンスに係る教育強化」を開始し、令和 4 年度からは「数理・データサイエンス・AI 教育の全国展開の推進」に引き継がれている。京都大学は前者の拠点校の一つとして選定され、データ科学イノベーション教育研究センター（以下「CIREDS」という）が国際高等教育院附属センターとして設置された。

　データサイエンスを構成する主要な学問が統計学である。本書は京都大学教養・共通教育の自然科学科目群・データ科学群において開講している科目「統計入門」の講義内容を書籍化したものである。この科目は CIREDS と情報学研究科、学術情報メディアセンターに所属する教員などで分担して 13 クラスを開講し、令和 4 年度の履修登録者の総数は 1200名を超える大規模な科目である。履修者の所属学部は、京都大学のすべての学部に及び、一部の学部・学科では必修あるいはそれに準じた扱いとなっている。また、文系学部とされる、総合人間学部、文学部、教育学部、経済学部、法学部の学生が受講しやすいように配慮された内容のクラスも設置されるなど、京都大学の教養・共通教育におけるデータサイエンス教育の中心となっている。さらに「統計入門」を基盤とするプログラムは文部科学省の「数理・データサイエンス・AI 教育プログラム認定制度」において、リテラシーレベルの教育プログラムにとして認定されている。

　京都大学には、従前より情報・統計・数理に関しトップレベルの研究業績を有する教員が多数在籍し、その学識等を基にそれぞれの学部等で教育を行ってきた。教養・共通教育においては 2 回生以上向けの数学の科目として「数理統計」が開講されている。そのような中で、国際高等教育院の設置に先立って平成 25 年度に設置された企画評価専門委員会基礎教育検討ワーキング・グループにおいて、医学部から統計学についての要望が寄せられたことが「統計入門」が開講された直接の経緯である。確率論をベースに数学的な定理と証明付きの議論を展開するのでなく、数学嫌いにならないルートで、使える統計あるいは

騙されない統計を身に付けることができる科目を提供して欲しいという趣旨であった。これを受けて検討が行われた上で、数学部会・情報系部会・生物学部会の合同小委員会として議論することになった。調査の結果、統計に対するニーズの強い学部学科は、教養・共通科目の「確率論基礎」「数理統計」をクラス指定するのでなく、自らの学部で科目を設置している場合が多いことがあらためて認識された。経済学部、農学部、工学部、教育学部、医学部等が該当し、新しい統計学科目設置に向けては「教養・共通教育の中に基礎的な部分を教える科目があれば歓迎する」「統計学の基本的な考え方を、数学的基礎付けよりも応用例に重点を置いて教えてほしい」「数学的基礎を平易に教えてほしい」等という要望が出た。いずれにしても「数理統計」までの数学的内容を求めているわけではなく、また、医療統計や疫学統計といった専門的内容を全学共通科目に求めているわけでもないという点で共通していた。

　このような声も踏まえた議論を行った結果、以下の基本方針が承認された。

■「統計入門（仮称）」の科目内容は、歴史ある「数理統計」とは差別化する。具体的には、「数理統計」は1回生の数学科目および2回生前期の確率論基礎の履修を前提とする2回生後期科目であり、統計学の基本的事項を数学的基礎付けの理解と共に学ぶことを目標とする。一方、「統計入門（仮称）」は統計の考え方を知ることと、統計の応用の実例について学ぶことを主眼とし、数学的な基礎付けについては、対象学生のニーズや予備知識に合わせて適宜取り入れるものとする

さらに具体的な実施方針として以下を設定した。

(1) 全学共通科目でのニーズのある学部の代表者若干名を加えた科目設計・教材開発ワーキング・グループを構成し、平成27年度からの授業実施に向けて科目設計・教材開発を行う。
(2) 単なるシラバスの策定ではなく、OCWやe-learningも含めた教材づくりを行う。教科書を作成することが目的ではなく、各回の授業がどのような組み立てになるかを授業担当者がはっきりとイメージできるための手引き（教科教育法での指導案に相当するもの）をつくる。
(3) 統計がどのように使われるのかという実際面からの導入を重視し、専門へのつながりの多様性に配慮した教材づくりを行う。それによって、クラスごとの学生が自分の興味分野との関連を意識しつつ学習できることを目指す。
(4) 科目目的（学生が何を学び、何が出来るようになるか）を明確化し、それに基づいた成績評価の基準と方法づくりも行う。

こうした方針に基づき、「確率論基礎」「数理統計」「統計入門（仮称）」を合わせた統計科目全体を統括する統計教育特別部会を国際高等教育院企画評価専門委員会に設置し、科目設計・教材開発チームをその下に置くこととなった。また、平成 25 年度に新しく 1 年限りで提供した「社会統計学」に 300 名近い履修者がおり評価も高かったことから、担当した地球環境学堂の吉野章准教授に科目設計の中心となっていただくことをお願いし、快諾とともに科目設計 WG の座長を引き受けていただくこととなった。

　「統計入門」を担当する予定の教員からなるワーキング・グループも構成され、講義資料作成に着手した。「社会統計学」の講義資料（スライド）をベースとしながらも、受講する学生が全学部にわたることを想定し、高等学校の「数学」の内容も参照しながら、国際高等教育院が開講するリテラシー科目の役割である

- 学生が高等学校の教育から大学での専門基礎教育へ円滑に移行するための橋渡し
- 学生が自ら知的世界を広げようとするとき、その介添えとしての役割

という 2 点もあわせて検討が行われた。具体的には、標準的な統計学の内容である推定と検定に加えて、医療分野や情報学では必須の 2 元分割表、実験を行う学問では必須である検定、予測を必要とする分野で用いられる回帰から構成されることし、最低限必要な数学・確率論の内容を交えながら講述する内容とした。

　その後、冒頭に触れた共通政策課題「数理及びデータサイエンスに係る教育強化」が予算措置され、CIREDS が設置された。直接の予算外の調整も奏功し、CIREDS には教育学・理学・医学・工学・農学・情報学を専門とする 6 名の教員が次々と着任し、自分の専門分野に合わせた講義を実施しつつも「統計入門」担当者は頻繁に FD（Faculty Development）を行い、互いに助け合いながら質の高い講義への改善も行ってきた。統計教育特別部会はデータ科学部会と改められ、「統計入門」を含むデータサイエンスに関する教養・共通科目を所掌することとなった。

　本書は、初代部会長の労をおとりいただいた三輪哲二先生や吉野章先生を始めとした歴代のデータ科学部会の先生方、歴代の統計入門を直接担当された先生方等の多大な貢献のもとにようやく世に送り出されることになった。あらためて次頁にお示しした諸先生方に感謝を申し上げ、本書が、日本の数理・データサイエンス・AI 教育の強化の一助となることを願う。

令和 5 年 1 月

第  回

イントロダクション・概要

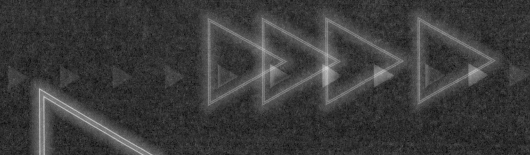

スライド 1-1

この講義で学ぶこと

本講義が目指すところ

今後の研究・生活・社会/経済活動に不可欠な統計に関して、データを集計・分析し、理解する力を養う

研究のため

- 実験、試験、調査などの結果を用いた実証研究を行う上でなくてはならないもの

生活のため

- 生活に関わる様々な効果やリスクがデータとともに語られ、生活者としても統計に対するリテラシーが求められる

社会・経済活動のため

- 情報技術の発展により日々膨大なデータが生成されるようになり、その有効活用が求められる

▶ ご挨拶

▶ スライド 1-1

　それでは、これから4ヶ月程にわたる「統計入門」の第1回の講義を始めたいと思います。よろしくお願いします。今回は概要ということで、最初に少しだけガイダンスをした後に、この統計入門で学ぶ内容について説明したいと思います。

▶ ガイダンス

▶ スライド 1-2

　こちらが、今回の目次になっています。最初にガイダンスした後に、この統計入門で学ぶ内容に関することについて少し概要的なお話をしていきたいと思います。

▶ スライド 1-3

　最初に担当教員について紹介します。京都大学にはデータ科学に関する教育研究センターという組織があって、我々の本務先になっています。こちらがそのホームページです。ここに所属する教員が中心になって、全学の統計入門の科目を担当するという形になっています。もちろん、統計入門だけではなくて、他にもデータサイエンスやAIなどに関わ

4

スライド 1-2

目次

本日の議義内容 (初回なので統計の意義を中心に概観)

1. なぜ統計を学ぶか
2. 統計の利用例
3. 統計学の分類
4. 統計学の歴史
5. 統計入門で学ぶこと
6. JMPを用いたデータ解析実習について

スライド 1-3

出典：データ科学イノベーション教育研究センター　https://ds.k.kyoto-u.ac.jp/

る科目を提供していて、他にも社会人や他大学の学生さんたちと一緒に学ぶ、課外講義としてのデータサイエンススクール等のイベントなども開催しています。

　学生なら無料で参加できるものも結構ありますので、統計入門を学修した後もデータ解析などをさらに勉強してみたい、あるいは将来的にそういったスキルがあるときっと役に立つかも、と思った人はぜひこのホームページをのぞいてみてください。「お知らせ」で、新しいイベントなどをいろいろアナウンスしています。Twitter や Facebook 等の SNS もフォローしてみてください。

　このセンターは結構新しくて、政府がすすめている数理とデータサイエンス、しばらくおくれて AI もそこに上乗せされましたが、この辺りのトピックについて、学部を問わず教育や研究を進めようという流れの中で、政府の支援を受けて作られた組織です。今までは、数理・データサイエンス・AI というような分野は、例えば工学部や理学部等の限られた学生が学ぶ専門的な内容というような位置づけだったのですが、文系の人も含めて、全ての大学生が語学などと同様に必ず学ぶのが望ましい、という位置づけに変わってきていることが背景にあります。つまり、数理・データサイエンス・AI を新しい読み書きそろばんであると位置づけようとする社会の流れにあわせた変化と捉えてください。

▶ スライド 1-4

　こういった背景で出来上がったセンターが、我々がいるデータ科学イノベーション教育研究センターです。文部科学省の支援で、これと同じ組織が当初は 6 大学に拠点校として

スライド 1-4

http://www.mext.go.jp/b_menu/shingi/chousa/koutou/080/gaiyou/1380792.htm

https://indd.adobe.com/view/1a94fc7-8288-43d9-a543-be2926576ce6

出典：データ科学イノベーション教育研究センター　https://ds.k.kyoto-u.ac.jp/

設置されました。その後、連携校等の形で拡大していて、新しくデータサイエンス学部等を設置している大学なども出てくるようになりました。我々の自己紹介はこの程度にして本題に入っていきたいと思います。

▶ スライド 1-5

本講義の情報に関しては、京都大学の学習管理システム（LMS: learning management system）である PandA の講義サイトから入手できます。各回の講義動画のリンクは、「お知らせ」からアクセス可能です。あと、講義資料等もこのお知らせの中にもリンクを付けるようにしますが、PandA のメニューの「授業資料」の所からアクセスできるようにしています。今回のものももちろんそうですし、毎回講義のたびに追加していくような形を取りたいと思っています。レポートのお知らせも PandA のお知らせからお伝えしますが、メニューの「課題」という所から提出してもらうことになります。講義の動画なども閲覧できるようにしていこうと思います。

各自でパソコンがなくても利用できる環境にあることを前提にしています。もちろん、動画を見るだけだったらスマートフォン等で見ている人も結構いるかもしれません。ただ、統計の学習は「手を動かしてなんぼ」というところもありますので、演習的な要素などは自身のパソコンか大学のパソコンを積極的に活用して身に付けるようにしてください。特に、JMP（ジャンプと呼びます）というアプリケーションでソフトウェアを使った実習をする際には、原則としてパソコンで実施してレポート提出してもらうことを前提にしています。

スライド 1-5

講義情報

本講義の情報はPandAの講義サイトから入手可能

https://panda.ecs.kyoto-u.ac.jp からECS-IDでログイン

PandA

各回の講義内容・資料等はメニュー「リソース」からアクセス可能

- この資料もここから入手可能
- 毎回講義のたびに追加
- JMPインストール情報（後述）もこちらから

各自PCを所持していることを前提

- JMP実習に必要

▶スライド 1-6

　ガイダンスの最後に、なぜ統計を学ぶのかについてお話しします。先ほどお話ししたように、いわゆる普通の人もデータサイエンスについて学んでいかなければいけないのはなぜでしょうか。最近では、データドリブンといった言い方もありますが、データをたくさん取得してそれに基づいて何がしかの判断をするというのが、ありとあらゆる分野で必要なスキルとなってきているということを忘れてはいけません。

　皆さんもこれから実験や調査、卒業してからは検査や診断、売り上げなど、いろいろなデータを基に次の手を考えていくことになります。
　こういったいろいろなデータを適切に集めて、適切に判断を下す、そのためにもデータサイエンスの知識は必要になってくるからです。

　あるいは、逆に、そのようにデータを取ってきて、その結果判断したもの、あるいは何かを主張するようなことは世の中でたくさんあるわけですが、そういったときに、誰かが出してきた統計にだまされないというのは非常に重要です。これは非常に有名な言葉ですが、『世の中には 3 種類の嘘がある：嘘と、大嘘と、統計だ』。数字の持つ説得力への理解とともに注意も要することをあらわしていて、19 世紀頃から言われている話です。
　スライドの右の図は、かつて OECD が各国の 15 歳の学力を調査する PISA という調査の中で出題されたもので、一般的に数学力が高い日本の 15 歳が他の国に比べて劣ってい

スライド 1-6

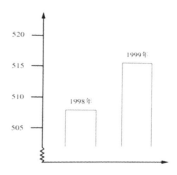

出典：https://www.mext.go.jp/component/a_menu/education/detail/__icsFiles/afieldfile/2016/11/18/1379573_004.pdf

ると指摘された問題です。1998 年と 1999 年で盗難事件をグラフに描いたものです。盗難事件が激増しているといっているが適切か、という問いなのですが、皆さんならどのように答えるでしょうか。少し考えてみてください。

　確かに、非常に増えているように見えますが、そもそも縦軸が途中から始まっています。目盛りをよく読むと、1998 年は 508 件で 1999 年は 515 件でしょうか、この数字で考えたときに激増って言ってしまっていいのでしょうか? そもそも激増とただの増加とはどう違っているのでしょうか? また図のグラフは 2 年分の結果しか示していないですが、その前後はどうなっているのでしょうか? 1997 年が 515 件以上だった場合にはどう表現するのが適切でしょうか? いろいろ気になることがありますよね。当時の日本の中学での教育ではこういう批判的なコメントを積極的に出す場面が少ないという指摘もあったようです。

　それはさておき、このように他人が言っていることにだまされないためにも、統計を学ぶのは大事ということになります。

▶ 統計の利用例

▶スライド 1-7

　では、続いて 2 つ目の項目、統計の利用について説明したいと思います。統計が使われている例、統計の利用例は非常にたくさんあるわけですが、スライドには典型的なものを幾つか並べています。政府統計、サンプリング調査、薬効評価、Web サービス開発、マーケティングなどがあげられます。必ずしもこの区分が適切というわけではなく、列挙した

スライド 1-7

統計の利用例

政府統計

・国勢調査・工業統計調査など

サンプリング調査

・テレビの視聴率・内閣支持率・など

薬効評価

・ある新薬に実際に効果があるかどうかを判断

Webサービス開発

・ある新機能に実際に効果があるかどうかを判断

マーケティング

・Webショッピングサイトでのおすすめ

ものと捉えてください。例えば、サンプリング調査と 2 つ目にありますが、他のところに
サンプリング調査が使われていないかというと、そういうわけではないです。概念として、
あるいは例として大事だったりするということで、この後もう少し掘り下げてみたいと思
います。

▶ スライド 1-8
　まず 1 つ目の例、政府統計の例です。特に典型的なものとしては、国勢調査というのがあ
ります。国勢調査は統計法という法律に基づいて、5 年に 1 度、10 月 1 日に実施されます。
　これはある時点における日本の人口および性別、年齢、配偶者の関係、あと就業の状態
や世帯の構成といった、人口と世帯に関する各種の属性データを調べる調査で、大事なの
は全数調査というところなのです。基本的には対象者全員から回答を得ようという調査な
のです。そういうのを全数調査と言います。
　こういうデータからは、例えば産業別の就業者数が、5 年ごとにどのように変わっていっ
ているか、どこに職場があるか、昼間の人口がどうなっているか、といったことが分かり
ます。
　これは全数調査なので、日本人全員から回答をもらおうとするものですが、当然すごい
コストがかかります。コロナ前は臨時で公務員として採用された調査員が紙の調査票を配
布・回収しており、そのコストは費用の意味でも時間の意味でも莫大なものでした。です

スライド 1-8

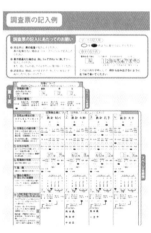

例 1 ：政府統計
我が国の人口・世帯の実態は？

国勢調査（こくせいちょうさ）

・ある時点における人口及び、その性別や年齢、
　配偶の関係、就業の状態や世帯の構成といった
　人口及び世帯に関する各種属性のデータを
　調べる全数調査（Wikipedia）

たとえば

・産業別の就業者数はどのように年推移しているか？
・各地の昼間人口は？

大規模で莫大なコストがかかる

・費用コスト・時間コスト

国勢調査票

出典：https://www.stat.go.jp/data/kokusei/2020/pdf/kinyu.pdf　4 ページ

ので、全数調査は理想ではあるものの、容易に実施できるものではないのです。ですが、日本史で出てくる豊臣秀吉の太閤検地などと同じく、これは国の根幹に関わる非常に大事な調査ですので、それだけのコストがかかるけれども、法律で定めた上で実施しているというものになっています。

▶ スライド 1-9

　政府統計としては、国勢調査以外にも工業統計調査、商業統計、農林業センサス、消費者物価指数──これは聞いたことがある人が多いと思います。あと労働力調査、家計調査、鉱工業生産指数など他にもいっぱいあるわけですが、そういった、政府が国のことを正確に把握するというのは非常に大事なのです。その後の国策をどう決めていくかということにも関係してきます。そういう意味で、本当に昔から統計は大事だということで、いろいろ実施されてきたのです。

▶ スライド 1-10

　こうして公的に集められたデータは、かなりの部分が公表されています。政府統計の総合窓口は、e-Stat と呼ばれていて、このサイトではいろいろな政府統計の結果が公開されています。このように、公開されていて誰でも使えるようになっているデータのことをオープンデータと呼びます。だれでも使えるようになっているので、皆さんのデータ解析の演

スライド 1-9

様々な政府統計

国勢調査をはじめ様々ある

国勢調査	・日本全国と地域別の人口・世帯とその内訳	**消費者物価指数**	・商品やサービスの物価の変化
工業統計調査	・全国と地域別の工業の従業者数、出荷額など	**労働力調査**	・就業者や失業者数、その内訳（男女、年齢別など）
商業統計	・日本全国と地域別の商業の従業者数、販売額など	**家計調査**	・日本中の家庭の家計の収入・支出の状況
農林業センサス	・日本全国と地域別の農家などの就業状態、農業生産、販売などの状況	**鉱工業生産指数**	・日本中の工場などでの生産高の動き

スライド 1-10

公表統計

出典：https://www.e-stat.go.jp/

習などでも使ったりもできますし、あるいは、皆さんが社会に出た後にこういったものを
利用してマーケティングに活かしたり、あるいは研究に使ったりすることもできます。実
際、我々の最新の研究でも、ある病気が発症する割合を、人口推計というオープンデータ
も使って報告したりしました。ということで、統計を学ぶ人は知っておくとよいかと思い
ます。

▶スライド 1-11

　次に、2 つ目の例として、サンプリング調査について学びましょう。これは先ほどの政府
統計のようなものに並列で並ぶものではないのですが、やり方として非常に大事なので典
型例として、ここでは 2 つの例を確認してみましょう。テレビの視聴率調査と内閣支持率
を取り上げます。ポイントは、少数の人のデータから国全体の傾向を知るということです。
そのため、選挙の時の「当選確実」の判断も含まれます。

　例えば、テレビの視聴率の話であれば、テレビを持っている人全員に「あなたはどの番
組を見ていますか」といったことを聞くわけにはいかないですね。テレビを持っている人
全体のうちのごく一部に対して調査をするというのが現実的で一般的です。例えば、100
人に対して調査した結果、6 人が視聴していたとしましょう。そうすると、このデータに
基づいて国民全体あるいはテレビを持っている人全員のうち実際に見ている人は何人ぐら

スライド 1-11

例2：サンプリング調査

少数の人のデータから国全体の傾向を知る

テレビの視聴率	・100人に対する調査で6名が視聴していると回答 ・国民全員のうち実際に見ているのは何人か？

内閣支持率	・100人の道行く人に質問する ・50人が内閣を支持すると回答 ・国民全員のうち支持するのは何人か？

あるいは、概ね何人から何人の間におさまっているか？	・どのくらいの信用性があるかが重要

いだと見積もれるか、というような考え方をします。

もう1つの内閣支持率も、こちらは有権者全員に聞くのが理想ですが、やはり非現実的ですね。そこで、町を歩いている人100人に質問します。その結果、50人が内閣を支持すると言ったとします。そうすると、国民全体のうち支持する人は何人か、何％になるかというような推測につなげていくことになります。

もちろん一部から全体を推測しようという話なので、正確に何人と言うのは難しいですが、大体ここからここの間くらいの割合に収まっているはず、といったことを、ある分布や確率的なモデルの下で推測するということを学びます。このようなやり方は今回学ぶ「統計入門」の大きなテーマなので、頑張っていきましょう。

このように、サンプリング調査は非常に大事です。先ほどの全数調査はお金と時間が無限にあれば実施できますが、実際には実施できる場面が限られています。そのため、ほとんどの場合が、このサンプリング調査に頼ることになり重要ですので、この講義のポイントの1つとして認識しておいてください。

▶スライド 1-12

それから、3番目です。新型コロナもあって、皆さんにとっても以前より身近になっているかと思うのですが、薬が効くかどうか、を判断するのはどうしたらよいか、という課題があります。例えば、新薬を開発するときに、その新薬を投与すると回復率が上がった

スライド 1-12

例3：薬は効くか

新薬を投与したら回復率が上がった。この薬は効く？

 目的 ・ある新薬に実際に効果があるかどうかを判断したい

 手順 ・薬を投与したグループとしなかったグループに分けて
回復率の違いをみる

結果 ・2つのグループの回復率を比較したところ、
投与グループの回復率のほうが13%高かった

判断 ・この結果をもって「この新薬に効果がある」と言えるか？

というだけで、この薬は効くと判断していいのでしょうか。

　もう少し具体的に考えましょう、例えば目的として、ある新薬を製薬会社が創りました、あるいは開発中です。これが実際に効果があるかどうかを判断したいと思っています。いわゆる治験と言われるプロセスですね。通常行われるのは、ある薬を投与したグループとしなかったグループに分けます。一方には新薬を投与するけれども、片方は偽薬という、本当は薬ではない例えば小麦粉を固めただけのようなものを投与して、回復率の違いを見るわけです。その結果、2つのグループの回復率を比較したら、新薬を投与したグループの方の回復率が13%高かったとします。では、この結果をもって「この新薬は効果がある」と言っていいのかどうか。これは非常に難しい問題なのです。

　というのは、回復する・しないという結果は、それぞれの被験者の背景と飲んだ薬から想定される確率に基づいた振る舞いの結果と考えられますので、例えば新薬を投与した者とそうではない者で平均して考えると、実は回復率という意味では同じかもしれない、つまり効果がないかもしれないのです。たまたまこの1回の実験において、その確率的なふるまいの中で揺らぎが起こり得ます。その揺らぎの結果、たまたまこの治験においては新薬の方で回復率が13%高かったけれども、次に同じ実験をしたら、実は新薬を投与しなかった方が、13%回復率が高いことも起こり得るかもしれないですね。それは2回目の治験をやってみないと分からないのです。

　けれども、回復率が13%高いという結果が、仮にこの薬が効かないと仮定したときにどれぐらい珍しいイベントなのか。つまり、回復率に差がないと仮定したときに13%も差が出ることはあり得ないということがもし言えるなら、それは新薬に効果があったと言えるのではないか、という考え方をします。これは仮説検定というところで非常に大事になってくる考え方なのですが、この「統計入門」でこの考え方についてもしっかり学んでいきたいと思います。

▶スライド 1-13
　さらに、4番目の例を見てみましょう。Webサービスのデザインを決めていくときに、「どっちのメニュー配置や色の方がいいのだろうか」と悩む場面があります。例えば検索サイトのスマートフォンの表示画面について、サービスメニューの配置順はもっと良い方法がないのか、クリック領域の色は赤と青とどっちの色がいいかなど、そういったレベルでいろいろ試してみて決められているのですが、こういう決め方にも統計学が用いられています。

　この例では、Webのサービスなので、先の3つの例に比べると、データを集めるのが非常に簡単ですね。実際には2種類のオプションの候補があったとします。例えば枠の色を赤と青で変えた画面を用意しておいて、ユーザーごとに表示を変えて出してみたりするわ

スライド 1-13

『例4：どちらのサービスがよいか？
A/Bテストでウェブサービスを最適化する

■ Webサービスやweb広告のデザイン

- どちらのメニュー配置が使いやすいか？
- 赤と青、どちらが訴求力があるか？
- どちらの広告がクリックされやすいか？

■ 実際に試してみてどちらがよいかを決める

- Web上のサービスなので効果測定が可能

■ 実際の例

- オプションAとオプションBのどちらかをユーザに提示する。
  Aのクリック率は2%、Bのクリック率は1%であったとき
  AはBよりも良いと言えるか？

出典：https://yahoo.co.jp/

けです。そのときに赤の A の方はクリック率が 2％、青の B の方はクリック率が 1％だっ
たというような結果が得られるかもしれません。そうすると、きっと A の方が広告に使う
には適切だろうな、と考えますね。では、実際には、何人に試してどれくらいの差があっ
たらたまたま出た差ではない、と判断してよいのでしょうか。統計的に意味のある差だと
判断できたものが、実際に Web サービスに採用されて皆さんの手元に届いているのです
が、そのような判断理論を学ぶのも統計学です。

▶スライド 1-14

　最後に、マーケティングの例を見てみましょう。皆さんも Web で買い物をしているかと
思います。例えば Amazon では、「もしかして、これは興味ありますか？」といった買っ
た商品とは別のものが推薦されてきますよね。これはその人の過去の購買行動履歴などか
ら、こういうのを薦めると買ってくれるのではないかと判断されたので提案されているの
です。こういう方法をリコメンデーションシステムと言ったりしますが、そういった今後
の予測という行動でも統計学が使われています。

　他にも、たくさんの過去のデータから将来への有益な情報を持ってくる、取り出すのを
データマイニングと言って、こういう分野自体は昔からありました。最近はデータを集め
やすくなってきた上に、機械学習等の人工知能技術も発展してきていることもあって、非
常に注目されていたりします。こういった分野でも発展的な統計学が使われているのです

スライド 1-14

例5：マーケティング
消費者の購買行動を予測する

Webショッピングサイトでのおすすめ商品

Amazon.co.jp の推薦機能

誰に何を薦めると買ってくれるだろうか？

・これまでの購買履歴をもとに、ある商品を買ってくれるかどうか
　予測して、最も購買可能性が高いものから提示する

データマイニング

・機械学習技術を用いて大量のデータから有益な情報を発見する

出典：https://www.amazon.co.jp/

が、その基礎の基礎である「回帰」という統計の重要な手法についても、この統計入門の終盤で学ぶ予定になっています。

　今回いくつか例として挙げた、社会での判断の拠り所になる統計の基礎的な知識について、これから14回の講義の中で一緒に学んでいきましょう。

▶ 統計学の分類・歴史

▶スライド 1-15

　それでは、統計学の分類と歴史についておさえてみましょう。まず、統計学の分類です。

　統計学は大きく「記述統計」と「推測統計」に分かれています。記述統計とは、先ほど出てきた国勢調査などと同じように、全数調査を前提にしたもので、データは全部そろっているのです。ただ、データだけで、例えば数字の並びや文字列の並びだったら、結局どうなっているかが分からないので、うまく整理したり、視覚化したりして理解する必要があります。そのための枠組みが、記述統計と呼ばれるものです。

　それに対して、推測統計というのは、先ほど出てきたサンプリング調査を前提にしているものです。母集団と呼ばれる調査対象の全体があって、この中からごく一部分を標本（サンプル）として取ってきて調べます。その結果、標本から計算される何かの平均値は母集団の平均とは同じとは限らないですね。ただ、何も関係がないかというと、そうでもなくて、確率論を基に揺らぎをうまく処理して考えると、関連性を示せるはずなのです。

スライド 1-15

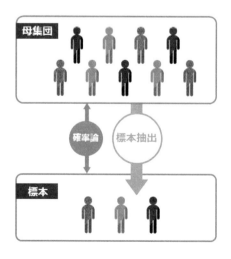

　ですから、標本という部分から全体である母集団のことを知ろうとするのです。具体的には仮説を立てて、この標本の結果が母集団でも当てはまるのかどうかを判断したり、あるいは過去から未来を予測したりということができます。こういった枠組みのことを推測統計といいます。

　この統計入門では、前半で記述統計を簡単に確認した上で、統計入門の主題で面白みもあり、応用上も大事になってくる、推測統計をしっかり学んでもらう構成になっています。

▶ スライド 1-16

　歴史的には記述統計から始まり、その後に推測統計が発展しました。統計学的な考え方は当然ずっと昔からあったはずですが、学問的な統計学的として固まってきたのは、大体 17 世紀ぐらいから 18 世紀にかけてです。やはり、国勢調査のような国の実態を捉えるための統計からスタートしています。国家を意味するドイツ語 staat 等が、統計学の英語スタティスティックス（statisitics）と語源を共にするとされます。ラプラスなどが古典的な確率論を整理したことが重要だったとも言われます。また、18 世紀頃には、皆さんがよく知る円グラフとか棒グラフなどの 2 次元化したデータの視覚化も進みました。

　その後、大体 19 世紀ぐらいには記述統計として成立していたとされます。「近代統計学の父」と言われているケトレーは、社会物理学の中で「平均人」という概念についての本を書いています。体重を身長の 2 乗で割って算出して、現在も肥満度の指標として頻用さ

スライド 1-16

統計学の歴史

記述統計から推測統計へ

～18世紀：統計の誕生

・ 国家 (Staat) の実態をとらえるための統計　　（今日の国勢調査などに対応）

| ラプラス | ・ 古典確率論の成立 |

19世紀：記述統計の成立

「近代統計学の父」ケトレー	・ 社会物理学　「平均人」の概念・身体的データ(Body Mass Index: BMI)
ガウス	・ ガウスによる誤差や正規分布の研究
「ダーウィンの従弟」ゴルトン	・ 進化論 → 生物統計 / 回帰の発見
ピアソン (数学者)	・ 生物統計から数理統計学 / 記述統計を大成

れる BMI などを考えた人としても知られています。

　ガウスも重要な役割を果たしました。この人は本当に凄いですね。ガウス分布とも言われる正規分布を考えた人です。この正規分布は統計入門でも何度も出てくる極めて重要な考え方です。

　次に、ゴルトンという人も貢献しています。皆さんは進化論のダーウィンを知っていると思いますが、そのいとこにあたる人です。進化論等の生物統計学での貢献が大きい人ですが、実は回帰という重要な発見もしました。このように、回帰というのは生物統計の中で始まったのですが、一般の統計学の分野でも非常に大事だと認識されるようになり、例えばピアソンなどの貢献もあって、生物統計から一般の数理統計と言われるようなものにつながり、さらに今の人工知能にもつながっていく流れがあります。

▶スライド 1-17

　20 世紀前半に、推測統計が成立していきました。その中で、例えばゴセットは統計入門の中でも何度か出てきますが、「Student's t分布を発見」したことで有名です。ギネスビールというイギリスの有名なビール会社の技術者だったゴセットがビールの品質を向上させたいと努力していく中で、t分布というのを発見しました。秘密保持のため論文公表を禁じる会社のルールがあったため、一学生（Student's）というペンネームで報告した t 分布が後にフィッシャーに評価されて、後世に名を残すことになりました。皆さんも統計入門の後半で t 分布に基づく t 検定を学びます。

スライド 1-17

　こうした各種検定では、仮説検定と呼ぶ重要な方法が必要なのですが、この辺りはフィッシャーが中心に築き上げていきました。ネイマンやピアソンは推測統計学の中で果たす役割が重要な理論である、信頼区間や仮説検定など、皆さんがこの統計入門で学ぶ重要な内容にあたる理論を構築しました。

　実際応用していくときには、これらの古典的な推測統計もなかなか使いにくいようなところもあったりします。その解決方法の 1 つとして、ベイズ統計というものも考えられました。例えば、内科の診断学などはこうした考え方に基づいていて、便に血が混じっている場合と、そうでない場合では、大腸カメラ検査で判断する大腸がんの有無の確率がそれぞれ違うはず、というような診療現場での判断の根幹をなす統計学にもなっています。考え方自体は結構古くからあったのですが、計算量が大きく実際には使われにくかったところ、最近のコンピューターの発展で使われる場面が増えてきたようです。ただ、この辺りの話は「統計入門」の話を超えてしまうので、興味がある方は別の講義で学んでもらうことになるかと思います。

　このように、統計学は数学などの概念を応用させて近代に大きく発展してきましたし、今もどんどん発展していて、新しい発見が次々生み出されているという、若い、ある意味活発な分野だという認識を持ってもらっていいかと思います。実際、私たちが大学院生時代に独学で学んだ統計と、今多く使われる統計はレベルが違うなぁと感じることもあります。『統計学が最強の学門である』（ダイヤモンド社）という刺激的なタイトルの本もありますので、こういったものも参考しながらこれからの 4 ヶ月程を頑張ってもらえたらと思います。

▶ **スライド 1-18**

　19 世紀に記述統計が大きく進んだというお話をしましたが、皆さんも少し身近に感じられるかもしれないお話をしたいと思います。新型コロナのような感染症と、ウクライナにあるクリミア半島に関係する話です。皆さんは左側の女性をご存知でしょうか？　幼少時に伝記を読まれた方もいるのではないでしょうか？　ナイチンゲールですね。データサイエンスの講義でなぜ彼女の話が出てくるのでしょうか？「クリミアの天使」という言葉に代表される、立派な看護師というイメージを持っておられる方が多いのではないかと思います。Wikipedia を閲覧すると分かるのですが、看護師とともに統計学者というような記載があります。実際、彼女は米国統計学会の名誉会員にもなっています。右の男性はあまりなじみがないかもしれませんが、こちらはジョン・スノウというお医者さんです。2 人はロンドンを拠点に 1850 年代に活躍したという共通点を持っています。この 2 人の功績について、統計学の視点から少し触れてみましょう。

スライド 1-18

疫学のはじまり

出典：左：フローレン・スナイチンゲール
https://commons.wikimedia.org/wiki/File:Florence_Nightingale_1920_reproduction.jpg
右：ジョン・スノウ
https://commons.wikimedia.org/wiki/File:John_Snow_(cropped).jpg

▶スライド 1-19

　まず、ナイチンゲールはクリミア戦争に看護師として従軍しました。クリミアというのは今も昔も戦争の地になるほど重要な場所です。彼女は負傷した兵士の傷の手当てをする中で、傷そのものによる死亡よりもその後の感染による死亡の方が多いことに気付き、そのことをイギリス本国に伝えようとしました。当時は数の視覚化が発展途上にあったので、スライドに示す、ローズダイアグラムという手法を編み出し、療養環境の整備の必要性を伝えることに成功したのです。今でいう「見える化」のさきがけのような話ですね。

▶スライド 1-20

　その頃のロンドンではコレラという感染症が大流行していました。今でこそ感染制御に成功しほとんど見られませんが、当時は日本語で別名「ころり」と表現されるほど致死率も高い病気だったようです。

スライド 1-19

兵士の死因（クリミア戦争：1854年）

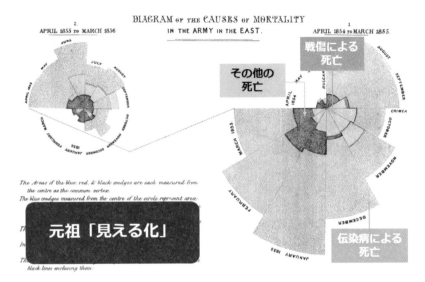

出典：https://commons.wikimedia.org/wiki/File:Nightingale-mortality.jpg

スライド 1-20

コレラ

激烈な下痢からの脱水で死に至る

・別名「虎狼痢（ころり）」

コレラ菌を病原体とする経口感染症

現代日本では稀

・現代医療で制御は容易

出典：https://commons.wikimedia.org/wiki/File:Cholera.jpg

スライド 1-21

1854年＠ロンドン

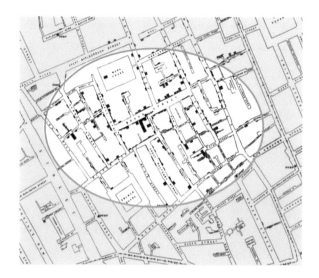

・特定の井戸周辺に
コレラ多発

出典：https://commons.wikimedia.org/wiki/File:The_cholera_at_kosher.jpg

スライド 1-22

水道水とコレラ

同一の区域でも、水道供給会社によって
コレラ発生率に大きな違いがあった！ ▶ 「データを集めること」の重要性

TABLE V.

Shewing the results of the Inquiry for the whole Epidemic of 1854.

Registration Districts	Number of inhabited houses in 1851.	Population in 1851.	Estimated constant population per house.	"Number of houses, and estimated number of persons, supplied in 1854 with water as under."				Water supply of the houses in which fatal attacks of cholera took place.				Deaths from cholera in the epidemic of 1854.	Mortality per 10,000 supplied with water as under.	
				By the Southwark and Vauxhall Co.		By the Lambeth Company.		Southwark and Vauxhall Co.	Lambeth Co.	Pump-wells and other sources.	Supply not ascertained.		Southwark and Vauxhall Co.	Lambeth Co.
				No. of houses.	Estimated population.	No. of houses.	Estimated population.							
St. Saviour, Southwark	4,600	35,731	7·8	2,631	19,617	1,680	14,201	406	72	10	3	491	207	30
St. Olave, Southwark	2,360	19,375	8·2	2,195	18,838	0	0	277	0	8	28	313	148	..
Bermondsey	7,007	48,128	6·9	8,402	57,884	268	1,785	821	0	25	0	846	142	..
St. George, Southwark	6,992	51,824	7·4	3,419	25,089	3,183	23,712	388	99	0	56	543	155	41
Newington	10,458	64,816	6·2	5,524	31,945	5,473	33,531	438	58	2	176	694	143	17
Lambeth	20,447	139,325	6·8	8,077	54,982	11,763	83,786	625	138	24	240	927	96	18
Wandsworth	8,276	50,764	6·1	3,028	18,390	618	3,870	268	7	106	40	421	145	18
Camberwell	9,412	54,607	5·8	4,005	23,472	1,835	10,478	352	33	115	49	549	150	31
Rotherhithe..............	2,792	17,805	6·4	2,330	14,951	0	0	207	0	46	30	283	138	..
Greenwich& sub-dis.Sydenham	..	..	..	..	..	..	..	4	4	2	1	11	..	..
Houses not identified........	..	..	6·6	411	2,712	25	165	..	..	..	..	..	..	..
Totals	72,344	482,435	6·7	39,726	267,625	24,854	171,528	3,790	411	338	623	5,078	138	23
Non-ascertained cases distributed in proportion of others	..	..	..	..	..	..	..	561	62	..	..	..	..	..
Population (Registrar-General)	..	..	..	..	266,516	..	173,748	4,367	473	338	..	5,078	160	27

John Snow. *Journal of Public Health* **2** (1856): 239-57.

▶ スライド 1-21

　ナイチンゲールが留守にしていた 1854 年のロンドンで、ジョン・スノウはコレラの発生場所を地図上に視覚化することで、特定の井戸の周辺でコレラが多発していることを明らかにしました。

▶ スライド 1-22

　2 年後の 1856 年には、『Journal of Public Health』という専門誌にこの調査研究結果が報告されています。調査の結果、同一の区域でも、水道供給会社によってこれらの発生率に大きな違いがあることを突き止めることに成功したのです。150 年以上前のロンドンでも新型コロナ対策と同様に、データを集めることの重症性が認識されたのですね。19 世紀の記述統計の発展のごく一部ですが、このような偉人たちの尽力を経て、統計学というのは発展してきたのです。

▶ 統計入門で学ぶこと

▶ スライド 1-23

　続いて、この「統計入門」で学ぶことについてもう少し別の視点から説明します。まず本講義が目指すところを、順番に見ていきます。今後皆さんは研究もするでしょうし、あるいは実際の生活、それから卒業した後社会に出ていくわけですが、そうした社会・経済

スライド 1-23

「この講義で学ぶこと

本講義が目指すところ

■ 今後の研究・生活・社会/経済活動に不可欠な統計に関して、データを集計・分析し、理解する力を養う

■ 研究のため
・実験、試験、調査などの結果を用いた実証研究を行う上でなくてはならないもの

■ 生活のため
・生活に関わる様々な効果やリスクがデータとともに語られ、生活者としても統計に対するリテラシーが求められる

■ 社会・経済活動のため
・情報技術の発展により日々膨大なデータが生成されるようになり、その有効活用が求められる

活動といったところで必要不可欠な統計に関して、データを集計・分析、そこから理解する、そういった力を養っていただきたい、それこそが目指すところです。

　例えば研究では、実験、試験、調査といったことをします。そして実験室での実験に限らず、例えばコンピューター上で行う計算機実験のような、いわゆるシミュレーションも含まれます。そうした際にデータに向き合って統計的処理を加えることになりますが、データを扱うリテラシーが身についていることが大切です。そうでないと、全く意味のない結果や、本来は逆に解釈すべき結果を報告してしまうということが起こり得ますし、全く伝わらないということも起こり得ます。

　それから、生活の場では、生活に関わるさまざまな効果やリスクといったものがデータと共に語られます。そういったものの中には、いい加減なものもたくさんあるわけです。だから、生活者としても統計を理解する力を持っておく必要があります。よくある「○○を食べると○○の病気になるリスクが何%減る」などの話は、まずは疑ってかかるところから始める方がよいでしょうし、それを考える力を持っておく必要があるということです。

　社会・経済活動の場ではどうでしょうか。情報技術の発展によって日々データがたまっていきます。あるいは、望めばいくらでもデータが取れるという状況でもあります。そういったものをうまく使っていける、そういった人材が社会からも求められています。皆さんも当然、そういう人材として社会に出ていってほしいです。こういったことがこの統計入門で目指すところになります。

▶スライド 1-24

　この講義概要としては、方針と言ったほうがいいのかもしれませんが、基本的な統計の考え方を中心に説明していきます。細かい話をしていくと厳密な数学の証明などが必要になってきたりしますが、そこを深掘りして理解を深めるというよりは、むしろ統計を使う消費者、エンドユーザーとして、最低限必要なことを直感的に分かってもらうことを目指した内容になっています。

　そういう意味で言うと、一連の手順を解説することが中心です。一連の手順とは、まずデータを取ってきて、チェックして、集計して、それを分析して、その結果をどのように解釈するかといったところです。実はデータサイエンスはこういったことの繰り返しになります。結果を解釈してある行動に反映して、またその結果が入っているようなデータを取ってくるというのを繰り返していく、そういうデータサイエンスのサイクルです。そういったことを理解する上でも、プロセスの各ステップをよく分かっておく必要があります。

　それぞれの過程において、場面に応じた適切な手法があるので、それを知って選択できることが大事です。残念ながらこれを使えば何でもいける、という万能な方法はないのです。ですから、各場面や問題や前提条件といったところに応じて適切な方法を選択できることが大事で、そのためには、ある程度理論的なところも分かっておいてもらえるようにします。細かい数学の証明が必要かどうかは別にして、ある程度理論的な背景が伝わるよ

スライド 1-24

この講義で学ぶこと

本講義の概要

統計の基本的な考え方を中心に講義

- 厳密な数学的証明は避け、統計・統計学のエンドユーザーとして必要とされる直感的な理解を目指す

一連の手順を解説することが中心

- データの収集・チェック・集計・分析・結果の解釈
- 適切な手法を選択することが極めて重要
- そのためには少々の理論的な背景も知っておく必要
- 二元分割表の独立性の検定と関連性の強さの推定

統計ソフトウェアを使った自習

- これらを正しく使い適切な結果を導けるようになることを目指す

うに説明しようと思います。

　そういったことを分かっていくための 1 つなのですが、二元分割表というものが出てきます。そこで独立性の検定、あるいは関連性の強さを推定するといった話が出てくるのですが、これは皆さんが学ぶ統計入門の中の題材の 1 つです。これをきちんと理解すると、統計の考え方を理解しやすくなります。ですから、講義の前半で出てくる二元分割表をしっかり理解するというところも頑張ってください。

　それから、やはり実際にデータを扱えるようになってもらう必要もあって、そのためにある程度データを使うことを得意とするソフトウェアにも慣れてもらうことが望ましいです。自習課題として提供し、それに関連したレポート課題も出したりしたいと思いますので、積極的に取り組んでください。実際に自分でデータに向き合うと講義の内容の理解が深まるとともに新たな疑問も出てくると思います。いろいろな方向からデータに向き合って欲しいです。

▶ スライド 1-25

　ということで、到達目標をスライドにまとめています。まず、調査や実験・試験によるデータ収集の作法を理解できるようになってもらいます。それから、データの種類や性質に応じた、データの確認と要約ができるという記述統計をよく理解しましょう。次に、二元分割表の独立性の検定と関連度の推定を行い、結果を解釈することを目指します。この

スライド 1-25

この講義で学ぶこと

到達目標

1. 調査や実験・試験によるデータ収集の作法を理解する
2. データの種類や性質に応じたデータ確認と要約ができる
3. 二元分割表の独立性の検定と関連度の推定を行い、結果を解釈する
4. 仮説検定や推定の原理を理解する
5. 統計や統計学的知識を正しく使うための留意点と倫理を知る
6. 統計・統計学の応用について幅広く知り、今後の学習につなげる

段階では、仮説検定や推定といったものが理解できるようになります。

さらに、統計や統計学的知識を正しく使うための留意点、あと、倫理を知るということです。実はデータという無機質なものの裏側には生身の人間がいて、データだけを見ているとそのことを忘れてしまいがちですが、決して無視はできないので、気にする習慣をつけてほしいと思います。新型コロナや災害、戦争の被害者は数にまとめられると、他人事のようにも感じられてしまいますが、実際にはそのご本人や家族の悲しみは数で表すことはできません。それに、匿名になってしまいますが、個人が特定できると個人攻撃になってしまうのではないか、という問題もあります。その辺りについても少し振り返るということをしたいと思います。

そして最終的には、統計・統計学の応用について幅広く知ってもらい、さらに発展的な内容となる人工知能・機械学習へのつながり等に関連する話にも触れたいと思います。

▶ スライド 1-26

少し脱線しますが、この講義を始めとして統計学では、「確率5%」という基準が何度も出てきます。理論的な裏付けはなく、先ほど歴史で出てきたフィッシャーという人が、5%を境界に判断するとよいのではないか、と主張したことを今も慣習的に踏襲してきているだけとされています。ただ、我々はこの5%に振り回されているとも言えるのです。このことについて最初の講義の中で、感覚を共有してみたいと思います。

確率なので、0から1の間の値を取ります。確率0.5といったときには、2つのイベン

スライド 1-26

「P=0.05とは？

コインを投げて裏が出る方にかけたとして、

- 1回目も表が出た　　　　　（P=.5　　　　　まぁ仕方ないか）

- 2回目も表が出た　　　　　（P=.25　　　　ついてないな）

- 3回目も表が出た　　　　　（P=.125　　　うーん今日はまじでダメかも

- 4回目も表が出た　　　　　（P=.0625　　いかさまじゃないの？

- 5回目も表が出た　　　　　（P=.03125　絶対いかさま！

- 確率が5%をきったら偶然じゃないと感じるのが一般人の感覚に近い？

トがあったときに両方のイベントが同じ確率で出るということなのですが、ここで 0.05 すなわち 5%という確率を直感的に肌で感じてみましょう。

　例えば、コイントスをします。裏が出るか、表が出るかという確率を考えるわけです。コインなので、表が出るか裏が出るかは 2 分の 1、0.5 の確率で決まりますね。仮に裏が出ると賭けたとします。トスをした結果、1 回目に表が出ました。これは確率としては 0.5 なので、「これはしょうがない」と思いますね。2 回目もまた表が出ました。2 回続けて表が出るのは 0.25 の確率ですね。おそらくこのとき、「それはあるか。しょうがない」か、「ついてない」かのどちらかを思うでしょう。

　しかし、3 回目も表が出ました。確率は 0.125 です。さすがに「きょうは調子が悪過ぎる」と思うかもしれません。でも、やはりここら辺までは「そういうこともあり得るか」と許容できるのではないでしょうか。

　4 回表が連続で出るのは確率 0.0625 です。さすがに「これはおかしいのではないか」とか、「このコインは何かトリックが仕組まれているのではないか。ゆがんだコインになっているのではないか」と思い始めませんか？

　5 回連続で表が出て 0.03125 の確率で賭けが外れたら、どう思いますか？「これはもう絶対おかしいだろう」と思うでしょう。すくなくとも、「これは偶然ではなくて何がしか裏がある」つまり「どこかに細工がしてある？」と感じるのが多くの人の感覚ではないでしょうか？ 確率 5%は 4 回連続で表が出る確率と 5 回連続で表が出る確率の間に位置しますが、フィッシャーが当時主張し、少なくともその後も大きな反論が出ずに、学問の世界でも皆さんが使い続けている基準が、この 5%の感覚なのです。

　この 5%というのは、統計の話の中で本当によく出てきます。95%の信頼区間や有意水準、仮説検定のときに帰無仮説というのを棄却する、あるいは先ほど新薬の話で効果があるかどうかといった話をしましたけれども、例えば新薬を投与したのと、投与していないのとで、「効果がないとしたときに、こういうことが起こるのは 5%以下の確率でしかあり得ない」となったときに、実はこれは効果があったと判断しましょうとするときの水準として、この 5%が非常によく使われます。

　次回以降の講義で、この 5%って何？ と思う場面がいっぱいあると思いますが、そうしたときに振り返って思い出してもらえたらと思います。

▶ JMP、統計の入門

▶ スライド 1-27

　では、続いて統計ソフトウェア JMP® について説明します。この講義の中で JMP の実習をすることはありませんが、自習課題とレポート課題では使ってもらうことを予定しています。

　JMP とは統計ソフトウェアなのですが、これは実は京都大学でライセンスを持っていますので、皆さんのパソコンにインストールして使うことができます。コンピューター実習室の端末でも使用可能です。

▶ スライド 1-28

　この講義の PandA のメニューの左の所に「JMP のインストール」というリンクを用意してあります。このリンクをクリックしてもらうと、スライドにあるような画面が表示されると思います。そこからインストールの手順などが出てきますので、早めに使える状態に設定をお願いします。

　個人で購入するとかなり高額ですが、京大在籍中は教育と研究の用途で誰でも利用可能なライセンス契約になっています。ですから、家族や他の大学の友達に譲るのは禁止です。アルバイト先の業務に使うことも禁止です。また、卒業後は使えなくなりますので、ソフトウェアを削除してください。この辺りの注意をお願いします。

　それから、皆さん、多分なじみがあるかと思われる Excel です。Excel も実はかなり高度な統計ツールです。特に、分析ツールである「アドイン」と呼ばれるものを設定すると、統計にも十分使えるソフトになりますので、興味ある方はネットで調べたりして使ってみてください。

スライド 1-27

データ解析実習

JMPを用いた自習

本講義は講義時間内に実習は含まないが、各自統計ソフトウェアを用いた自習を求める

統計解析ソフトウエア SAS Institute Inc.のJMPを推奨
(全学ライセンス利用可能)

各自のPCにインストールして利用するか、
計算機実習室のPC予めインストールされているものを利用する

スライド 1-28

JMPのインストール①

第 2 回

量的データの
確認と要約

今日の内容

データの分類
- 質的データ
- 量的データ
- 尺度

データの整理と確認
- 階級、度数、相対度数
- ヒストグラム

データの要約
- 最大値、最小値、中央値、最頻値、四分位数
- 平均、分散、箱ひげ図

　それでは、「統計入門」第 2 回の「量的データの確認と要約」を始めたいと思います。

▶スライド 2-1

　今回の目次は、このようになっています。順番に見ていきましょう。まず、統計データの分類から始めます。

▶ 統計データの分類

▶スライド 2-2

　統計データはいろいろな種類のものがありますが、大きく分けると、質的データ、量的データの 2 つに分類されます。質的データは、例えば男／女、好き／普通／嫌い、などある意味、言葉や記号といったものを値に取るようなデータです。これに対して、量的データは温度や身長など、数値で表現されます。JMP では「連続尺度」と表現されています。

　スライドには、皆さんに自習課題やレポート課題で使ってもらう JMP というソフトウェアのデータを確認できる画面を表しています。1 から順番に、各会社のさまざまなデータが縦に並んでいくような形になっています。タイプや会社規模といった列には業種や大きさ等が記されていることが分かります。このようなデータは数値ではないですね。つまり、先ほどお話しした質的データということになります。これに対して、売上や利益や従業員

34

スライド 2-2

統計データの分類

統計データには質的データと量的データがある

質的データ ・男/女、好き/普通/嫌い などの記号を値にとるデータ

量的データ ・温度や身長など 数値を値にとるデータ

数といった列には数値が並んでいて、量的データだということになります。

　実は数字で表されているものも、例えば1組、2組、のように、数字としての意味を失わせて、質的データとして扱う場合もあります。また、分野によっては男性を1女性を0として入力することもあったりします。大学生にもなってこんなことを確認する必要があるのか、と思う人もいるかもしれませんが、自分たちでデータ分析をする際には意外に重要なので今一度確認してください。

　JMPでは、各列を量的データとして扱っているのか質的データとして扱っているのかを、左端の欄に示してくれます。赤い棒グラフのような記号で示されているものは質的データとして扱っていて、青い三角形の記号で示されているものは量的データとして扱っている、ということになります。このように、JMPがそのデータを量的データとして管理しているのか、質的データとして管理しているのかを表示してくれるのです。皆さんの実習課題でもこのJMPの認識がうまくいかず、思うように進めない人も出てきます。JMPの認識が違うと思ったら手作業で修正するなどの段階が必要なこともあるので、量的データとして考えたいのか、質的データとして考えたいのか、このことは重要なので気を付けるようにしてください。

▶スライド 2-3

　もう少し細かく詳しく見てみましょう。統計データの分類で先ほど質的データ、量的

スライド 2-3

統計データの分類

質的データ：記号を値としてとるデータ

名義尺度	・値が単なるラベルとして扱われる
	・例：「男」「女」
順序尺度	・順序に意味がある
	・例：「好き」＞「普通」＞「嫌い」

量的データ：数値を値としてとるデータ

間隔尺度	・数の間隔に意味がある
	・例：温度
比例尺度	・順序に意味がある
	・例：身長
	・原点に意味があるともいえる

データがあると言いましたが、さらに、質的データには名義尺度と呼ばれるものと順序尺度と呼ばれるものがあります。これに対して、量的データでは間隔尺度と比例尺度の 2 つがあります。

　まず質的データの名義尺度についてです。これは、値が単なるラベルとして扱われるようなものです。例えば、質的データとしたときにイメージするようなものです。性別（「男」「女」）や血液型、好きな街の名前、などです。いわばラベルであって、それ以上でもそれ以下でもないというようなものです。

　これに対して、順序尺度は記号として値を取るようなもので、数値ではないけれども、順序に意味があります。例えば「好き」「普通」「嫌い」といったものがあったときに、どれだけ好きか、好きの度合いといったようなことで、「好き」が一番大きいでしょうし、次が「普通」で、「嫌い」は好きの度合いが小さいと、そう意味で順序があります。他にも「良い」「普通」「悪い」とか、アンケートなどでよくそういう回答項目があったりするかと思いますが、そういった、順序に意味があるものです。ただ、感覚のようなものを定量的に評価することはできないのです。そのようなデータは「順序尺度の質的データ」という言い方をします。

　これに対して、数値を値として取る量的データでは間隔尺度、比例尺度があるのですが、ある意味、順序尺度に近いようなものとして、数の間隔に意味があるものがあります。例えば、温度や時刻等が間隔尺度になります。これに対して、比例尺度というものは、これ

は数の比に意味があります。例えば身長、体重、距離、速度、あるいは経過時間などです。

　区別がつきにくい例もありますが、ポイントはゼロ、つまり原点に「何もない」という特別な意味があるかないかというところで、マイナスがあり得るようなものは比例尺度と考えないことが多いです。身長などは長さなので、0は当然「長さがない」という意味があります。体重も距離もそうですね。ですが、例えば温度を見ると、これは摂氏であったり華氏であったりで、どこに0を持ってくるかは単位によって変わってきたりしますし、摂氏ではマイナスもあります。ですが、1度と2度の間の間隔というところには、すごく大事な意味がありますね。摂氏では、ある気圧などの条件が定まった条件下で、水が凍る温度を0度、沸点（沸騰するところ）が100度として100で割った、その間隔の1度に意味を持たせたものです。一方、数字としての比にはあまり意味がないし、マイナスの値も取るので、比例尺度としては扱わないということになります。

　ということで、今回は、この中でも特に量的データについて取り扱います。

▶ 階級、度数、ヒストグラム

▶スライド 2-4

　まず、「量的データの整理と確認」、中でも階級、度数、度数分布表、それからヒストグラム、この辺りについて説明したいと思います。

　例えば、量的データ、数値データがスライドのような形で与えられたとします。濃い青

スライド 2-4

『量的（数値）データの集計

No.	体重	No.	体重	No.	体重	No.	体重	No.	体重
1	48	21	52	41	52	61	55	81	54
2	48	22	50	42	57	62	54	82	55
3	40	23	55	43	56	63	55	83	52
4	52	24	53	44	50	64	52	84	49
5	60	25	49	45	49	65	50	85	51
6	55	26	56	46	52	66	50	86	55
7	52	27	52	47	51	67	48	87	50
8	55	28	56	48	45	68	52	88	51
9	53	29	50	49	46	69	52	89	45
10	50	30	52	50	50	70	50	90	56
11	53	31	50	51	49	71	55	91	53
12	62	32	55	52	50	72	50	92	50
13	48	33	50	53	53	73	56	93	53
14	55	34	56	54	58	74	54	94	55
15	45	35	66	55	52	75	48	95	55
16	48	36	49	56	48	76	54	96	51
17	50	37	55	57	65	77	50	97	48
18	50	38	58	58	56	78	49	98	52
19	50	39	48	59	50	79	52	99	63
20	48	40	58	60	60	80	52	100	68

色の奇数列には各個人に割り振られた番号が並んでいて、それぞれに対応する体重のデータを示しています。このデータが並んでいるだけでは何も言えないので、何がしかの形で集計という作業をしていきたいですね。

▶ スライド 2-5

　そこで、1 つの方法として量子化というものがあります。もちろん、これは必ず実行する必要があるわけではないのですが、生データのままで理解するのは難しいので利用することが多いですね。量子化は、英語ではクアンタイゼーション（quantization）ですが、データが取り得る値の範囲を一定の区間に分割していく操作です。この区間のことを階級、英語では bin といいます。その各階級に観測された数値が入ってくる要素の数、これを度数といいますが、この度数を数えて集計して理解しやすくします。この、一定の区間に分割する操作のことを量子化と呼びます。

　例えば、先ほど体重の表を見ましたが、よく見てもらうと、キログラム単位でしか書いていないのです。ですが、体重はみんなきれいに何キログラムとキッチリ合った体重なんてまずないはずですね。もっと下の単位、数百グラムや数十グラムというのがもちろんあるはずですが、そういう細かいところまで考えると扱いにくいので、例えば最小単位を 1 キロにして、それよりも小さい端数は小数点以下で切り捨てたり、四捨五入するといった形で結果的にこういうきれいな数値にしているのです。ですので、四捨五入で桁を決めること自体が、まさに量子化の例になります。

スライド 2-5

量子化と階級

量子化によってデータを理解しやすくする

生データのままではデータを理解するのは困難

量子化
- データがとりうる値の範囲を、あらかじめ定めた区間 (階級) に分け、
  観測される数値の入る階級 (bin とも呼ぶ) によって集計を行う

量子化の例　・ 体重の場合
- 観測する最小単位を 1kg とし
  最小単位より小さい端数を小数点以下切捨て or 四捨五入

観測される数値が実数 (連続値) の場合には、厳密な値は表現できないので必ず量子化を行う

- CD に録音されている音響信号も 16 [bits] で量子化済み
- 各時刻の振幅は 0～65535 の整数で表現

　他に、よく出てくる有名な例としては、少し古くて皆さんに伝わるかどうか怪しいですが、音楽を聴く CD（コンパクトディスク）も量子化の成果です。録音されている音の信号は本来、連続値を取るアナログの信号なのですが、コンピューターなどではそのままでは扱えません。そこで、いわゆるデジタルとして扱えるようにするために、CD の場合は 16 ビットと呼ばれる刻み、要は音の振幅で波形を表現しています。ですので、2^{16}、6 万 5,536 通りの整数で表現されています。アナログのレコードから CD に変わっていく時代では、音の質が落ちる、などといった騒ぎもあったのは、この量子化することによって切り捨てられる音にこだわる人には許せないところもあったのだろうと思います。

▶ スライド 2-6

　先ほどの体重の例では、既に 1 キロ単位で量子化されていたのですが、さらに粗い階級の幅として 5 キログラムに広げて「45 キロ未満」「45-49 キロ」などと階級を定めて、その階級に該当する要素の数である度数を示したのが図の左の度数分布表になります。各階級の度数をカウントして示したものです。すごく素朴な表ですが、データを解析するときの非常に強力なツールなのです。

　基本的にはこれと同じなのですが、もっと視覚的に見る目的で右側のように棒グラフで表現するということをします。これをヒストグラムといいます。度数分布表のグラフ表現となります。これを見ると、50-54 の階級にピークの山があるというようなことが直ちに見て取れますね。1 つの山で構成されるような分布、単峰性、であることがすぐに分かり

スライド 2-6

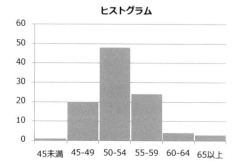

スライド 2-7

度数・累積度数・相対度数・累積相対度数

▎データ　　　　$x_1, x_2, x_3, \cdots, x_N$

▎階級　　　　　$I_1, I_2, I_3, \cdots, I_K$

・境界をどちらに含めるかで二種類の定義
・$I_1 = (\infty, b_1], I_2 = (b_1, b_2], \cdots I_k = (b_{k-1}, b_k], \cdots, I_K = (b_{K-1}, \infty)$
・$I_1 = (-\infty, b_1), I_2 = [b_1, b_2), \cdots, I_k = [b_{k-1}, b_k), \cdots, I_K = [b_{K-1}, \infty)$

▎度数　　　　　$f_1, f_2, f_3, \cdots, f_K$

・$x_i \in I_k$ を満たす i の個数

累積度数	・$F_k = \sum_{i=1}^{k} f_k$
相対度数	・$\dfrac{f_k}{N}$
累積相対度数	・$\dfrac{F_k}{N}$

階級	度数	累積度数	相対度数	累積相対度数
45未満	1	1	1%	1%
45-49	20	21	20%	21%
50-54	48	69	48%	69%
55-59	24	93	24%	93%
60-64	4	97	4%	97%
65以上	3	100	3%	100%

ます。このように、データを集計する方法として、度数分布表を書いて、ヒストグラムを描くというのがスタンダードな手法となっています。念のため、この図では各階級の間に白い隙間が入ってしまっていますが、ヒストグラムの隙間がない方が適切だとされることが多いので、皆さんがヒストグラムを書くときは意識してみてください。

▶スライド 2-7

　この度数というのにも切り口がいくつかあります。ここでは、度数・累積度数・相対度数・累積相対度数について確認しておきます。数式が頭に入らない人もいると思いますが、概念だけは理解してください。

　まず、例えばデータとして観測値が x_1 から x_N まで N 個与えられたとしましょう。そういうときに 1 から K まで大文字の K 個、階級を定めます。もちろん、全部を同じ幅の区間にすることもあれば、そうではないこともあり得ると思います。この例では、この I が階級を示しています。

　境目を上側と下側のどちらの階級に含めるかというので 2 種類の定義があり得ます。

　一旦階級を定めてしまえば、度数は定義に従ってカウントされます。累積度数は、1 つ目の階級から度数を積み上げて足し算したものです。図の右下の表を見てもらったら分かるのですが、累積度数は度数を該当する行まで上から合計した値になります。これも、データを理解する場面で役立つ指標の 1 つです。

　それから、度数は数でしかないので、全体の中でどれだけを占めているのか、というの

も重要ですね。度数を全体の数 N で割ったものがこれにあたり、相対度数と呼びます。累積度数に対しても同じように N で割ったものが考えられますが、それを累積相対度数と呼びます。こういったものでデータの理解を深めるようにしていくのです。

▶ 階級幅の設定

▶スライド 2-8

では、次に「量的データの整理と確認」で、階級幅の設定という話をしたいと思います。先ほどの体重の例だと、もともとデータは 1 キログラムで量子化されていたけれども、ヒストグラムを描くときには 5 キログラムで階級の幅を決めた例を示しました。この幅をどう決めるかは、実は結構悩ましい問題です。

例えば階級幅を 1 キログラムにすると、図のようなヒストグラムができます。これはあまりにも細か過ぎて、分布がみえるという感じはしないですね。

▶スライド 2-9

では、階級幅を 10 キログラムにしたらどうかというと、これはこれで少し粗過ぎるかという感じもしますね。

スライド 2-8

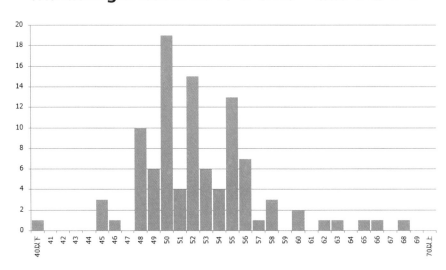

階級幅の設定

階級幅1kgの場合のヒストグラム… 細かすぎ？？

スライド 2-9

階級幅の設定

階級幅10kgの場合のヒストグラム…粗過ぎ

階級幅が大きすぎても小さすぎても分布の様子はよくわからない

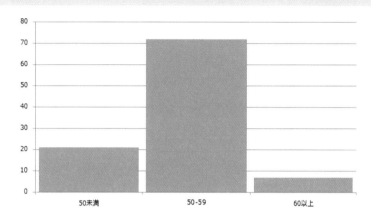

　絶対的な指標はないので、良い・悪いの判断は難しいのですが、印象としては皆さん個人個人でそんなに違わないのではないでしょうか。

▶スライド 2-10

　では、どれぐらいの幅に階級幅を設定すればいいのか、結論から言うと、絶対これを使えばいいというのはないのですが、幾つか参考になるものがありますので、この辺りを説明したいと思います。

　まず、図に「単純な決定法」と書いていますが、何も難しいことではありません。データの最大値と最小値の差を取って、階級の幅を決めたら、階級の数は決められますね、というそれだけのことです。

　では一体、この大文字の K、階級の個数を幾つにすればいいのでしょうか。それを決める代表的な方法として「スタージェスの方法」というものがあります。式は非常に単純で、データサイズが N のときには、$\log_2 N + 1$ を K として取ってくればいいということです。もちろん、この値は多くの場合小数になります。例えばデータが 100 個のときに計算してみると 7.6 幾つになっているので、K は切り上げて 8 とします。データが 50 個のときだと 6.6 幾つなので K は 7 と、こういう具合に階級を決めることができます。

スライド 2-10

階級幅の設定

単純な決定法

データ $x_1, x_2, x_3, \cdots, x_N$

・階級幅をh, 階級の個数をKとすると $\quad K = \dfrac{max(x_1, x_2, \cdots x_N) - min(x_1, x_2, \cdots x_N)}{h}$

スタージェス (Sturges) の方法

$$K = \log_2 N + 1$$

データサイズ:100個 $\log_2 100 + 1 = 7.643856 \rightarrow$ **8階級ぐらい**

データサイズ: 50個 $\log_2 50 + 1 = 6.643856 \rightarrow$ **7階級ぐらい**

データサイズ: 25個 $\log_2 25 + 1 = 5.643856 \rightarrow$ **6階級ぐらい**

ビンの個数は
対数的に
増加

スライド 2-11

スタージェス (Sturges) のアイデア

分布が二項係数$_{K-1}C_i$になっているヒストグラムを考える

データの総数 $N = {}_{K-1}C_0 + {}_{K-1}C_1 + \cdots + {}_{K-1}C_{K-2} + {}_{K-1}C_{K-1} = (1+1)^{K-1} = 2^{K-1}$

・したがって $\quad K = \log_2 N + 1$

$K = 5$のとき

i	度数
0	$_4C_0 = 1$
1	$_4C_1 = 4$
2	$_4C_2 = 6$
3	$_4C_3 = 4$
4	$_4C_4 = 1$

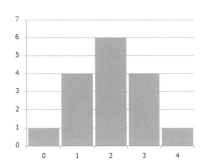

▶スライド 2-11

　このスタージェスの方法には絶対的な根拠があるわけではないのですが、どういう意図（アイデア）があるのか少し触れてみます。確率分布の話はまた講義の中盤で出てくるので、その時に思い出してもらえたらと思います。二項係数で分布の形状が得られるようなものを二項分布といいます。例えば、コイン投げのような 2 つの結果しかないイベントを繰り返したときに、表が出る回数を示す分布と思ってください。そのような確率のヒストグラムを考えてみたときに、その変数が $_{K-1}C_i$、$_i$ が 0 から順番に K−1 まで、そのようにして決まるような分布です。例えば、スライドには K＝5 の場合の例を書いているのですが、K＝5 のときには K−1 は 4 です。i が 0 から 4 までなので、二項係数 $_4C_0＝1$、$_4C_1＝4$、$_4C_2＝6$、となります。このような形のヒストグラムが、二項分布によって出来上がるのです。

　手元のデータが、このような二項分布のように散らばっているはずだ、そういう視点に基づいた発想です。そう考えると、この二項分布で決まる二項係数を全部足し合わせたものは $(1+1)^{K-1}$ の二項展開と考えられるので、2^{K-1} と簡単に計算できて、それがトータルのデータサイズになります。

　逆に「K＝」と変形すると、$K＝\log_2 N+1$ の N に手元のデータサイズを代入することで K が得られます。二項分布はこの講義でも何度も出てくる非常に重要な分布なので、何度も復習していきましょう。

▶スライド 2-12

　ちなみに、知っている人も多いかもしれませんが、図左上のような三角形を描いていって、パスカルの三角形と言いますが、一番上と両端に 1 を持ってきて、隣りあった 2 つを

スライド 2-12

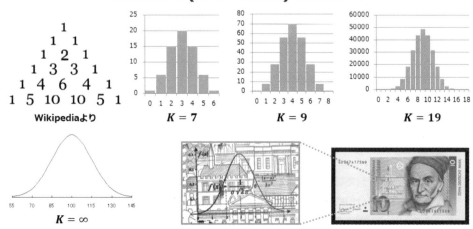

足し算して、その間の下の段に書いていったものです。このパスカルの三角形は二項係数が並んでいるものになっているのです。

　スライド右では、K が 7、9、19 のときの二項分布を示しています。後日演習で実際に確認してもらいますが、K が大きくなってくると、データサイズ N が大きくなり、この二項分布は正規分布（ガウス分布）に近づいていきます。これは昔のドイツのマルク紙幣にも描かれているくらい有名な図です。

▶スライド 2-13

　ただ、スタージェスの方法が絶対的なものというわけではないというところは注意してください。実際、スタージェスの方法でヒストグラムを描いた場合、実は平滑化され過ぎてしまうという傾向も知られています。別の方法として、詳細は説明しませんけれども、例えばスコットの選択という方法があります。データの標準偏差 σ とデータサイズをこの式に代入して、階級の幅を決めます。

　あるいは、FD 選択などと言われているものがあり、これは四分位数を下の式に代入して階級幅を決定します。正規分布からずれることが分かっている場合などは、この FD 選択の方がよいことも多いようです。

▶スライド 2-14

　また、累積度数をグラフにしてみると、図のような形になります。累積度数をグラフ化すると、階級が粗いときも細かいときも印象が大きくは変わらないので、階級幅にほとんど左右されないという利点があります。もちろん、どんどん細かくすればするほど、分布

スライド 2-13

その他の階級幅決定基準

Sturgesの方法では平滑化されすぎるため他の方法もある

Scottの選択　　　　$h = \dfrac{3.5\sigma}{N^{\frac{1}{3}}}$

- h：各階級の幅 (bin width)
- σ：データの標準偏差

FD (Freedman-Diaconis)選択　　　$h = 2\dfrac{Q_3 - Q_1}{N^{\frac{1}{3}}}$

- Q_1：第一四分位数 (データ全体で小さい方から25%の順位の値)
- Q_3：第三四分位数 (データ全体で小さい方から75%の順位の値)

スライド 2-14

累積度数と階級幅

累積度数は階級幅にそれほど左右されない

むしろ階級幅を小さくすれば分布の様子がよくわかる

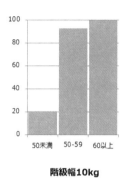

階級幅10kg

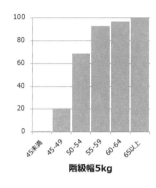

階級幅5kg

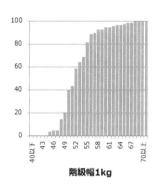

階級幅1kg

の詳細が分かってきます。背景としては、積分していくので、細かいところの影響が弱められるのですね。場合によっては、こういう累積分布関数に対応する累積度数、あるいはそのグラフで示してみるとよいかもしれません。

▶ 代表値

▶スライド 2-15

　では、次に「量的データの要約」の代表値について説明したいと思います。ここまではデータが与えられると階級を設定の上で度数をカウントし、度数分布表やヒストグラムを作成しました。次に、複数のデータを比較するために複数のヒストグラムを比較する場面を考えてみましょう。もちろん、全部並べるというのも選択肢の1つです。ですが、一覧性という観点では今ひとつですね。もっと比較すべき特徴を絞れないのでしょうか。

▶スライド 2-16

　そのための数値のことを、代表値と呼びます。皆さんもよく知っている平均値などが該当します。例えば、データが x_1 から x_N まであったとすると、平均値はそのデータを全部足し合わせて要素数で割り算したものですね。標本平均という言い方もします。まさに代表的な代表値ですね。

　他にも、最頻値（mode）というものもあります。これは出現頻度が最も高い値でした。

スライド 2-15

ヒストグラムがたくさんあると…

ヒストグラムから分布はよくわかるが、一覧性には欠ける

指標 (ヒストグラムの特徴) で代用できないか？

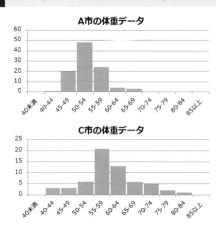

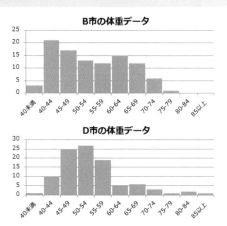

スライド 2-16

代表値 (1)：平均値・最頻値

データ $x_1, x_2, \cdots, x_N$ の特徴を表す数値

平均値 (mean)　　$\bar{x} = 1/N(x_1 + x_2 + \cdots + x_N)$

最頻値 (mode)　　**最も出現頻度の高い値**

・ 区間幅が単位長でない場合には最も出現頻度の高い区間の中央値
・ 二峰性・多峰性：最頻値は一つに定まるとは限らない

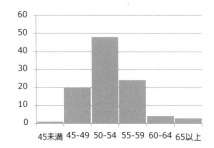

前掲の体重の例：
最頻値は50kg

例えば、先ほどの 100 人の体重の例ですと、50 キログラムが最頻値となります。あるいは区間幅が単位長、1 キロではなくて、2 キロ、3 キロなどの幅があるときは、その区間の中央値を最頻値とすることが多いようです。

　注意点として、同じ高さの山が複数ある二峰性や多峰性のときには、最頻値が 1 つに定まらないこともあり得ます。これは注意しましょう。

▶ スライド 2-17

　それから、もう 1 つの重要な代表値として、中央値（median）というのがあります。データ全体の最小と最大の、真ん中のところに来る順位の値です。

　細かいことを言うと、データの総数 N が奇数のときなら、小さいほうから $\frac{N+1}{2}$ 番目の値ですが、偶数の場合はちょうど真ん中という順位がないので、$\frac{N}{2}$ 番目の値と $\frac{N}{2}+1$ 番目の値の平均とします。先ほどの体重の例は 100 人と偶数だったので 50 番目の 52 キログラムと 51 番目の 52 キログラムの平均の 52 キログラムとなります。

▶ スライド 2-18

　いろいろあっても結局は、平均値だけでいいのではないかとも思うのではないでしょうか。確かに平均値は非常に強力で、データを特徴付ける有益な値ではあるのですが、必ずしも万能ではないということも意識しておきましょう。

　1 つには、平均値に限らず、他の代表値でもそうなのですが、ばらつきを把握できない

スライド 2-17

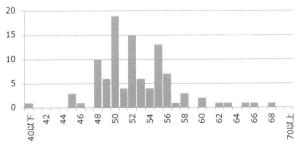

スライド 2-18

平均値は万能ではない (1)

平均値だけではばらつきが把握できない

▌平均値だけではデータを理解するのには不十分

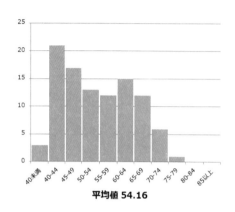

平均値 54.16

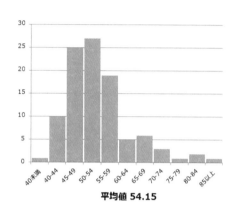

平均値 54.15

という欠点があります。当たり前ですね。図は平均値が 54.16、54.15 というほとんど同じデータなのですが、図左はヒストグラムで見ると、データがばらついているのが分かるように広がっています。一方、図右は平均値周辺にかなりキュッと偏ってきていますが、2つの平均値を見ただけでは区別がつきませんね。

さらに、平均値は外れ値の影響を受けやすいという点もあります。先ほどの、体重の例では 40 キロ以下になるような人や、75 キロ以上といった割と大きな値を取る少数例が存在します。平均値はこれらによって影響を受けてしまいます。平均値の問題点としては重要度が大きいので気を付けておいてください。

▶スライド 2-19

また、先ほどの例で言うと、平均値が 52.45、中央値が 52 でしたが、この 40 キロの人のデータを取り除いて平均値、中央値を計算し直してみると、中央値は変わらないのですが、平均値は少し変わります。1 人のデータを抜くだけで、影響してしまうのですね。

外れ方が大きいほど、その影響は大きくなってしまいます。それに対して、中央値はあまり影響を受けません。そういうのを頑健、ロバストなどという言い方もしますが、そういったことがあったりするので、中央値の方が好まれる場面もあります。

スライド 2-19

平均値は万能ではない (2)

中央値の方が外れ値に対して頑健

▍平均値が唯一の「真ん中」ではない

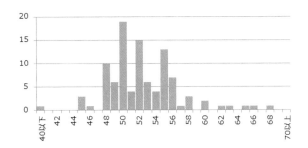

前掲の体重の例
- 平均値：52.45
- 中央値：52

40kgの人を除くと
- 平均値：52.58
- 中央値：52

スライド 2-20

（相加）平均は在院日数の評価には向いていない！

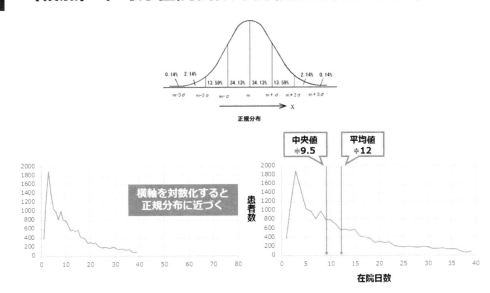

▶ スライド 2-20

　例えば病院の在院日数は、数日で退院する人が大半で、長く入院する人は非常にまれなので、図のような分布になります。こういう例では平均値よりも中央値の方が適切な場面が多いです。一方、横軸を対数化すると正規分布に近づくので、そのような処理をすることもあります。所得や収入なども平均値では、印象よりも高い値が出てしまいます。ごく

一部の超高収入な人が平均値を持ち上げてしまうからですね。それに比べると、中央値の方がより分布の山の部分の辺りを捉えるのに適切です。分布を見ながらしっかり使い分ける必要があると理解しておいてください。

▶ 四分位数、箱ひげ図

▶スライド 2-21

　では、次に四分位数と箱ひげ図について説明します。先ほど平均値はデータのばらつき、散らばりを評価することができないという話をしました。これは他の中央値などであっても、本質的には同じことなのです。1個の数値だけではどうしても表現しきれないのですね。そういったときに、大まかに散らばりを見る指標として四分位数がよく使われます。

　先ほどの中央値（median）は第二四分位に該当しますが、これはデータのちょうど真ん中のところに位置する値です。さらに、小さい方の半分の中央、全体の小さい方から4分の1のところに対応する値を第一四分位と呼びます。大きい方の半分の中央、全体の小さい方から4分の3のところに対応する値を第三四分位と呼びます。また、Q_3 と Q_1 の差は四分位範囲と呼ばれ、この中に約50%のデータが入るということになります。さらに、その半分は四分位偏差と呼ばれます。

　直感的には、データを並べて4等分すると境目は3つ出てきますが、それを指標としようという発想です。ただ、実際計算するときには、先ほどの中央値と同様、数が偶数か奇数かで分けて考える必要があります。N が奇数のときには、一般的には中央値は上組にも下組にも入れません。両方入れる方法もあります。その分けたデータに対して、下側の中央値、上側の中央値をそれぞれ求めて、それをそれぞれ Q_1、Q_3 とします。

▶スライド 2-22

　この四分位数を図で表現するときには、箱ひげ図というのが用いられます。箱ひげ図では、最小と最大を黒い線の両側で表します。中ほどには箱が出てくるのですが、この箱は、先ほどの四分位点であった Q_1 が小さい側、Q_3 が大きい側の端になります。Q_2 が真ん中の中央値を示す線で表現されます。さらに、「+」や「×」の記号で平均値の位置も一緒に載せることもあります。

スライド 2-21

四分位数 (quartile)

データの散らばりをおおまかに見るには四分位数が便利

すでに整列した結果を $x_1, \cdots, x_N$ **と表す**

| 四分位数 | 整列したデータを四等分する位置にある値 |

- 第一四分位数 Q_1
- 第二四分位数 Q_2 **(中央値)**
- 第三四分位数 Q_3

| 四分位範囲 | $Q_3 - Q_1$ |

| 四分位偏差 | $\dfrac{Q_3 - Q_1}{2}$ |

> 中央付近の約50%の
> データが入る範囲

計算方法 (補間の仕方には様々な方法があり、単純なものを紹介)

1　中央値を境界としてデータを二等分する

- Nが奇数の場合、中央値は上組・下組のどちらにも入れない
　（どちらにも入れる方法もある）

2　下組の中央値を Q_1・上組の中央値を Q_3 とする

スライド 2-22

箱ひげ図：全部まとめて視覚化

データの分布を視覚的に簡明に表現

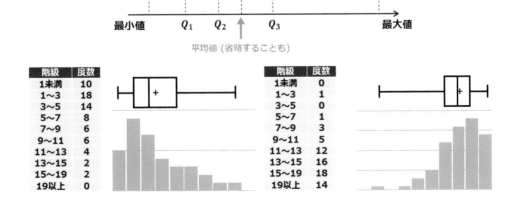

スライド 2-23

箱ひげ図の例

札幌と東京と那覇の気温分布

一目で各地の気温や年ごとの気候変動が分かる

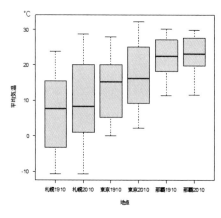

出典：気象庁 HP　https://www.data.jma.go.jp/gmd/risk/obsdl/index.php より著者作成

スライド 2-24

累積分布と四分位点

累積分布（表）を用いれば四分位点は求められる

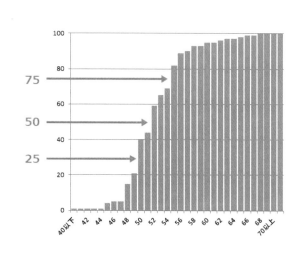

▶スライド 2-23

　これは札幌と東京と那覇の気温の分布を箱ひげ図で示したものです。この 1910 年と 2010 年と 100 年ずれたときの気温が描かれていて、全体的な気温の上昇や北に行くほど特に最低気温の変化が大きそうな傾向等が見えてくるかと思います。

▶スライド 2-24

　あと、累積分布との関係では、実は四分位点を累積分布のグラフもしくは表から求めることも簡単にできます。累積分布の 25％に相当してくるところが第一四分位数、四分位点になって、これが Q_1 です。50％のところが中央値、第二四分位数、75％のところが第三四分位となります。

▶ 代表値の計算方法

▶スライド 2-25

　次に、代表値の計算方法について説明したいと思います。統計の機能を有したツールである、Excel・JMP・R 等では、簡単な指示を出すと計算してくれます。我々ユーザーとして気にすることは本来何もありません。ただ、ロジックを知っておくとソフトを使うときに役立つこともあるので一度確認してみましょう。

　まず、平均値・最大値・最小値の計算方法を確認してみましょう。例えば、ある 10 人のクラスの学生番号を上段に、それぞれの得点を下段に対応させたデータを例に考えてみ

スライド 2-25

ます。

　コンピューターの演算は基本的には、2つのものを足したり掛けたりという処理で成り立っていて我々よりすごく速い、というのが特徴です。平均値は合計を計算するところから始まります。一番下の行を、その列までの総和を計算する欄として用意します。最初は3点をそのまま入れます。その右の欄には、1人目と2人目の点数を足し算した7点を入れます。さらにその右の欄には、3人目の点数5も加えて、学生番号1〜3全員の点数の合計である12を入れます。この演算を右端まで続けていくと、最後の右端の欄では全ての学生の総得点である63が得られます。最後にこれを人数、大文字のN、この場合10で割り算して、平均点6.3が求まります。これは、1回データを順番に走査（スキャン）して平均値を求めるという手順を追っているのです。

　最大値や最小値も実は同じような走査がベースになっています。最大値では、先程の、その列までの合計を計算する代わりに、その列までの最高得点を入れる欄を設けます。最初は学生番号1の3点が最高得点なのでそのまま入れます。次の列では、そこまでの最高得点である3と学生番号2の得点である4を比較して、高い方の4を入れます。次は学生番号3の得点5とそれまでの最高得点の4を比較して、高い方の5を採用します。でも学生番号5はそれまでの最高得点である9を上回れず、左の欄にある9をそのまま採用し、それ以降は誰も上回れず、学生番号4の9が最後まで勝ち残り、最高得点、つまり最大値は9と結論付けられるのです。最小値は同じことであるのは想像できると思います。このような走査をコンピューターは一瞬のうちに行って、我々に平均値・最大値・最小値を教えてくれるのです。

▶ スライド 2-26

　では、中央値はどのように計算しているのでしょうか。まず、中央値を求めるには、得点を小さい方から順番に並べるところから始めます。当然、逆でも構いません。だんだん大きくなっていく並び方を昇順、だんだん小さくなっていく並び方を降順と呼んでいます。例えば、先程の10人の得点を昇順に並べ替えると、図で示したような形になります。コンピューターはどのように昇順に並べ替えているのでしょうか。これは次のスライドで確認しますが、一旦昇順に並んでしまえば、あとは、中央値はNが奇数であれば上のように、偶数であれば、N/2番目の値とN/2+1番目の値の平均で求まります。

▶ スライド 2-27

　この図のような並べ替えは、一般に「ソートする」と言っています。いくつか方法はあるのですが、ここでは簡単な例を1つ説明します。

　隣り合う2つの数値を比べることの繰り返しで成り立つものです。同じように学生番号1と学生番号2の比較から始まります。彼らの点数はそれぞれ3と4なので、既に昇順になっているので、次に進みます。次の比較は4と5でこれも確認だけで、次に進みますさ

スライド 2-26

中央値・最頻値の計算

データを昇順（あるいは降順に）整列させる

学生番号	1	2	3	4	5	6	7	8	9	10
得点	3	4	5	9	2	9	7	9	7	8

▼

学生番号	5	1	2	3	7	9	10	4	6	8
得点	2	3	4	5	7	7	8	9	9	9

データ $x_1, \cdots, x_N$ を整列した結果を $x'_1, \cdots, x'_N$ と表すとき

- 中央値：$median(x_1, \cdots, x_N) = \begin{cases} x'_{(N+1)/2} & N\text{が奇数のとき} \\ \dfrac{x'_{N/2} + x'_{N/2+1}}{2} & N\text{が偶数のとき} \end{cases}$

スライド 2-27

データの整列

- **データを整列するには様々な方法がある**

学生番号	1	2	3	4	5	6	7	8	9	10
得点	3	4	5	9	2	9	7	9	7	8

学生番号	1	2	3	4	5	6	7	8	9	10
得点	3	4	5	9	2	9	7	9	7	8

学生番号	1	2	3	5	4	6	7	8	9	10
得点	3	4	5	2	9	9	7	9	7	8

学生番号	1	2	5	3	4	6	7	8	9	10
得点	3	4	2	5	9	9	7	9	7	8

学生番号	1	5	2	3	4	6	7	8	9	10
得点	3	2	4	5	9	9	7	9	7	8

学生番号	5	1	2	3	4	6	7	8	9	10
得点	2	3	4	5	9	9	7	9	7	8

らに、5 と 9 も昇順なので確認だけですが、その次の 9 と 2 は、降順になっています。この場合、学生番号 5 のデータを学生番号 4 のデータと入れ替えます。その上で、学生番号 3 と学生番号 5 の比較になりますが、これも降順なので、さらに学生番号 5 のデータを左の方に入れ替えます。最終的に学生番号 5 が左端に来てようやく昇順が確保できるのです。

▶スライド 2-28

あらためて、最初にやったように隣同士を調べて、2と3、3と4、4と5、5と9と全て昇順であることを確認します。ところが学生番号6と学生番号7は降順になっているので、また入れ替えを行います。

スライド 2-28

┃データの整列(続き)

学生番号	5	1	2	3	4	6	7	8	9	10
得点	2	3	4	5	9	9	7	9	7	8
学生番号	5	1	2	3	4	7	6	8	9	10
得点	2	3	4	5	9	7	9	9	7	8
学生番号	5	1	2	3	7	4	7	8	9	10
得点	2	3	4	5	7	9	9	9	7	8
学生番号	5	1	2	3	7	4	7	8	9	10
得点	2	3	4	5	7	9	9	9	7	8
学生番号	5	1	2	3	7	4	7	8	9	10
得点	2	3	4	5	7	9	9	9	7	8
学生番号	5	1	2	3	7	4	7	9	8	10
得点	2	3	4	5	7	9	9	7	9	8

スライド 2-29

┃データの整列(続き)

学生番号	5	1	2	3	7	9	4	7	8	10
得点	2	3	4	5	7	7	9	9	9	8
学生番号	5	1	2	3	7	9	4	7	8	10
得点	2	3	4	5	7	7	9	9	9	8
学生番号	5	1	2	3	7	9	4	7	10	8
得点	2	3	4	5	7	7	9	9	8	9

学生番号	5	1	2	3	7	9	10	4	7	8
得点	2	3	4	5	7	7	8	9	9	9

▶スライド 2-29

　こういうことを繰り返して、どの 2 つの隣りあわせの比較でも降順がない状態を確保できたところでソート作業が終了となります。

　流れを追いかけるだけでも大変そうに思いますが、実際のところ、ソートはパソコンにもかなり負荷をかける作業になっています。最近のパソコンは優秀ですから、もちろんこれくらいで音を上げたりしないですが、すごく大きなデータを扱わせると少し時間がかかったりすることを経験するかもしれません。念のためですが、最頻値はそれぞれの値を示す学生番号の数を 1 個ずつカウントするという処理をします。一番大きい得点の数は覚えておくという処理も加わってくるので、こちらもパソコンへの負荷は少し大きくなります。

▶ 分散

▶スライド 2-30

　次に分散と標準偏差について説明します。代表値はデータを特徴付ける非常に重要な値ではあるのですが、データの散らばり具合を表すことはできません。四分位数も便利ではあるのですが、もっとダイレクトに散らばりを数値で表せないのでしょうか。そこで登場するのが、分散などの統計量です。

　まず分散の定義は、平均値から見てどれだけずれているかという尺度です。分散の場合は平均値とのずれを見るので、各データが x_1、x_2、x_N だとすると、それぞれ平均値 $\bar{x}$ を引きます。データの散らばりが大きい場合にはこの差分が大きくなるはずですね。

スライド 2-30

分散・標準偏差・変動係数

分散σ^2：データの散らばりを表す

$$\sigma^2 = \frac{(x_1 - \bar{x})^2 + (x_2 - \bar{x})^2 + \cdots + (x_N - \bar{x})^2}{N}$$

標準偏差σ　　　　分散の正の平方根
- 正規分布ならmean$\pm\sigma$：68%,　$\pm2\sigma$：95%,　$\pm3\sigma$：99.7%

変動係数CV (coefficient of variation)　　$\frac{\sigma}{\bar{x}}$
- 相対標準偏差 (relative standard deviation: RSD) とも呼ばれる
- 平均値が異なる二つの集団のばらつきを比較するのに用いる

偏差値T_i　　$T_i = \frac{10(x_i - \bar{x})}{\sigma} + 50$
- x_iを平均値50・標準偏差10となるようにスケールした値

その差分を平均すると散らばりが分かりそうなのですが、このずれは平均値よりも大きい側にも、小さい側にも起こりえます。さらに平均値の意味を考えると分かるのですが、全部足すと 0 になってしまいますね。そこで、この差分については大きさだけを考えるということで、絶対値に変換して散らばりを評価すること等が考えられます。

ただ、皆さん知っているように、微分等の計算をするときには、場合分けなどを加える必要があり、少し厄介になります。そういった事情もあって、正にできる演算として 2 乗した上で平均をとるということが行われます。この誤差の 2 乗を全部足して平均とした量を分散と呼び、データの散らばりを表す指標として大変よく使われるものになっています。

2 乗した結果、もとのデータの単位とは異なっています。そこで、正の平方根を取って単位もあうようにしたものを標準偏差と呼び、大変重宝される指標の 1 つになっています。

それから、分散・標準偏差ともに、もとの数値がすごく大きいものと小さいものがあったとしましょう。例えば、平均 1 の前後を ±0.5 でばらつくのと、平均 100 の前後を ±0.5 ばらつくのは、同じような散らばり方と考えていいのでしょうか。直感的にはおかしいと感じると思います。そこで、標準偏差を平均値で割り算して得られる変動係数というもので、平均値が異なる 2 つの集団のデータのばらつきを比較することもあります。

さらに平均を 50 に、標準偏差を 10 になるように変換することもあります。皆さんがよく知っている偏差値です。具体的には、データから平均値を引き算して、それを標準偏差で割って 10 を掛け、50 を足すと皆さんおなじみの偏差値になります。こうするといろんなテスト結果を比較できる、というのが根底にあるのですが、ただし、元の分布が正規分布といえないような場合にも、この偏差値で比べるのがいいのか、というのは大きな疑問ともなります。テストの点の分布は正規分布とかけ離れたものも結構多いので、常に偏差値を指標とするのは注意も必要です。

▶ スライド 2-31

分散と平均の関係についても考えてみましょう。各データとの差の平方の総和を最小にする値が平均値なのですが、それを確かめてみましょう。分散を求めるときの分子と似た式を関数として定義します。$\bar{x}$ という平均値にかえて、変数 x とした関数になります。分散を最小にする x について考えます。この関数を使って、この値を最小にする共通の値 x の二次関数なので、微分して導関数を求めます。導関数 $= 0$ となる x を求めると、$x = \bar{x}$ となりますね。つまり、分散的なものを考えるときに一番小さくなる基準点は、平均値なのですね。このように、平均は偏差の平方の総和を最小にしてくれるのです。

▶ スライド 2-32

分散の計算方法ももう少し考えてみましょう。実際に計算しようと思うと、まず平均を求める必要がありますね。平均を求めるためには 1 回データを走査しなければなりませんでした。さらに、もう 1 回このデータを見ながら、それぞれから平均値を引き算した値を

スライド 2-31

分散と平均の関係

各データとの差の平方の総和を最小にするx → 平均値

最小化すべき関数

- $f(x) = (x_1 - x)^2 + (x_2 - x)^2 + \cdots + (x_N - x)^2$

導関数

- $f'(x) = -2(x_1 - x) - 2(x_2 - x) - \cdots - 2(x_N - x)$
  $= 2N\bar{x} - 2(x_1 + \cdots + x_N)$
- $f'(x) = 0$ となるxを求める　$x = \dfrac{x_1 + \cdots + x_N}{N} = \bar{x}$

> 「平均」は偏差の平方の総和を最小にする

スライド 2-32

分散の計算

分散σ^2：データの散らばりを表す

定義に従うとまずは平均を計算する必要がある（データを二度走査）

- $\sigma^2 = \dfrac{(x_1 - \bar{x})^2 + (x_2 - \bar{x})^2 + \cdots + (x_N - \bar{x})^2}{N}$

以下のように変形するとデータを一度走査するだけで計算可能

- $f'(x_1 - \bar{x})^2 + (x_2 - \bar{x})^2 + \cdots + (x_N - \bar{x})^2$
  $= x_1^2 + x_2^2 + \cdots x_N^2 - 2\bar{x}(x_1 + x_2 + \cdots + x_N) + N\bar{x}^2$
  $= x_1^2 + x_2^2 + \cdots x_N^2 - 2\bar{x}(N\bar{x}) + N\bar{x}^2$
  $= x_1^2 + x_2^2 + \cdots x_N^2 - N\bar{x}^2$

したがって

$\sigma^2 = \dfrac{1}{N}\sum_i x_i^2 - \left(\dfrac{1}{N}\sum_i x_i\right)^2$

得て 2 乗和を求めていく必要があります。つまり、データを二度走査しなければならないのです。

　最近のパソコンは賢いですので気にしなくてもいいのかもしれませんが、この式を少し変形してやると、データを一度走査するだけで計算できるようになります。この分子のところだけ取り出して展開してみましょう。全データの平均 $\bar{x}$ の N 倍と同じなので、置き換

えたりして進めると、図のような式に変形できます。これを N で割った量が分散ですね。

　もう少し整理してよく見ると、分散とは、**各データの 2 乗の平均から平均の 2 乗を引く**と求まるということが分かります。

　この式に基づいて計算すると、データを 1 回走査するだけで計算ができますね。

　この式は計算を高速化するメリットもあるのですが、この講義でも何度も出てくる非常に有名な変換式ですので、頭の片隅に置いておいてください。

▶ スライド 2-33

　今の式に従って分散の計算をコンピューターに効率よく行ってもらう方法を確認してみましょう。元のデータが与えられたら、データを 1 個取るごとにその 2 乗もすぐに計算させます。先ほど平均値を求めるときにやったように、このデータに対する平均を求めるとともに、2 乗した値に対しても同じく平均をとります。最終的には、2 乗の総和を N で割ったものから、単純総和を N で割って 2 乗したものを引き算すると分散が求まりますね。

　とうことで、第 2 回は量的データの確認と要約についてお話しました。次回は質的データについて学びたいと思います。

スライド 2-33

分散の計算

データをひとつづつ加算していけば計算可能

総和＆平方の総和にそれぞれ加算していく

学生番号 i	1	2	3	4	5	6	7	8	9	10
得点 x_i	3	4	5	9	2	9	7	9	7	8
得点の平方 x_i^2	9	16	25	81	4	81	49	81	49	64
総和 $E_i = x_1 + \cdots x_i$	3	7	12	21	23	32	39	48	55	63
平方の総和 $V_i = x_1^2 + \cdots x_i^2$	9	25	50	131	135	216	265	346	395	459

第3回

質的データの確認

今日の内容

データの分類の復習
- 質的データ、量的データ、尺度

質的データの整理
- 単純集計、クロス集計

調査と統計的解析
- 調査課題の設定、調査対象の設定
- 集計・解析方法
- 調査の方法
- 独立性検定

では、「統計入門」の第 3 回「質的データの確認」について講義を始めたいと思います。

▶ スライド 3-1

　今回は、最初に前回の復習であるデータの分類についてもう一度確認します。その後、本題である二値（バイナリーの値）を中心とした質的データの集計に関して考えてみたいと思います。また、データの収集をする際の調査課題、対象の設定、時期、方法、集計と解析方法についても触れたいと思います。

▶ データの分類の復習

▶ スライド 3-2

　まずは、前回のおさらいですね。統計データは質的データと量的データで構成されるということでした。今回扱う質的データは、例えば男 / 女、好き / 普通 / 嫌いといった、ある種記号を値に取るようなデータです。それに対して、量的データは、温度や身長など基本的には数値を値に取るデータになります。

　統計ソフトの JMP では、左端の赤い棒グラフのような記号で示されている列が質的データです。これに対して、青色の三角で示されている列が量的データになります。

▶ スライド 3-3

　さらにもう少し細かく見てみると、質的データの中にも名義尺度、順序尺度というのが

スライド 3-2

統計データの分類

統計データには質的データと量的データがある

質的データ　・男/女、好き/普通/嫌い などの記号を値にとるデータ

量的データ　・温度や身長など 数値を値にとるデータ

	タイプ	会社規模	売上($M)	利益($M)	従業員数	従業員一人あたりの利益	資産	利益/売上 (単位:%)
1	Computer	small	855.1	31.0	7523	4120.70	615.2	3.63
2	Pharmaceutical	big	5453.5	859.8	40929	21007.11	4851.6	15.77
3	Computer	small	2153.7	153.0	8200	18658.54	2233.7	7.10
4	Pharmaceutical	big	6747.0	1102.2	50816	21690.02	5681.5	16.34
5	Computer	small	5284.0	454.0	12068	37620.15	2743.9	8.59
6	Pharmaceutical	big	9422.0	747.0	54100	13807.76	8497.0	7.93
7	Computer	small	2876.1	333.3	9500	35084.21	2090.4	11.59
8	Computer	small	709.3	41.4	5000	8280.00	468.1	5.84
9	Computer	small	2952.1	-680.4	18000	-37800.0	1860.7	-23.05
10	Computer	small	784.7	89.0	4708	18903.99	955.8	11.34

（JMP Pro 画面：Companies データテーブル、列(8/0)：タイプ、会社規模、売上($M)、利益($M)、従業員数、従業員一人あたりの利益、資産。ノート 雑誌Fortuneの1990年4月）

スライド 3-3

統計データの分類

質的データ：記号を値としてとるデータ

名義尺度　・値が単なるラベルとして扱われる
　　　　　　・例：「男」「女」

順序尺度　・順序に意味がある
　　　　　　・例：「好き」＞「普通」＞「嫌い」

量的データ：数値を値としてとるデータ

間隔尺度　・数の間隔に意味がある
　　　　　　・例：温度

比例尺度　・順序に意味がある
　　　　　　・例：身長
　　　　　　・原点に意味があるともいえる

あります。順序尺度は、数値ではないけれども順序に意味があるものです。アンケートなどで、好き＞普通＞嫌い、良い＞普通＞悪いなどで答えるものが該当します。この、好きと普通の間と、普通と嫌いの間との差につては評価ができません。このように、順序はあるが、間隔については問わないものを、質的データの順序尺度として扱います。また、そういった順序関係がなくて単純にラベルになっている、例えば男・女などは名義尺度と呼ばれます。

▶ 二値の質的データの集計

▶ スライド 3-4

　では、次に「二値の質的データの集計」について説明したいと思います。質的データの集計ということですが、「大阪人のたこ焼き好きの検証」を例に取って考えてみたいと思います。どういうことかというと、例えば太郎君と花子さんがいて、花子さんは「大阪人のたこ焼き好きは普通じゃない、異常や」と言うわけです。これに対して、太郎さんは「普通や」と、こういうことを言い合って全然どちらも折れなくて結論が出ません。そこで、クラスのみんなにアンケートを取って調べてみることにしました。

スライド 3-4

スライド 3-5

社会調査 （アンケート）

平成×年〇月×日

各 位

花子

アンケート調査のお願い

拝啓 時下益々ご清勝のこととお喜び申し上げます。

さて、私こと 花子は、今回彼氏の太郎くんと、大阪人の食生活の特異性について議論するに及び、下記のようなアンケートを実施することになりました。皆様ご多忙のところ誠に恐縮ではございますが、何卒ご協力の程お願い申しあげます。

敬 具

問1 あなたの実家はどこですか。次のいずれか1つに〇印をつけてください。ただし、転居が多い方はこれまで最も長く住んでいた方をお答えください。

1. 大阪府

2. 大阪府以外

問2 あなたの実家またはあなたの下宿にはたこ焼き器はありますか。次のいずれか1つに〇印をつけてください。

1. ある

2. ない

アンケートは以上です。ご協力ありがとうございました。

▶スライド 3-5

　こちらがアンケートを取るときの調査依頼の用紙になります。皆さんが自分たちでアンケートする際の参考にしてもらえればと思いますが、冒頭では理由を説明する必要があります。本題では 2 つ質問の項目があります。1 つは「実家はどこですか」という質問です。大阪府なのか、それ以外なのかと聞いています。2 つ目の質問では「実家もしくは下宿にたこ焼き器があるかないか」と聞いています。この 2 問に対して回答を集めているのですね。

▶スライド 3-6

　結果をまとめる前に確認しますと、問 1 についての回答は「大阪府」「それ以外」、問 2 については、たこ焼き器が「ある」「ない」の 2 つです。こういった 2 択の結果は質的データに該当し、特に取り得る値が 2 種類だけの場合は二値データと言われ、名義尺度に該当します。調査の結果、回答が 35 人分で、一覧にするとスライドのような形で生データを確認できますが、今日はこの集計と解釈について考えてみます。

▶スライド 3-7

　少し脱線しますが、もちろん、データの種類によっては三値以上もあり得ます。問 1 の「実家はどこですか」というのを「大阪府」なのか「それ以外」なのかとしていますが、「大阪府」「大阪府以外の近畿地方」「その他の地域」のように、三値以上取る問いの場合でも、

スライド 3-6

二値の質的データの集計

アンケートによるデータの集計

- 問1：実家はどこですか？
  - {大阪, その他}
- 問2：たこ焼き器を持っていますか？
  - {あり, なし}

二値データ (名義尺度)

- 取り得る値が2種類だけのデータ
  - {yes, no}, {男, 女}, {紅, 白}
- 取り得る値が3種類以上であっても {aである, aでない} とすれば
- 二値データになる

	住所	所持		住所	所持
1	大阪府	有り	19	その他	有り
2	その他	有り	20	大阪府	有り
3	その他	有り	21	その他	有り
4	大阪府	有り	22	大阪府	有り
5	その他	有り	23	その他	無し
6	その他	無し	24	その他	無し
7	その他	無し	25	その他	有り
8	大阪府	有り	26	その他	有り
9	大阪府	無し	27	大阪府	有り
10	その他	無し	28	その他	無し
11	その他	無し	29	その他	無し
12	その他	有り	30	その他	有り
13	その他	無し	31	その他	無し
14	その他	無し	32	大阪府	有り
15	その他	有り	33	その他	無し
16	大阪府	有り	34	その他	無し
17	大阪府	無し	35	その他	有り
18	その他	無し			

スライド 3-7

統計入門2019初回アンケート ■ ★

質問　回答　234

たこ焼き器と出身地

あなたの実家はどこですか?または, 転居が多い方は最も長くすんでいた方をお答えください.

○ 大阪府

○ 大阪府以外の近畿地方(京都府, 奈良県, 兵庫県, 三重県, 滋賀県, 和歌山県)

○ その他地域

データを集計する時に「大阪府」であるかないかというように「大阪府以外の近畿地方」と「その他の地域」を後からまとめれば、二値のデータになります。

▶スライド 3-8

　先ほどの 35 人の結果の集計に戻ります。

　単純な集計として、まず 1 変数だけに着目して集計することから始めてみましょう。全体 N=35 における問 1 の「大阪府」と「その他」の割合が一覧できます。上は円グラフで、下は帯グラフですが、大阪府は 28.6％で、その他が 71.4％となっていますね。問 2 については、たこ焼き器を持っている人と持っていない人で、「ある」が 54.3％、「ない」が 45.7％となっています。

　ですが、実家がどこかというのと、たこ焼き器を持っているかどうかの 2 つの情報の関連性を表現できていませんね。

▶スライド 3-9

　そこをもっと直接的に取り出そうというような集計が、クロス集計と呼ばれるものです。二元分割表・2×2 表・クロス表等という言い方もします。この表では、2 つの 2 値変数について、つまり、実家の住所が「大阪府」か「その他」、たこ焼き器を「持っている」か「持っていない」かについて各人を 4 つの箱に割り振って集計します。

　例えば、実家が大阪でたこ焼き器を持っている人は 8 人、ない人は 2 人です。大阪が実家の人は、横に合計して 10 人いると分かります。縦でも同じことで、たこ焼き器を持っている人のうち、実家が大阪の人は 8 人、その他の人は 11 人の合計 19 人です。その結果、右端の実家住所毎の合計 10 人と 25 人の合計 35 人が右下で確認できますし、たこ焼き器を持っている合計 19 人と持ってない 16 人の合計の総計 35 人も間違いないことが分かりますね。

　下の帯グラフでは実家の住所別にたこ焼き器保有の割合を表現しています。全体 35 人の中では、たこ焼き器を持っている人が 54.3％、持っていない人が 45.7％となりますが、実家が大阪の人については実は 80％がたこ焼き器を持っていて、その他の地域の人では 44％と、違いが分かるようになります。この％表示になっていることの背景には、今回はあるクラスでのアンケート結果ですが、本当に知りたい、例えば日本全体に一般化してどうなのか知りたいという意図も含まれています。

スライド 3-8

二値データの集計：単純集計

一変数のみに着目した集計

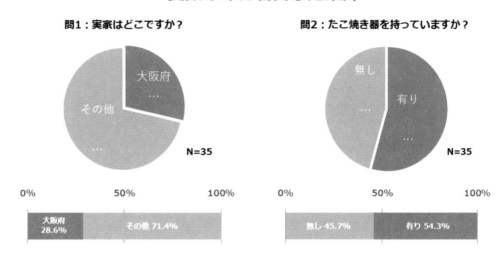

問1：実家はどこですか？

問2：たこ焼き器を持っていますか？

スライド 3-9

二値データの集計：クロス集計

二変数の関係に着目した集計

住所＼所持	有り	無し	計
大阪人	8	2	10
その他	11	14	25
計	19	16	35

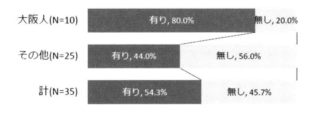

スライド 3-10

二値データの集計

なぜ％表示か？ 本当に欲しいのは日本全体の数字

・35人分しか分からないのでここから全体を推測するしかない
・8や2といった実数に関心はなく、割合（正確には分布）を知りたい

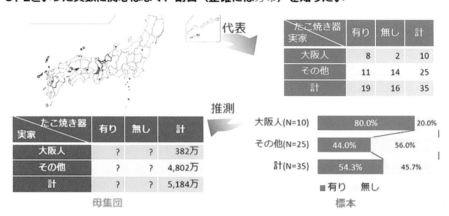

▶スライド 3-10

　では、一般に実家が大阪の人はたこ焼き器を持っているのでしょうか。このクラスの結果を踏まえて、日本全体ではどうなっているかに議論を膨らませようとしています。ここでの日本全体のことを母集団と言いますが、当然、こんな疑問について日本国民全員に調査するわけにはいかないので、日本国民の代表としてクラスの皆さんに協力してもらったのです。ですから、絶対的な数字よりも比率の方に関心があるのです。今回は標本の結果から、母集団での推測ということについても考えてみましょう。

▶ その他の質的データの集計

▶スライド 3-11

　では、続いて「その他の質的データの集計」についてお話しします。その他にはどういったものがあるのでしょうか。先ほど2項目の名義尺度の例と3項目以上の名義尺度を考えましたが、順序尺度だとどうなるか、あるいは、それらのクロス集計、それから複数回答がある場合はどうなるのかという点について少し見てみましょう。

▶スライド 3-12

　まず、3項目以上の名義尺度の場合ですが、単純集計は円グラフが使われることが多いでしょうか。先ほども円グラフを描いていましたが、選択肢が2つしかありませんでした。

スライド 3-11

項目データの集計

その他の種類のデータの集計

- 三項目以上の名義尺度

- 順序尺度

- これらのクロス集計

- 複数回答の集計

スライド 3-12

項目データ (三項目以上の名義尺度)：単純集計

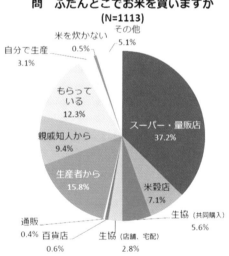

問　ふだんどこでお米を買いますか
(N=1113)

図は「ふだんどこでお米を買いますか」という質問へのさまざまな回答を集計しています。このように円グラフで比率を表現されているのをよく見かけますね。

▶スライド 3-13

　順序尺度の場合はどうでしょうか。これも質的データではあるのですが、ポイントは表示する順序です。グラフで見せるにしても何にしても、見せる際の並び、順序に注意が必要です。先ほどの普通の名義尺度の場合は、並べ順序に深い意味がありませんが、順序尺

スライド 3-13

項目データ (三項目以上の順序尺度):単純集計
表示する順序に意味があることに注意

問1：1日1食はお米を食べたい
(N=1170)

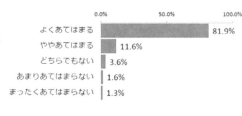

問2：多少高くても環境に配慮した
農産物を買うことがある
(N=1173)

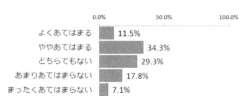

度については、もともとデータとして並びにも意味があるので、それを反映した形で並べてやらないと解釈しにくい集計結果になってしまいます。

　例えば、「1日1食はお米を食べたいか？」という質問があったときに、「よく当てはまる」「やや当てはまる」「どちらでもない」と、一番上の方がよく当てはまって、下の方が当てはまらないという回答になるわけですが、こういう順番に示すと分かりやすいですね。もし、これが順不同に表示されていると、理解が難しいですね。これは注意するようにしましょう。

▶スライド 3-14

　図は比率を表現する目的で帯グラフを示しています。こちらでは異なる質問でも「よく当てはまる」「やや当てはまる」「どちらでもない」が左から並んでいて順序を確認しやすいうえに、2つのグラフ間の割合の違いが比較しやすくなっています。帯グラフはこういうメリットもあるので、最近は円グラフよりも帯グラフの使用が推奨されることが増えているようです。

▶スライド 3-15

　それから、各人について1つのデータは二値データである名義尺度、もう1つデータが順序尺度ということもあり得ます。先ほどの「多少高くても環境に配慮した農産物を買うことがあるか？」といった質問ですが、「男」「女」と分けた帯グラフを使った集計結果を見ると、順序尺度の制限も守ってあって、クロス集計表的な確認もできます。ここでは横

スライド 3-14

項目データ (三項目以上の順序尺度)：単純集計

表示する順序に意味があることに注意

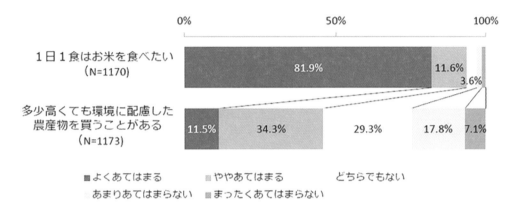

スライド 3-15

項目データ (順序尺度) × 二値データ (名義尺度)：クロス集計

項目データごとの標本サイズが異なる場合があることに注意

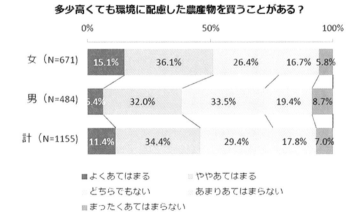

方向の順序は重要ですが、縦方向の順序は問いません。

　この例では、女の方が人数が多くて男の方が少ないという例で、帯グラフの全長を合わせて割合で表示していますが、女性の数が多いことを伝える必要がある場合には帯グラフの全長を実数にして長さを違えて表示することもあります。

スライド 3-16

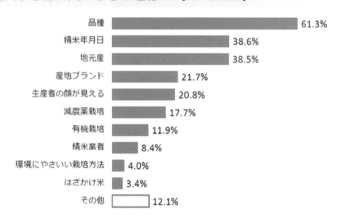

複数回答の集計：単純集計

合計が100％にならないことに注意

お米を購入する際に気にすることは？（N=1026）

品種	61.3%
精米年月日	38.6%
地元産	38.5%
産地ブランド	21.7%
生産者の顔が見える	20.8%
減農薬栽培	17.7%
有機栽培	11.9%
精米業者	8.4%
環境にやさしい栽培方法	4.0%
はざかけ米	3.4%
その他	12.1%

▶スライド 3-16

　それから、最後になりますが、複数回答の集計です。これは「当てはまるもの全部に丸を付けてください」といったアンケートが該当します。そうすると、人によって複数の回答をする場合もあり、そういった場合には合計が100％を超えることになります。その点は注意が必要です。

▶ 調査方法

▶スライド 3-17

　それでは、調査方法について考えてみましょう。正しい調査をするためには、それなりのお作法があります。まず課題調査の設定をする必要があります。大きく分けると現状を把握するタイプなのか、仮説を検証するタイプなのか、という点があります。それから、実際にデータを集める集積・解析の方法はどうするのか。次に、調査対象をどう設定するか、より具体的に言うと、標本をどう取るのかということです。さらに、調査をいつするのか。それから、調査方法はどういう手法を用いるのか。これらについて少し深掘りしていきたいと思います。

▶スライド 3-18

　まず調査目的ですが、例えば、現状把握型というのは、大阪人の食生活はどうなってい

スライド 3-17

調査の方法

正しい調査のためにはそれなりの「お作法」がある

課題調査の設定
- 現状把握型
- 仮説検証型

集計・解析方法

調査対象の設定（標本の取り方）

調査時期

調査方法

スライド 3-18

調査課題の設定

調査目的

| 現状把握型 | ・「大阪人の食生活」はどうなっているだろうか |
| 仮説検証型 | ・「『大阪人の食生活は変わっている』という仮説」を検証したい |

調査課題の設定と調査項目

| 現状把握型 | ・調査課題：「大阪人の食事メニューを調べる」
・調査項目：「昼食メニューは次のうちどれですか？」 |
| 仮説検証型 | ・調査課題：「大阪の人はたこ焼きが好きな人が多い」
・調査項目：「大阪人ですか？」「たこ焼き器を持っていますか？」 |

るだろうかというようなものです。一方の仮説検証型というのは、「大阪人の食生活は変わっている」という仮説を検証するということになります。

　現状把握か仮説検証かによって、調査課題の設定や調査項目が変わってきます。現状把

握型の場合、調査課題は「大阪人の食事メニューを調べる」ということになり、調査項目は「昼食メニューは次のうちどれですか」というようなことが考えられます。仮説検証型の場合、調査課題は例えば「大阪の人はたこ焼きの好きな人が多い」かどうかを検証するために、調査項目は「大阪人ですか」「たこ焼き器を持っていますか」を聞くことになります。

▶ スライド 3-19

次に調査対象の設定で、母集団と標本をどう考えているのかを決めます。母集団の場合は、例えば日本の 20 歳から 65 歳までの勤労世代全体などがあり得ます。全数調査を行えればいいのですが、実行するのは難しいので、全体を代表する標本を取ってきて、この標本から全体を推測することになります。標本は、今回の 35 人が 1 例で、その中で大阪人でのたこ焼き器保有割合が多い場合に、日本全体でも多いと言っていいのかどうか、という問題が出てくることになります。

▶ スライド 3-20

調査対象の設定、標本の取り方ですが、意図を持って抽出する有意抽出法というのは選択バイアス（selection bias）が生まれてしまう可能性が出てしまいます。便宜的方法として、年齢・性別・地域・所属など、何かの属性に基づいて調査対象の設定を行う方法があります。調査しやすさから親しい友達に聞くなども含まれますが、それだと標本に偏りが生じて客観的な評価ができなくなります。

例えば、「この前調査したら、最近日本人の知能指数が低下していることが分かったで」「誰に調査したん？」「友達みんな」「あんたの友達だからちゃうの？」というようなことが起こり得るということです。

▶ スライド 3-21

では、具体的に調査対象の設定をどのようにしたらいいのでしょうか。多くの場合は、無作為抽出が理想となります。単純無作為抽出というのが一番簡単に思いつく方法です。母集団のリスト、例えば電話帳や住民台帳、クラス名簿というものに通し番号を付けて、くじや乱数によって必要な数だけ標本を選ぶというものです。

その他にもいろいろな方法があって、これは統計検定®の中でも毎回出題されていますが、母集団の名簿に番号を付け、一定間隔で標本を選ぶ系統抽出があります。多段抽出というのは、母集団からの抽出を何段階かに分けて行う方法です。全国調査時に最初に調査する都道府県を無作為に選び、次に都道府県の中から市町村を選んで、最後に市町村の中から人を選ぶ、というような方法です。

他にも層化抽出は、既知の母集団の状況、男女比などに合わせて、その割合で抽出するという方法です。それから、集落抽出はあらかじめ母集団をグループ分けしておいて、グ

スライド 3-19

調査対象の設定：母集団と標本

全体を代表する標本をとることが大切

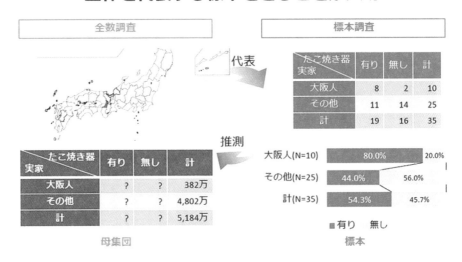

スライド 3-20

調査対象の設定：標本の取り方

有意抽出法は選択バイアスを生む

便宜的方法

- 年齢・性別・地域・所属など、なにかの属性に基づいて調査対象の選定を行う方法
- 主観に基づくため標本の偏りに客観的な評価ができない

標本の偏り　　選択バイアス（selection bias）を生む

スライド 3-21

調査対象の設定：標本の取り方

多くの場合で無作為抽出法が望ましい

単純無作為抽出

- 母集団（電話帳、住民台帳、その他名簿など）に通し番号をつけ、くじ・乱数などによって必要な数を選ぶ

系統抽出	・母集団の名簿に番号をつけ一定間隔で標本を選ぶ
多段抽出	・母集団からの抽出を何段階かに分けて行う方法 ・全国調査時に、最初に調査する都道府県を無作為に選び、都道府県の中から市町村を選び、最後に市町村の中から人を選ぶ
層化抽出	・既知の母集団の状況（男女比等）に合わせて抽出
集落抽出	・あらかじめ母集団をグループ分けしておいて、グループを無作為に選び、選ばれたグループ全員を調査

ループを無作為に選び、選ばれたグループ全員を調査します。このようにいろいろな方法がありますが、一般的には単純無作為で取れたらいいということになります。繰り返しになりますが、統計検定®2級では標本の取り方は毎回出題されているので、受験を考えている人はよく復習しておいてください。

▶スライド 3-22

次に標本の規模（サイズ）をどうするのかという点も問題になります。先ほどの35人だけでいいのでしょうか。小さな差を検証するには、大きな標本が必要になるという原則を知っておいてください。母集団の差（絶対リスク）は、後でもう一度しっかり扱いますが、比較する群間の差が小さいほど大きな標本が必要ですし、分析の精度を高くしたいほど大きな標本が必要になります。

参考までに、標本規模を導く理論は少々難解なのですが、コーエンという人の方法を大ざっぱに計算すると、スライドのような感じです。絶対リスクが大きくなればなるほど、標本は小さくて済むということになります。適切な標本規模というのは大学院レベルで1単位分くらいの分量が必要なので、この講義ではあまり踏み込めませんが、絶対リスクが小さいほど大きな標本が必要だということを知っておいてください。

統計ソフトでは、複数の条件を設定すると必要な標本サイズを計算してくれるものも多いです。後で標本サイズについて再度学びますので、その知識も踏まえて試してみてください。

スライド 3-22

調査対象の設定：標本規模の決定

小さな差を検証するには大きな標本が必要

- 母集団の差（絶対リスク）が小さいほど、大きな標本規模が必要
- 分析の精度を高くしたいほど、大きな標本規模が必要
- 参考：標本規模を導く理論は少々難解
  - Choen（1969）の方法をおおざっぱに計算すると以下の通り

絶対リスク	有意水準10%	有意水準5%	有意水準1%
10%	936	2480	6659
20%	234	620	1655
40%	59	155	416
60%	26	69	185
80%	15	39	104

スライド 3-23

調査時期

調査の時期も影響するので十分に注意が必要

調査結果への影響

| 選挙への関心 | ・調査された時期の政局に左右 |

| 食品安全問題への関心 | ・その前にどんな食品事故が生じたかに左右 |

| 鍋物が好きか | ・8月と1月では結果がだいぶ変わる可能性 |

回収率への影響

- 年末の商店街での街頭調査
- 試験前の受験生へのアンケート

▶ スライド 3-23

　調査時期をどう設定するかというのも重要です。例えば、選挙への関心は、当然ながら調査された時期の政局に左右されますね。政権の政策に不満があれば、野党支持が増えま

す。食品安全問題への関心は、その前にどのような食品事故が生じたかなどに左右されます。鍋物が好きかどうかは、冬に調査するか夏に調査するかでだいぶ変わる可能性が出てきます。このように調査の時期は重要なのです。

　また、回収率への影響も考える必要があります。年末の商店街で街頭調査をすると、たくさん人が出ていて回答が多く得られる可能性が高いです。緊急事態制限下では街頭調査自体難しくなります。試験前の受験生へのアンケートは、心に余裕がなくて回答率が低いかもしれません。このように調査時期は回収率へも影響があるのです。

▶ スライド 3-24
　次に調査方法ですが、伝統的な方法はどうしてもコストが高くなります。伝統的な方法とは、訪問面接法や郵送調査法が挙げられます。訪問面接法とは、国勢調査のように、調査員が調査の対象者を訪問して質問に答えてもらう方法です。回答の記入は調査員が行う場合と、回答者が自分で行う場合があります。質問の意味をその場で回答者に説明できるので、誤解を防げるというのがメリットです。さらに実際に訪問すると回収率が高くなり、回答の信頼性も高くなるというメリットがあります。

　一方、複数の調査員を使う場合には、調査員全員が調査票の意味をよく理解し、共通した説明ができるようにしておく必要があります。このばらつきの問題は対策が必要です。こういうことをすると人件費や旅費も含めて費用はかかるのですが、複数の人が関わるので調査の過程で調査票の問題点などが分かります。「これは字を間違えていませんか」と

スライド 3-24

調査方法

伝統的方法はコストが高い

訪問面接法　調査員が調査の対象者を訪問して、インタビュー形式で質問に答えてもらう方法

・ 回答の記入は、調査員が行う場合と、回答者が自分で行う場合がある
　・ 質問の意味をその場で回答者に説明できるので、誤解を防げる
　・ 回収率が高く、回答の信頼性が高い
・ 複数の調査員を使う場合は、調査員全員が、調査票の意味をよく理解し、共通した説明ができるようにしておく必要がある
・ 費用がかかるが、調査の過程で、調査票の問題点などがわかるので、調査票作成のプレテストとして行うときにはこの方法がよい

郵送調査法　調査票を対象者に郵送で配布し、郵送で回収する方法

・ 利点：調査票回収の人手が要らないぶん費用はおさえられる（依然として高い）
・ 欠点：返送されない割合が高い（回収率が低い）

いった、そういう細かいものから「ここの設定はおかしくないですか」という重要なものまであり得ます。調査票作成のプレテストとして行うときには、この方法がいいですね。

　郵送調査法はどうでしょうか。調査票を対象者に郵送で配布し、郵送で回収するものです。利点として、調査票回収の人手が要らない分、費用は抑えられますが、切手代などは必要です。欠点として、やはり郵送になった分、対面よりも返送されない割合が高くなり、回収率が低くなってしまうということがあります。

▶ スライド 3-25

　他にも、伝統的な方法は幾つかあります。留置調査法、街頭調査法・店頭調査法、電話調査法、集合調査法ということで、順にだんだんコストが低くなってくるわけですが、逆に質も少し犠牲になる部分もあります。それぞれ少し見てみましょう。

　まず留置調査法ですが、調査員が対象者に調査票を配布して回り、数日後に回収して回る方法です。回答者が回答に時間を要する場合などに有効です。街頭調査法・店頭調査法はどうでしょうか。調査員が街頭や店頭で対象者を見つけてインタビュー形式で質問する方法で、テレビなどでよく見るものですが、インタビューに応じる人を見つけるのが難しく、回答者に偏りが生じやすいです。皆さんも、テレビのインタビューを見ていて偏りがあるのではないかと感じることはないでしょうか。

　電話調査法はどうでしょうか。調査員が対象者に電話で質問して答えてもらう方法です。電話調査法は質問の数を少なくして、相手に時間を取らせないようにする必要があり

スライド 3-25

調査方法

伝統的方法はコストが高い

留置調査法	・調査員が対象者に調査票を配布して回り、数日後に回収して回る方法 ・回答者が回答に時間を要する場合などに有効
街頭調査法・店頭調査法	・調査員が街頭や店頭で対象者を見つけてインタビュー形式で質問する方法 ・インタビューに応じる人を見つけるのが難しく、回答者に偏りが生じやすい
電話調査法	・調査員が対象者に電話で質問して答えてもらう方法 ・電話調査法では質問の数を少なくして、相手に時間を取らせないようにする必要があるうえで、回答してくれる人に出会うのが難しい
集合調査法	・対象者をある会場に集めて、その場で回答してもらう方法 ・会場で一度に多数の調査票を回収できるという利点があるが、会場の確保や集合のための連絡・準備に人手が要るという欠点がある

ます。内閣支持率や政党支持率の調査などで行われているものです。ただ、突然電話がかかってきて協力する人は限られそうですし、偏りも大きくなりそうです。集合調査法は対象者を会場に集めて、その場で回答してもらう方法です。会場で一度に多数の調査票を回収できるという利点がある一方、会場の確保や集合のための連絡、準備に人手が要るという欠点があり、コストが抑えられるものの、偏りなどの心配が増えてくるという欠点が出てきます。

▶スライド 3-26

最近ではコストを抑えた新しい方法が増えてきました。Web サイト上での調査が増えています。これは新しい技術を使って工夫すると、インタラクティブなアンケートの設計が可能になります。スマホ等経由で通勤通学中・寝っ転がったまま・入浴中、でも回答できる一方で、Web ページへの誘導を工夫する必要があります。また、答えてくれる人の選択バイアスへの懸念が大きくなります。

e-mail による調査というのもあり、一斉配信によるプッシュ型のアンケート依頼ができます。ただし、回答フォームの設定に難があって、回答形式が一定しない可能性があります。また、回答を得られる保証はないというところもあります。SNS を利用した調査もあります。これは皆さんの方が経験豊富かもしれませんね。新型コロナでは LINE で全国民を対象とした大規模な調査もありましたが、やはり、選択バイアスへの懸念が大きな問題です。回答形式が一定しない可能性もあります。これも Web ページに誘導して回答してもらうほうが現実的かもしれません。こういう新しい方法を、今後、皆さんは工夫しながらさらに質の高いものを考えていく必要があります。

▶スライド 3-27

こうやって集めた調査結果から仮説を検証することになります。集計方法は、カテゴリー別に単純集計やクロス集計、数値の場合は前回確認した度数・平均・標準偏差といったものを使います。

解析方法としては、質的変数に関しては、今後学んでいく独立性の検定、カイ二乗検定やフィッシャーの直接確率法、ロジスティックモデルがありますし、統計入門では扱わない一般化マンテル検定等もあります。量的変数に関しては、平均の差の検定として t 検定が重要です。関連性の強さを知るには、オッズ比の推定、相関係数、クラメールの V、それから統計入門の最後で触れる重要な重回帰など使って行います。

スライド 3-26

調査方法

比較的コストの低い新しい方法

Webサイト上での調査	・CGI等を利用したインタラクティブなアンケートの設計が可能 ・回答を手作業で入力する必要がない ・Webページへの誘導が難しく、選択バイアスが生じやすい
e-mailによる調査	・一斉配信によるPush型のアンケート依頼ができる ・回答フォームの設定に難があり、回答の形式が一定しない可能性がある ・回答が得られる保証がない
SNSを利用した調査	・人的ネットワークを利用できる ・選択バイアスが避けられない ・回答形式が一定しない可能性がある ・Webページに誘導し、回答してもらうのが現実的？

スライド 3-27

集計と解析

調査結果から仮説を検証

集計方法

カテゴリ	・単純集計・クロス集計
数値	・度数・平均・標準偏差

解析方法

独立性の検定	・カイ二乗検定, フィッシャーの直接確率法, 一般化マンテル検定, ロジスティックモデル　など
平均の差の検定	・t 検定
関係性の強さ	・オッズ比の推定, 相関係数, クラメールのV, （重）回帰分析など

▶ 独立性の検定

▶スライド 3-28

それでは、独立性の検定の説明に入っていきます。独立性とは 2 つの変数の関係性、より正確には関係性がないこと、を表すものです。「大阪人」かどうかと「たこ焼き器を持っている」かどうか、が関係ないとき、2 つの質問項目に対応する確率変数は独立である、といいます。もしこの 2 つが独立であるならば、2 つの事項には関係がないので、大阪人もその他の人もたこ焼き器の所有率は同じであるはずと考えます。

▶スライド 3-29

これから皆さんはいろいろな統計的仮説検定の手法を学んでいくことになりますが、共通するのは、それぞれの標本で得られる違いが母集団では差がないのに偶然起こった違いなのか、そもそも母集団でも差があるものであり、必然の結果としての差なのか、を判定していく必要があるということです。今回の主題である大阪人でのたこ焼き器保有割合がその他の人より 36 ポイントも大きいのは、この 35 人の標本でたまたま起こるレベルのことなのでしょうか。

スライド 3-28

スライド 3-29

統計的検定とは？

その違いが偶然か必然かを判定する方法

実家 ＼ たこ焼き器	有り	無し	計
大阪人	8	2	10
その他	11	14	25
計	19	16	35

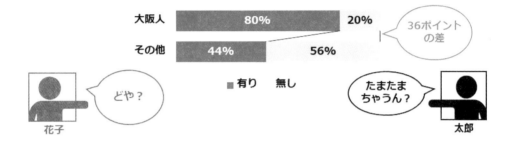

大阪人　80%　20%

その他　44%　56%

36ポイントの差

■ 有り　無し

どや？

花子

たまたまちゃうん？

太郎

スライド 3-30-1

統計的検定における前提

違いはある確率で"たまたま"生じうる

・あくまでサンプル調査であることを忘れないように！

たとえ母集団で，同じ割合だとしても・・・

かき混ぜて・・・

標本をとると・・・

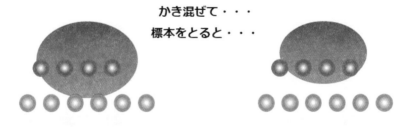

たいてい
違う比率になる！

大阪人　　　　　　　　　　その他

▶ スライド 3-30

　当然ながら、母集団では大阪人とその他の人のたこ焼き器の保有割合が同じだったとしても（スライド 3-30-1）、複数の標本を取り出すと、たいてい少しは違う比率になってしまうものです（スライド 3-30-2）。

スライド 3-30-2

統計的検定における前提

違いはある確率で"たまたま"生じうる

・あくまでサンプル調査であることを忘れないように！

たとえ母集団で，同じ割合だとしても・・・

かき混ぜて・・・
標本をとると・・・

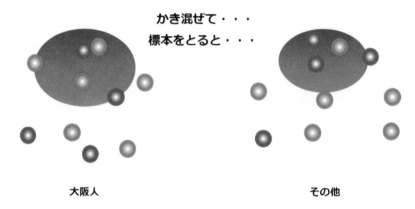

大阪人　　　　　　　　　　　　　　その他

▶スライド 3-31

　ですが、その標本での差がたまたま生じた差と考えるには無理があるほど大きな差だった場合には「何か関係があるはずだ」つまり「独立ではない」「依存している」というように考えるのが独立性検定の考え方です。一方で、「たまたま生じそうな差」の場合には、いわゆる誤差の範囲として、この程度では 2 つの項目には「関係があるとはいえない」と判断することになります。では、その「たまたま生じそうな差」というのはどういうものなのでしょうか。

▶スライド 3-32

　その、たまたま生じそうな差について考えるには、もし独立ならどのようなクロス表になるかを考えるところから始めます。つまり、もし「大阪人」かどうかと「たこ焼き器を持っている」かどうかが独立であれば、大阪人もその他の人もたこ焼き器所有率は同じはずなので、スライドで示すような表になるはずです。具体的には大阪人もその他の人も、全体のたこ焼き器の保有割合である、19：16 になるはず、と考えるのです。大阪人だと 10 人を 19：16 で分けて 5.43 人がたこ焼き器を持っているはず、その他の人出は 25 人を 19：16 で分けた、13.57 人がたこ焼き器も持っているはず、という期待を議論のスタートにするのです。

スライド 3-31

独立性の検定の考え方

たまたま起こったのかを考える

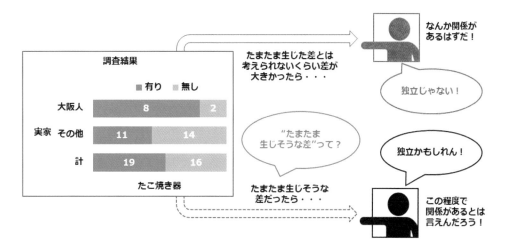

スライド 3-32

独立性の検定の考え方

もし独立ならどのようなクロス表になるか考える

・もし「大阪人」かどうかと「たこ焼き器を持っている」かどうかが独立であれば、大阪人もその他の人もたこ焼き器所有率は同じはず！
・こんな感じの表になるはず

19:16くらいになるはず

実家 ＼ たこ焼き器	有り	無し	計
大阪人	5.43	4.57	10
その他	13.57	11.43	25
計	19	16	35

独立性の検定の考え方

独立のときに期待されるクロス表の計算

| わかっている値 | S, A, B, C, D |

| a, b, c, d が満たす条件 | $a:b = A:B, c:d = A:B \Rightarrow \frac{A}{B} = k$ とおくと $a = kb, c = kd$ |
$a+c=A,\ b+d=B,\ a+b=C,\ c+d=D,\ A+B=C+D=S$

| これらの条件を使って解くと | $a = \frac{AC}{S},\ b = \frac{BC}{S},\ c = \frac{AD}{S},\ d = \frac{BD}{S}$ |

実家 ＼ たこやき器	有り	無し	計
大阪人	a	b	C
その他	c	d	D
計	A	B	S

▶スライド 3-33

　独立を仮定したときに期待されるクロス表はスライドで示すように計算できます。数学的には難しい話ではないので、一度確認しておいてもらえればいいのですが、期待値を求めたい枠を含む行と列の小計値をかけて、全体数 S で割ると計算できます。

▶スライド 3-34

　このように計算された独立性を仮定したときに理想となるクロス表と、実際に入手した現実のクロス表の差が十分大きいなら、偶然起こったとは考えにくいので、独立であると結論付けるのです。

▶スライド 3-35

　このクロス表の差を図る指標がカイ二乗値と呼ばれるものです（本書内では、カイ 2 乗・カイ二乗・χ^2 と異なる表記が混在していますが、意味しているものは全て同じです）。カイ二乗値はそれぞれの枠に該当する期待値と実際の値の差を求めた上で、2 乗して対応する期待値で割ったものを合計して求めます。前回確認した分散と似た計算式になっていますね。なお、カイ二乗の定義は第 7 回でも学びます。

スライド 3-34

独立性の検定の考え方

クロス表の「理想」と「現実」の差が非独立性の大きさ

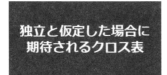

独立と仮定した場合に
期待されるクロス表

実家 / たこ焼き器	有り	無し	計
大阪人	5.43	4.57	10
その他	13.57	11.43	25
計	19	16	35

差が十分大きいなら独立ではなさそう

実際のクロス表

実家 / たこ焼き器	有り	無し	計
大阪人	8	2	10
その他	11	14	25
計	19	16	35

スライド 3-35

独立性の検定の考え方

クロス表の差を「カイ二乗値（χ^2値）」ではかる

 χ^2値　　期待される値と実際の値の差

$$\chi^2 = \frac{(8 - 5.43)^2}{5.43} + \frac{(2 - 4.57)^2}{4.57} + \frac{(11 - 13.57)^2}{13.57} + \frac{(14 - 11.43)^2}{11.43} = 3.7$$

実家 / たこ焼き器	有り	無し	計
大阪人	5.43	4.57	10
その他	13.57	11.43	25
計	19	16	35

・クロス表の差を「カイ二乗値（χ^2値）」ではかる
　・χ^2値：期待される値と実際の値の差

▶スライド 3-36

　カイ二乗値は標本サイズが大きい極限において漸近的に対応する自由度のカイ二乗分布に従います。自由度も突き詰めると難しい概念なのですが、今回の例では全体における大阪人の割合やたこ焼き器保有割合を固定した母集団から抽出した複数の標本の結果が 4 つの枠で異なるものの、1 つの枠が決まると自然に他の 3 つの枠が決まるので、自由度が 1 と考えます。ですので、自由度 1 のカイ二乗分布に従うと考えるのです。また、難しい式によって決まる確率密度関数というのがあって、ある値よりも右側の面積が、その標本と同じかそれ以上に差が大きな標本が得られる確率として計算されます。自分で計算するのは難しいので、統計の教科書などではいちばん最後にカイ二乗分布表が掲載されていて、それを見て結果を得ます。もちろん、統計ソフトを用いれば計算してくれます。

▶スライド 3-37

　今回の例では、自由度 1 のカイ二乗値が 3.7 で、これ以上の差が生じる確率は 5.3％と分かります。5.3％というのは微妙な値なのですが、この例では有意水準を 10％において、それよりも小さいと判断し、独立を仮定するには無理があるとして、大阪人かどうかとたこ焼き器の所有は独立ではないと判断しています。思い出してほしいのですが、一般的には 5％より小さい場合を判断根拠にすることが多いので、5.3％だと独立ではないと判断することの方が多いです。

スライド 3-36

独立性の検定の考え方

χ^2値は χ^2分布に従う

たこ焼の例では自由度1のχ^2分布に従う

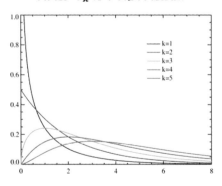

自由度kのχ^2分布の確率密度関数

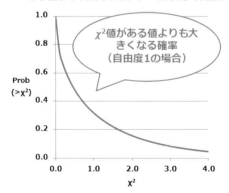

ある値より右側の面積（1 − 累積分布関数）

スライド 3-37

独立性の検定の考え方

観測されたχ^2値はどのくらい珍しいか？

$$\chi^2 = \frac{(8-5.43)^2}{5.43} + \frac{(2-4.57)^2}{4.57} + \frac{(11-13.57)^2}{13.57} + \frac{(14-11.43)^2}{11.43} = 3.7$$

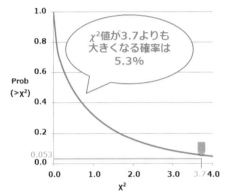

χ^2値が3.7よりも大きくなる確率は5.3%

つまり、これ以上の差が生じる
確率は5.3%と小さい

⬇

独立であることを仮定することには
無理がある

⬇

大阪人かどうかと
たこ焼き器の所有は独立でない
（＝関係がある）

スライド 3-38

独立性の検定の考え方のまとめ

仮説の設定

・独立性を仮定してみる

差の計算

・独立性を仮定したとき、χ^2値は自由度1のχ^2分布に従う（理論的事実）

確率の計算

・仮定のもとで、実現値以上のχ^2値が得られる確率を評価する（理論的に計算）

仮説の判定

・確率が十分小さいならば、独立性の仮定が誤っていた、
　つまり、「独立ではない」と結論付ける
・そうでない場合は「どちらともいえない」（詳細は次回説明）

▶ スライド 3-38

　独立性の検定の考え方をスライドにまとめています。

　最初に独立性の仮定をしました。次に独立性を仮定したとき、カイ二乗値は自由度１の

χ^2 分布に従うという理論的事実を用いるために、カイ二乗値を計算しました。次に仮定のもとで、実現値以上のカイ二乗値が得られる理論的に得られる確率を評価しました。確率が十分小さいならば、独立性の仮定が誤っていた、つまり、「独立ではない」と結論付けます。そうでない場合は「独立である」ではなく「どちらともいえない」となってしまうのですが、このことについてはもう少し後で再度お話しします。

▶ 分析報告

▶ スライド 3-39

最後に、分析報告の補足をしていきたいと思います。分析結果例として、たこ焼き器調査の分析結果報告書というのを考えてみましょう。

調査目的、仮説と調査項目、調査の概要、単純集計の結果、クロス集計の結果（統計的検定の結果）というようなものを章立てして報告書を作ってみてはどうでしょうか。「食文化に見る大阪人の特異性——大阪人のたこ焼き好きの検証——」として、報告書の作成を見ていこうと思います。

▶ スライド 3-40

まず、報告書としては、調査目的を書く必要があります。その背景と調査目的を分けて書いてみます。

背景——現代の日本人はテレビの影響か教育制度の問題かは分からないが、全国どこへ行っても言葉や食生活の均質性が進み、人々の地域性は薄れつつあるように感じられる。しかし、その中で大阪人はどこへ行っても大阪弁を捨てず、大阪の文化をこれでもかとい

スライド 3-39

分析結果例

たこ焼き調査の分析結果報告書

調査目的	調査の概要
仮説と調査項目	単純集計の結果
クロス集計の結果（統計的検定の結果）	

> 食文化に見る大阪人の特異性
> －大阪人のたこ焼き好きの検証－
> これを例に報告書の作成をみていく

うぐらい押し付け、その特異性は異彩を放っているようである。

　調査目的──そこで、今回大阪人の特異性をその食文化に注目して検証することを試み
た。具体的には、大阪人のたこ焼き好きを取り上げる。大阪といえばたこ焼き、たこ焼き
といえば大阪と言われるぐらい、たこ焼きは大阪の象徴である。大阪人はそれ以外の人と
比べて、たこ焼きを異常に好きな人が多いことをアンケート調査によって検証する。

▶ スライド 3-41
　次に、報告書としての仮説と調査項目について考えてみます。

スライド 3-40

▌報告書：調査目的

▌背景

- 現代の日本人はテレビの影響か、教育制度の問題かはわからないが、全国どこへ
  行っても言葉や食生活の均質化が進み、人々の地域性は薄れつつあるように感じら
  れる。しかし、その中で大阪人は、どこへ行っても大阪弁を棄てず、大阪の文化を
  これでもかというぐらい押しつけ、その特異性は異彩を放っているようである。

▌調査目的

- そこで今回大阪人の特異性をその食文化に注目して検証することを試みた。具体的に
  は、大阪人のたこ焼き好きを取りあげる。大阪といえばたこ焼き、たこ焼きといえば
  大阪、と言われるぐらい、たこ焼きは大阪の象徴である。大阪人はそれ以外の人と比
  べてたこ焼きを異常に好きな人が多いことをアンケート調査によって検証する。

スライド 3-41

▌報告書：仮説と調査項目

▌仮説の設定

- 大阪人はそれ以外の人と比べてたこ焼きが異常に好きな人が多いということを検証
  するが、このうち「大阪人」を「実家が大阪府」であると定義し、「たこ焼きが異
  常に好き」な人を「たこ焼き器を所有している人」と定義した。たこ焼き器はたこ
  焼きしか作れない。それをわざわざ所有して、家でまでたこ焼きなんぞを食べよう
  とする人は、よっぽどのたこ焼き好きであると考えられる。したがって次のような
  仮説をたてた。
  - 「実家が大阪府の人はたこ焼き器を持っている人が多い」

▌調査方法

- これを実証するために「実家が大阪府か否か」「たこ焼き器を所有しているかどう
  か」の2項目をアンケート調査した。

　仮説の設定――大阪人はそれ以外の人と比べて、たこ焼きが異常に好きな人が多いということを検証するが、このうち「大阪人」を「実家が大阪府」であると定義し、「たこ焼きが異常に好き」な人を「たこ焼き器を所有している人」と定義した。定義をするというのが、研究のステップとしては非常に重要です。「たこ焼き器はたこ焼きしか作れない。それをわざわざ所有して、家でまでたこ焼きなんぞを食べようとする人は、よっぽどのたこ焼き好きであると考えられる。従って、次のような仮説を立てた。

　「実家が大阪府の人はたこ焼き器を持っている人が多い」

　調査方法――これを実証するために「実家が大阪府か否か」「たこ焼き器を所有しているかどうか」の2項目をアンケート調査した。

▶スライド 3-42

　調査の概要は、調査をどのように行ったかということです。

　まず調査対象と標本の抽出方法。○○大学××学科1回生のあるクラスを対象とした有意抽出である。

- 調査方法：授業開始前に行った訪問面接法による。
- 調査時期：平成○年○月○日に行った。
- 回答者の人数と回答率：35人に調査し、35の有効回答を得た。回収率は100％だった。

スライド 3-42

報告書：調査の概要

調査対象と標本の抽出方法
- ○○大学××学科1回生のあるクラスを対象とした有意抽出である。

調査方法
- 授業開始前に行った訪問面接法による。

調査時期
- 平成○年○月○日に行った。

回答者の人数と回収率
- 35人に調査し35の有効回答を得た。
- 回収率100％

スライド 3-43

報告書：単純集計の結果（1）

- 問1で実家が大阪かそれ以外かを聞いた。「住所」ではなく「実家」を聞いたのは、今回の調査は食生活に見る地域性であるから、調査対象者の食生活パターンに強く影響した所を聞く必要があるためである。なお、転勤が多く実家がどこかを特定化しにくい場合は、最も長く住んでいたところを答えるようにお願いしている。

- 問1の単純集計の結果葉の右のとおりで、有効回答35のうち10名28.6％の実家が大阪府であった。

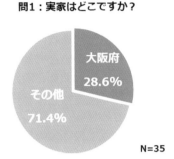

問1：実家はどこですか？

大阪府 28.6％
その他 71.4％

N＝35

▶スライド 3-43

　次に単純集計の結果について触れます。問 1 で実家が大阪か、それ以外かを聞いた。「住所」ではなく「実家」を聞いたのは、今回の調査は食生活に見る地域性であるから、調査対象者の食生活パターンに強く影響した所を聞く必要があるためである。なお、転勤が多く、実家がどこかを特定化しにくい場合は、最も長く住んでいた所を答えるようにお願いした。

　問 1 の単純集計の結果は図のとおりで、有効回答 35 のうち 10 名、28.6％が大阪府との回答であった。

▶スライド 3-44

　単純集計の結果（2）です。

　問 2 でたこ焼き器の有無を聞いた。ただし、所有している場所として「下宿または実家」どちらでもよいこととした。今回の調査対象者は学生であり、下宿している人も多いと考えられる。「下宿」だけだと、たとえたこ焼き好きでも下宿にまでたこ焼き器を持ち込む人はまれだと考えられるから、下宿している人の割合が多いはずの「大阪府以外」の人のたこ焼き器所有率を過小評価する可能性がある。ここで限界について一応言及していますが、限界について自ら証明するのも重要なことです。

　問 2 の単純集計の結果は図のとおりで、有効回答 35 名のうち 19 名、54.3％の人がたこ焼き器を下宿または実家に所有していた。

スライド 3-44

報告書：単純集計の結果（2）

- 問2でたこ焼き器の有無を聞いた。ただし、所有している場所として「下宿または実家」どちらでもよいことにした。今回の調査対象者は学生であり、下宿している人も多いと考えられる。「下宿」だけだと、たとえたこ焼き好きでも下宿にまでたこ焼き器を持ち込む人は稀だと考えられるから、下宿しているひとの割合が多いはずの「大阪府以外」の人のたこ焼き器所有率を過小評価する可能性がある。

- 問2の単純集計の結果は次のとおりで、有効回答35名のうち19名54.3％の人がたこ焼き器を下宿または実家に所有している。

問2：たこ焼き器を持っていますか？

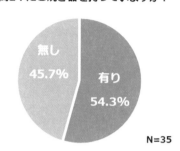

N=35

スライド 3-45

報告書：クロス集計の結果

問1と問2のクロス集計を行った。集計結果は次のとおり。

- 実家が大阪府の人の実に80.0％が下宿か実家にたこ焼き器を所有している。実家が大阪府以外の人の44.0％しか所有していないことを考えると、予想どおり、大阪の人はたこ焼き器を所有している人が多いようである。

表 実家別に見たたこ焼き器の有無

たこ焼き器 実家	有り	無し	計
大阪人	8	2	10
その他	11	14	25
計	19	16	35

図 実家別に見たたこ焼き器の有無

スライド 3-46

報告書：統計的検定の方法

仮説の検定方法

- クロス集計結果をもとに問1と問2との関係の強さをオッズ比で推定し、さらに「実家が大阪府の人はたこ焼き器を持っている人が多い」という仮説を検定した。推定および検定の結果は次のとおり。

| 帰無仮説 | ・実家が大阪府か否かとたこ焼き器の有無とは独立である。 |

| 対立仮説 | ・実家が大阪府の人はたこ焼き器を持っている人が多い。 |

▶ スライド 3-45

クロス集計の結果。問 1 と問 2 のクロス集計を行った。集計結果は次のとおりである。

- 実家が大阪府の人の、実に 80%が下宿か実家にたこ焼き器を所有している。実家が大阪府以外の人が 44%しか所有していないことを考えると、予想どおり、大阪の人はたこ焼き器を所有している人が多いようである。

▶ スライド 3-46

統計的検定の方法。これは来月以降学んでいきますが、仮説の検定方法です。

クロス集計結果を基に、問 1 と問 2 との関係の強さを来月学ぶオッズ比で推定し、さらに「実家が大阪府の人はたこ焼き器を持っている人が多い」という仮説を検定した。推定および検定の結果は次の通り。なお今回は有意水準を 10%とした。

- 帰無仮説：実家が大阪府か否かとたこ焼き器の有無とは独立である。
- 対立仮説：実家が大阪府の人はたこ焼き器を持っている人が多い。

▶ スライド 3-47

統計的検定の結果。全て統計入門でこれから学ぶものですが、オッズ比の推定とカイ二乗検定、フィッシャーの直接確率法の結果を記載します。

- オッズ比の推定
  オッズ比：5.091、対数オッズ比：1.627、対数オッズ比の標準偏差：0.887、対数オッズ比の 90%信頼区間：0.168 〜 3.087

報告書：統計的検定の結果

オッズ比の推定

- オッズ比：5.091
- 対数オッズ比：1.627
- 対数オッズ比の標準偏差：0.887
- 対数オッズ比の90%信頼区間：0.168〜3.087

カイ二乗検定

- カイ二乗値：3.730
- 帰無仮説が真の確率：0.053
- 帰無仮説は有意水準10%で棄却される。

フィッシャーの直接確率法

- 実家が大阪でたこ焼き器無しの人が2人以下になる確率：0.058
- 帰無仮説は有意水準10%で棄却される。

- カイ二乗検定

  カイ二乗値：3.730、帰無仮説が真の確率：0.053、帰無仮説は有意水準 10%で棄却される。

- フィッシャーの直接確率法

  実家が大阪でたこ焼き器なしの人が 2 人以下になる確率：0.058、帰無仮説は有意水準 10%で棄却される。

▶スライド 3-48

以上の結果の解釈をどうするか。

適切な検定方法を用いて適切に解釈を行う必要があります。

対数オッズ比は 1.627 で、2 つの質問が独立である場合、つまり、対数オッズ比が 0 ということになりますが、これよりも有意に大きいということになります。

独立性の検定は、カイ二乗検定とフィッシャーの直接確率法の 2 種類の方法で行いました。クロス表のあるセルの値が 2 と小さいため、フィッシャーの直接確率法による検定の方が信頼される。これも詳細は第 7 回で学びましょう。

これによると、2 つの質問への回答結果が独立であるという確率は 0.058 で、帰無仮説は有意水準 10%で棄却される。

すなわち、「実家が大阪府の人はたこ焼き器を持っている人が多い」と言えることになる。

スライド 3-48

■報告書：結果の解釈

適切な検定方法を用いて適切に解釈を行う

- 対数オッズ比は1.627で、二つの質問が独立である場合（対数オッズ比が0）よりも有意に大きい。
- 独立性の検定は、χ^2検定とフィッシャーの直接確率法の2種類の方法で行った。クロス表のあるセルの値が2と小さいため、フィッシャーの直接確率法による検定の方が信頼される。
- これによると、二つの質問への回答結果が独立であるという確率は0.058で、帰無仮説は有意水準10％で棄却される。
- すなわち、「実家が大阪府の人はたこ焼き器を持っている人が多い」といえることになる。

スライド 3-49

■報告書：まとめ

- 以上で「実家が大阪府の人はたこ焼き器を持っている人が多い」という仮説を実証した。「実家が大阪府」ということはその人の食生活に影響を及ぼした地域が大阪府ということ、つまり俗に言う「大阪人」である。たこ焼き器を持っているということは「家でまでたこ焼きを食べたい」あるいは「自分なりのたこ焼きを食べたい」ということであり「たこ焼きが異常に好き」と考えることができる。このように解釈すれば、「大阪人はたこ焼きが異常に好きな人が多い」ということを実証する一助となり得る。

- 年々日本人の地域性が薄れゆく中、大阪人は強烈な個性を主張し、その勢いは依然として健在である。隆盛を誇った江戸っ子が絶滅の危機に瀕しているのと対称的である。多様性は生物の生存において重要な概念であり、日本人の均質化は日本の発展にとっては必ずしも好ましい現象ではない。我々はこの貴重な人種を大切に思い、電車で割り込まれても、突然わけのわからんおばちゃんに話しかけられても、「う〜ん、大阪人！」と感じ入る必要があるのかもしれない。

- 今回の調査対象者は同じクラスの学生35人という属性が同質的でサンプル数も限られたものであったにもかかわらず、はっきりと違いが認識された。サンプル数を増やしたり、実家が「大阪府以外」の人の中の「関西人」の割合を減らしたりするとさらに明確な違いが表れると予想される。また、大阪人の特異性は「たこ焼き」に限ったことではない。その他一般に言われている大阪人の「生態」を検証するのも面白いかもしれない。

▶スライド 3-49

　まとめると、以上のことから「実家が大阪府の人はたこ焼き器を持っている人が多い」という仮説を実証した。「実家が大阪府」ということは、その人の食生活に影響を及ぼした地域が大阪府ということ、つまり俗に言う「大阪人」である。たこ焼き器を持っているということは「家でまでたこ焼きを食べたい」あるいは「自分なりのたこ焼きを食べたい」ということであり、「たこ焼きが異常に好き」と考えることもできる。このように解釈すれ

ば、「大阪人はたこ焼きが異常に好きな人が多い」ということを実証する一助となり得る。

　年々日本人の地域性が薄れゆく中、大阪人は強烈な個性を主張し、その勢いは依然として健在である。隆盛を誇った江戸っ子が絶滅の危機に瀕しているのと対照的である。多様性は生物の生存において重要な概念であり、日本人の均質化は日本の発展にとっては必ずしも好ましい現象ではない。われわれはこの貴重な人種を大切に思い、電車で割り込まれても、突然訳の分からんおばちゃんに話し掛けられても、「う～ん、大阪人！」と感じ入る必要があるのかもしれない。

　今回の調査対象者は同じクラスの学生35人という属性が同質的でサンプル数も限られたものであったにもかかわらず、はっきりと違いが認識された。サンプル数を増やしたり、実家が「大阪府以外」の人の中の「関西人」の割合を減らしたりすると、さらに明確な違いが表れると予想される。また、大阪人の特異性は「たこ焼き」に限ったことではないので、その他一般に言われている大阪人の「生態」を検証するのも面白いかもしれない。

▶スライド3-50

　用いた調査票も示しておくのが丁寧な報告になります。

　今回は以上です。お疲れさまでした。

スライド3-50

調査票

平成×年○月×日

各 位

花子

アンケート調査のお願い

拝啓　時下益々ご清勝のこととお喜び申し上げます。

さて、私こと 花子は、今回彼氏の太郎くんと、大阪人の食生活の特異性について議論するに及び、下記のようなアンケートを実施することになりました。皆様ご多忙のところ誠に恐縮ではございますが、何卒ご協力の程お願い申しあげます。

敬 具

問1　あなたの実家はどこですか。次のいずれか1つに○印をつけてください。ただし、転居が多い方はこれまで最も長く住んでいた方をお答えください。

　　1. 大阪府

　　2. 大阪府以外

問2　あなたの実家またはあなたの下宿にはたこ焼き器はありますか。次のいずれか1つに○印をつけてください。

　　1. ある

　　2. ない

アンケートは以上です。ご協力ありがとうございました。

第4回

e-learning 教材
「統計の入門」

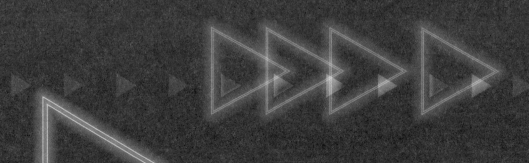

▶「統計の入門」について

第4回講義は e-learning 教材「統計の入門」に取り組んで、修了証を提出してください。

「統計の入門」は「統計入門」のダイジェスト版の動画教材で、ここまでの復習とこれからの予習を効果的に行えるものです。現在は gacco® という ㈱ドコモ gacco が https://gacco.org/ で提供する e ラーニングサービスで受講できます。

> ▶ ㈱ドコモ gacco が運営するオンライン動画学習サービス「gacco」
> ## https://gacco.org/

該当講義の検索については、一般社団法人日本オープンオンライン教育推進協議会（JMOOC）の検索画面経由の方が使いやすいかもしれません。
下のように、（JMOOC）の検索画面で「統計の入門」で検索してみてください。

> ▶ 一般社団法人日本オープンオンライン教育推進協議会（JMOOC）
> ## https://www.jmooc.jp/
>
> | 統計の入門 | 検索 |

受講後に行われるミニテストで 65％以上の正答率を確保できると修了証が発行されますので、その修了証を提出してください。質問はメールか PandA 経由で随時受付けています。

第 **5** 回

二元分割表と
カイ二乗（χ^2）検定

スライド 5-1

目次（第5回　二元分割表とカイ二乗検定）

確率の基礎
- 事象と確率
- 確率変数、確率分布、パーセント点とp値
- 二つの確率変数、独立性

カイ二乗検定
- 推測統計と検定
- 適合度の検定
- 独立性の検定

　それでは、「統計入門」第 5 回の講義を始めたいと思います。「二元分割表とカイ二乗検定」を学んでいきましょう。

▶スライド 5-1

　全般的には確率の基礎とカイ二乗検定がテーマとなるのですが、最初は確率の基礎の確認から始めたいと思います。事象と確率、それから確率変数、確率分布、パーセント点とp 値、2 つの確率変数、独立性、この辺りを学んでいきたいと思います。

▶ 確率の基礎

▶スライド 5-2

　まず、事象とは、英語で言う event で、起こり得る事柄のことです。例えば、よく統計で出てくるサイコロを投げる話では、1 が出る、2 が出る、1 または 2 が出る、3 以下が出る、4 以上が出る、奇数が出る、1 から 6 いずれかが出る、こういったもの全てが事象となります。

　全事象、すなわち試行によって起こり得る結果の全ての集合のことを標本空間といいます。例えばサイコロの例だったら、1 から 6 までの全ての目が出ることを表します。「全事象」をこのように定義すると、前述の「事象」は全て標本空間の部分集合として定義されます。

　事象の中で、共通部分を持たない事象のことを排反事象と言います。1 が出る、2 が出る、さらに、6 が出る、これは共通部分がないですね。これは排反事象ということになり

スライド 5-2

事象・排反事象

事象 (event)	・起こりうる事柄 ・例：サイコロを投げる 　・1が出る，2が出る，1または2が出る，3以下が出る，4以上が出る，奇数が出る… 1から6いずれかが出る，これらはすべて事象
標本空間 (全事象) Ω	・試行によって起こりうる結果のすべての集合（例：$\Omega = \{1, \dots, 6\}$） ・事象は標本空間の部分集合
排反事象	・共通部分を持たない（互いに排反な）事象 　・1が出る，2が出る，・・・，6が出る 　・奇数が出る，偶数が出る

ます。奇数が出ることと偶数が出ることにも、共通部分がありませんので排反事象となります。

▶スライド 5-3

　次に、確率の確認をしたいと思います。確率とは、スライドに挙げている3つの公理を満たす数になります。全ての事象Aに対して、P（A）、つまりAが出る確率は、0から1の間をとります。先ほど出てきた標本空間、全事象の確率P（プロバビリティー）は1ですね。排反事象 A_1、A_2、…もっと多いかもしれませんが、これに対しては例えば A_1 と A_2 と両方が起こる確率は足し算で示せます。1または、2または、3が出る事象の確率は、1が出る確率と2が出る確率と3が出る確率をそれぞれそのまま足し算すればいいということです。

　例を示すと、1つのサイコロを振って出る目は、1が出る確率、2が出る確率と、全部6分の1です。1か2か3が出る確率は6分の1を3つ足した2分の1です。1から6のいずれかの目が出る確率は、全事象ということになるので1です。3以下の目が出る確率は、1が出る確率と2が出る確率と3が出る確率を足した2分の1になります。

　補足ですが、高校数学で学んだように、集合の演算は和集合と積集合ということで、A＝{1,2,3}、B＝{1,3,5} のときに、A∪B は A or B、つまり A と B いずれかに含まれるものなので A∪B＝{1,2,3,5} です。A∩B は、A and B、つまり両方に共通している1と3になります。

スライド 5-3

確率

| 確率 | 以下の3つ（公理）を満たす数 |

1. **すべての事象 A に対して $0 \leq P(A) \leq 1$**
2. $P(\Omega) = 1$
3. **排反事象 $A_1, A_2, \ldots$ に対して $P(A_1 \cup A_2 \cup \cdots) = P(A_1) + P(A_2) + \cdots$**

| 例 | 1つのサイコロを投げて出る目 |

- $P(\{1\}) = P(\{2\}) = \ldots = 1/6$, $P(\{1,2,3\}) = 1/2$
- **1から6のいずれかの目が出る：** $P(\{1, 2, 3, 4, 5, 6\}) = 1$
- **3以下の目が出る** $P(\{1, 2, 3\}) = P(\{1\}) + P(\{2\}) + P(\{3\})$

| （補足）集合の演算 | 和集合と積集合 |

- $A = \{1,2,3\}, B = \{1,3,5\}$ **のとき** $A \cup B = \{1,2,3,5\}$, $A \cap B = \{1,3\}$

スライド 5-4

確率変数

| 確率変数 (random variable) |

- **とりうる各値に対して確率が与えられている変数（大文字がよく用いられる）**
- **確率的に（ランダムに）値が定まる**

| 実現値 |

- **確率変数が実際に取る値（観測値）（小文字がよく用いられる）**

| 確率分布 |

- **確率変数がとりうるそれぞれの値に対して　確率を割り当てたもの**
- **離散分布：$P(X = x) = f(x)$ ただし $\sum_x f(x) = 1$**

| 例 | サイコロの出る目を確率変数 X で表す |

- $P(X = 1) = P(X = 2) = \cdots = \frac{1}{6}$

x	1	2	3	4	5	6
$f(x)$	$\frac{1}{6}$	$\frac{1}{6}$	$\frac{1}{6}$	$\frac{1}{6}$	$\frac{1}{6}$	$\frac{1}{6}$

| 例 | コインを投げて表が出た時に 1, 裏が出た時に 0 をとる確率変数 X |

- $P(X = 1) = p$, $P(X = 0) = 1 - p$ **（ただし $0 \leq p \leq 1$）**

▶スライド 5-4

　統計では確率変数という言葉が出てきます。確率変数は、英語で言うと random variable で、取り得る各値に対して確率が与えられている変数ということで、大文字が使われることが多いです。確率的、つまりランダムに値が定まるものが確率変数です。

　その他、実現値もよく出てきます。確率変数が実際に取る値、観測値にあたりますが、これは小文字がよく用いられます。

　それから、確率分布もよく出てきます。確率変数が取り得るそれぞれの値に対して確率を割り当てたものになります。もうすぐ出てくる離散分布では、各実現値 f に対して確率が求まり、確率分布は $P(X=x)=f(x)$ と表されます。この $f(x)$ を全部足すと 1 になります。

　例えばサイコロの出る目を確率変数 X で表すと、$P(X=1)$ も $P(X=2)$ も一緒で全て 1/6 です。$f(x)$ は実現値が 1 だろうが 2 だろうが 3 だろうが、確率変数は全て 1/6 ですね。コインを投げて表が出たときに 1、裏が出たときに 0 を取る確率変数は、$P(X=1)=p$ とすると、その場合には、裏が出る確率 $P(X=0)$ は $1-p$ になります。ただし、p は 0 から 1 の間いずれかの値をとりますが、歪のないコインの場合は $p=0.5$ とします。

▶スライド 5-5

　統計データには質的データと、量的データがあることは前回復習しました。質的データは、男/女、好き/普通/嫌いなどの記号を値に取るデータです。量的データとは、温度や身長など数値を値に取る連続尺度のものだというお話をしました。

スライド 5-5

スライド 5-6

離散分布

質的データや離散値をとる量的データに対する確率分布

| 例 | 3種類の値をとる離散分布 |

・オフィスを構えるための都市の選ばれやすさ　（都市X：確率変数）

離散分布			
Xのとる値（x）	東京	大阪	京都
確率	0.6	0.3	0.1

$P(X = 東京) = 0.6$　　ただし　$\sum_x P(X = x) = 1$

$P(X = 大阪) = 0.3$

$P(X = 京都) = 0.1$

確率変数では通常、事象に数値を割り当てる（期待値を定義できるようにする）が、数値以外(文字ラベル等)が用いられることもある

| 例 | ベルヌーイ (Bernoulli) 分布：ベルヌーイ試行1回を行うときの分布 |

・表が出る確率が $P(X = 1) = p$

・裏が出る確率が $P(X = 0) = 1 - p$

ただし　$\sum_x P(X = x) = 1$

| ベルヌーイ試行 | ・コイン投げのように、毎回2種類いずれかの結果をとり、かつそれらの起こる確率がどの回も同じである独立試行 |

▶ スライド 5-6

　質的データに対応する確率変数や、離散値をとる量的データに対応する確率変数は、離散分布に従います。例えば、3 種類の値を取る離散分布があります。オフィスを構えるための都市の選ばれやすさを考えます。この場合、都市が X、確率変数ということになります。X（確率変数）の取る値は、例えば東京、大阪、京都というのがあります。それぞれの生起確率が 0.6、0.3、0.1 だったとすると、全事象を合わせたものの確率は 1 になります。こういったものが離散分布です。つまり、棒グラフで表現できるような分布が離散分布です。

　よく出てくるベルヌーイ分布も重要です。ベルヌーイ試行 1 回を行うときの分布です。先ほどのコイン投げの例で言うと、表が出る確率が P（X＝1）＝p だとすると、裏が出る確率 P（X＝0）は 1−p になります。足したら 1 になる、このような分布の仕方をベルヌーイ試行と言います。ベルヌーイ試行とは、コイン投げのように、毎回 2 種類いずれかの結果、つまり表が出るか裏が出るかを取り、かつ、それらの起こる確率がどの回も同じであるという独立試行です。「独立」は今回のテーマでもありますね。

▶ スライド 5-7

　一方、連続な値を取る確率変数の分布は、密度関数で表すことになります。

　例えば、17 歳男子身長の分布はスライドのようになります。平均が 170.7、標準偏差が 6.1 です。仮に正規分布で近似できたとすると、68.2%の人が平均 μ の ± 標準偏差 σ の範

連続型の確率分布と確率密度関数

連続な値をとる確率変数の分布は密度関数で表す

確率密度 ≠ 確率 であることに注意！

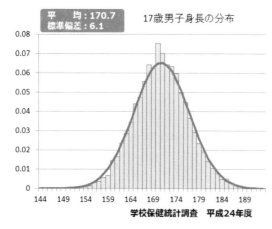

17歳男子身長の分布

平　　均：170.7
標準偏差：6.1

学校保健統計調査　平成24年度

・ 正規分布で近似できたとすると・・・

68.2%の人が	164.6 〜 176.8 ($\mu \pm \sigma$)
90.0%の人が	160.7 〜 180.7 ($\mu \pm 1.645\sigma$)
95.0%の人が	158.7 〜 182.7 ($\mu \pm 1.960\sigma$)
95.5%の人が	158.5 〜 182.9 ($\mu \pm 2\sigma$)
99.0%の人が	155.0 〜 186.4 ($\mu \pm 2.576\sigma$)
99.7%の人が	152.4 〜 189.0 ($\mu \pm 3\sigma$)

囲に含まれます。90%の人は、平均の前後標準偏差 1.645 個分の範囲に含まれます。95%の人というと $\mu \pm 1.960\sigma$ の範囲に含まれます。この 1.96 はすごく重要で何回も出てくるのでぜひ覚えておいてほしいのですが、全体の 95%は平均の前後標準偏差 1.96 個分前後にあるということなのです。

　平均から前後標準偏差 2 個分には全体の 95.5%が含まれます。これも非常に重要ですので、ぜひ覚えておいてください。全体の 99%を含むのは、平均の前後標準偏差 2.576 個分ですし、標準偏差 3 個分となると、全体の 99.7%を含みます。

　また、確率と確率密度は違うことに注意しましょう。

　連続型の確率分布において、確率とは確率密度の積分です。連続変数がある特定の値を取る確率は、連続変数の場合は線なので 0 になります。連続変数がある範囲の値、A から B の間となると、面になって積分して値が求まります。

▶スライド 5-8

　平均が 0 の正規分布は、スライドのような関数で表されます。正規分布は N を使って、カッコの中に確率変数 X の実現値が x であることを示し、縦棒を挟んで右側に平均と分散を並べて表現します。標準偏差前後 1 個分だったら 0.6826、2 個分だったら 0.09544、3 個分だったら 0.9974 の確率になります。

　確率変数 X は正規分布 $N(x|0,\sigma^2)$ に「従う」という表現をします。覚えておいてください。

スライド 5-8

確率と確率密度

連続型の確率分布において：確率 ＝ 確率密度の積分

連続変数がある特定の値**をとる確率**　　$P(X = a) = 0$

連続変数がある範囲の値**をとる確率**　　$P(a \le X \le b) = \int_a^b f(x)dx$

例　　平均0の正規分布：$f(x) = N(x|0, \sigma^2) = \frac{1}{\sqrt{2\pi}\sigma} e^{-\frac{x^2}{2\sigma^2}}$

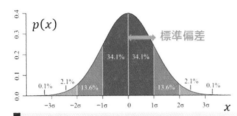

$P(-\sigma \le X \le \sigma) = 0.6826$

$P(-2\sigma \le X \le 2\sigma) = 0.9544$

$P(-3\sigma \le X \le 3\sigma) = 0.9974$

確率変数 X は正規分布 $N(x|0, \sigma^2)$ に「従う」という　　$X \sim N(x|0, \sigma^2)$

x を省略して $X \sim N(0, \sigma^2)$ とすることも

スライド 5-9

正規分布

量的な確率変数に関する最も基本的な確率分布の一つ

データは平均値 μ **を中心に散らばりながら集積**　（標準偏差 σ）

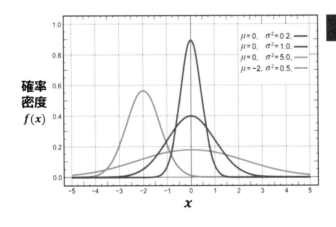

正規分布の確率密度関数

$$f(x) = N(x|\mu, \sigma^2)$$

$$= \frac{1}{\sqrt{2\pi}\sigma} e^{-\frac{(x-\mu)^2}{2\sigma^2}}$$

ただし以下を満たす

$$\int_{-\infty}^{\infty} f(x)dx = 1$$

（釣鐘型の面積が1）

（$f(x)$ の値自体は1を超えることもある）

▶ スライド 5-9

　ここで出てきた正規分布について、もう少し触れてみましょう。量的な確率変数に関する最も基本的な確率分布の 1 つです。データは平均値 μ を中心に散らばりながら集積します。この散らばりは、標準偏差 σ で表されることになります。正規分布の確率密度関数と

は、平均が μ で分散が σ^2 の場合はスライドのように表されます。先ほどは平均が 0 だっ
たのですが、一般化した μ で表現されています。この関数を－の無限大から＋の無限大ま
で積分すると 1 になるのが正規分布で、一般の確率密度関数の性質でもあります。

▶スライド 5-10

　次に、パーセント点と p 値について確認したいと思います。パーセント点は percentile
と言います。これは皆さん、今まで何度か触れてきたことがあるかもしれません。上側
$100p$％点は $P(X \geq x)=p$ を満たす x ということで、例えば上側5％点の場合は上から数え
て5％までを含む値の x ということになります。密度関数の上側の確率が p になるときの
確率変数の値です。下側 $100p$％点は反対です。一番代表的な、四分位点はそれぞれ上位
25％点、50％点、75％点となるわけです。両側 $100p$％点とは、上側と下側の両方の確率
を足して100％になるような確率変数の値です。この表現もよく使います。

　p 値、英語で言うと p-value ですが、確率変数のある値 x の上側（もしくは下側や両側）
の確率です。式はパーセント点と同様ですが、逆に値 x を与えて p を求めることをします。
分布の中央の付近から見て極端なほうに離れた領域の面積が該当します。この統計入門で
は、両側検定における p 値というのが非常に大切になります。確率密度関数が対称な場合、
両側検定の p 値は、$P(X \geq x)$ の2倍（両側）です。ある値 x を取って、分布の中心から上
側にも下側にも離れた値が出る確率を評価することになります。

スライド 5-10

パーセント点とp値

パーセント点 (percentile)

上側 $100p$ ％点

- $P(X \geq x) = p$ を満たすx （$p = 0.05$で上側5％点）
- 密度関数の上側の確率(面積)が p になるときの確率変数の値

（下側）$100p$ ％点

- $P(X \leq x) = p$ を満たすx ($p = \frac{1}{4}, \frac{2}{4}, \frac{3}{4}$ は四分位点)

両側 $100p$ ％点

- $P(X \geq x) = p/2$を満たすx
- 密度関数の両側の確率(面積)がpになるときの確率変数の値

p値 (p -value)

確率変数のある値xの上側（もしくは下側や両側）の確率

- 式はパーセント点と同様だが、逆に値xを与えてpを求める

例　両側検定におけるp値： $p = 2P(X \geq x)$

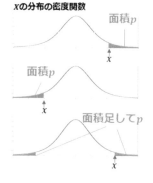

▶スライド 5-11

　次に、2 つの確率変数があるときのことを考えましょう。太郎さんと花子さんがコインを投げました。表と裏のどちらが出るかを表す確率変数 X は、表 or 裏のどちらかを取ります。どちらが投げるかを表す確率変数 Y は、太郎 or 花子のどちらかを取ります。そうすると、同時確率とは P (X=x, Y=y)、つまり、太郎が表を出し、かつ花子が裏を出す事象等の確率を出すことができます。これが同時確率です。

　周辺確率とは片方の確率変数のみに着目した時の確率です。こういう二元分割表を書いたときに、太郎が裏を出し、かつ花子が表を出すといった 1 個 1 個のマスの中の値の確率のことを同時確率と言います。周辺確率は、確率変数 Y に着目すると、Y= 太郎の確率が 0.4 で Y= 花子の確率は 0.6 です。逆に、縦軸で見ると、確率変数 X に着目することになり、裏が出る確率は 0.5、表が出る確率は 0.5 です。こういう形で、周辺確率は列なり行なりを足し算したものになるわけです。

　条件付き確率とは、Y=y の下で X=x となる確率です。例えば、投げた人が花子の時に裏が出る確率は 50％です。逆に、裏が出た時に、それを投げたのが太郎である確率は 0.2 / 0.5 なので 40％です。

スライド 5-11

二つの確率変数

太郎さんと花子さんがコインを投げる

- ・表と裏のどちらが出るかを表す確率変数 X　（「表」or「裏」をとる）
- ・どちらが投げるかを表す確率変数 Y　（「太郎」or「花子」をとる）

同時確率　　$P(X = x, Y = y)$ （同時確率分布 $P(X = y, Y = y) = f(x, y)$ ）

周辺確率　　$P(X = x) = \sum_{y} P(X = x, Y = y)$

条件付き確率　　$P(X = x | Y = y) = P(X = x, Y = y) / P(Y = y)$

$Y = y$ の下で $X = x$ となる確率

同時確率 $P(X = x, Y = y)$		X のとる値(x) 裏	X のとる値(x) 表	周辺確率 $P(Y = y)$
Y のとる値 (y)	太郎	0.20	0.20	0.40
	花子	0.30	0.30	0.60
周辺確率 $P(X = x)$		0.50	0.50	

もっと
投げたい

116

独立性

$P(X = x, Y = y) = P(X = x)P(Y = y)$であれば、
確率変数XとYは独立であるという

・なお $P(X = x, Y = y) = P(X = x | Y = y)P(Y = y)$は常に成り立つ

$P(Y = y) \neq 0$ならば $P(X = x | Y = y) = P(X = x)$書くこともできる
（どちらが投げても表の出る確率は変わらない）

$P(X=表 | Y=太郎)=P(X=表 | Y=花子)=0.50$

同時確率 $P(X = x, Y = y)$	Xのとる値(x)		周辺確率 $P(Y = y)$
	裏	表	
Yのとる値 太郎	0.20	0.20	0.40
(y) 花子	0.30	0.30	0.60
周辺確率$P(X = x)$	0.50	0.50	

独立性

$P(X = x, Y = y) = P(X = x)P(Y = y)$であれば、
確率変数XとYは独立であるという

・なお $P(X = x, Y = y) = P(X = x | Y = y)P(Y = y)$は常に成り立つ

$P(Y = y) \neq 0$ならば $P(X = x | Y = y) = P(X = x)$書くこともできる
（どちらが投げても表の出る確率は変わらない）

以下の同時確率分布表で条件付き確率を計算し
独立性を確認せよ

同時確率 $P(X = x, Y = y)$	Xのとる値(x)		周辺確率 $P(Y = y)$
	裏	表	
Yのとる値 太郎	0.15	0.25	0.40
(y) 花子	0.30	0.30	0.60
周辺確率$P(X = x)$	0.45	0.55	

▶スライド 5-12A

　確率変数 X と Y の同時確率 P(X=x, Y=y) が X についての周辺確率 P(X=x) と Y についての周辺確率 P(Y=y) の単純な掛け算で表されるのであれば、確率変数 X と Y は独立であるという表現をします。P(X=x, Y=y)=P(X=x)P(Y=y) が成り立つなら X と Y は独立です。ここで、条件付き確率の定義から、この等式が常に成り立つことになります。

　表で太郎が投げている確率と、花子が投げている確率は、どっちにしても 0.5 だった場合には、どちらが投げても表の出る確率は変わらないことになります。

　こういう分布のときは、独立となります。

▶スライド 5-12B

　ところが、一方スライド 5-12B のような分布のときには、確率、0.45 に 0.4 を掛けても 0.15 になりません。0.55 に 0.6 を掛けても 0.3 になりません。これは独立ではないとなります。これが独立か非独立かのポイントです。

▶ カイ二乗検定

　ここからはカイ二乗検定を学びます。

▶スライド 5-13

　まず「推測統計と検定」、「適合度の検定」を説明します。

▶スライド 5-14

　推測統計は Inferential statistics ということで、母集団、population という言い方をしま

スライド 5-13

『目次（第5回　二元分割表とχ^2検定）

確率の基礎
- 事象と確率
- 確率変数、確率分布、パーセント点とp値
- 二つの確率変数、独立性

カイ二乗検定
- 推測統計と検定
- 適合度の検定
- 独立性の検定

スライド 5-14

推測統計 (Inferential statistics)

母集団 (population) からランダムな標本 (sample) を抽出して観察し、
その結果から逆に母集団を推定すること

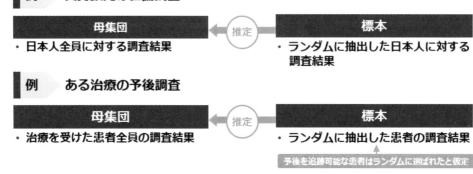

すが、母集団からランダムな標本（sample）を抽出して観察し、その結果から逆に母集団を推定します。ここで、母集団とは調査の対象となる数値・属性などの源泉となる集合全体のことを言います。

　支持政党の世論調査の場合には、標本はランダムに抽出した日本人に対する調査結果です。そこから母集団である日本人全員に対する調査結果を推定します。

　薬の治療という例の場合、標本はランダムに抽出した患者の調査結果です。これを基に、母集団である治療を受けた患者全員の調査結果を推定することになります。実際には、予後を追跡可能な患者をランダムに選ぶことは難しい部分もあるのですが、理論的にはランダムに抽出した患者の調査結果から、母集団である治療を受けた患者全員の調査結果を推定することになります。

▶スライド 5-15

　母集団は、調査の対象となる数値・属性等の集合全体です。 測定する要素ではなく測定値の集合という意味ということで、日本語ではこの区別があまり重要ではないのですが、厳密に言うと、英語では Universe という考え方と Population という考え方があります。Universe は日本人全員、Population は日本人全員に対する調査結果といった違いがあるのですが、最終的には皆さんは Population を意識して母集団をイメージしてもらうのがよいです。

スライド 5-15

母集団と標本

母集団：調査の対象となる数値・属性等の集合全体

「測定する要素」でなく「測定値」の集合という意味

・例：支持政党の世論調査

| Universe | ・日本人全員 |
| Population | ・日本人全員に対する調査結果 |

← 日本語ではこの区別は
あまり意識されない

標本：母集団からランダムに抽出された部分集合

母数(parameter)	←推定←	統計量(statistic)
・母集団の分布を記述する指標		・標本の分布を記述する指標
・例：平均・標準偏差→ 　母平均・母標準偏差と呼ぶ		・例：平均・標準偏差 → 　標本平均・標本標準偏差と呼ぶ

　標本は、母集団からランダムに抽出された母集団の部分集合となります。この統計入門でよく出てくる母数（parameter）と統計量（statistic）はぜひ覚えておいてください。母数とは、母集団の分布を記述する指標のことです。例えば平均・標準偏差は、母平均・母標準偏差と呼ぶこともあります。統計量とは、標本の分布を記述する指標で、実際に取ってきた 30 人や 20 人などの平均・標準偏差を表すもので、標本平均や標本標準偏差と呼んだりもします。標本は確率変数でモデル化されるので、標本を用いて計算される統計量も確率変数となる点が重要です。

　皆さんがこれからやっていくのは、標本平均や標本標準偏差から確率論をうまく使って、この母平均や母標準偏差を推定していく作業です。

▶スライド 5-16

　このように、限られた標本から母集団を推測したいという欲求が私たちにはあります。そのときに、適合度の検定と独立性の検定という 2 つの手法が考えられます。

　適合度の検定では、母集団の分布が理論等から導かれる分布と差があると見なせるかどうかを考えます。例えば、日本人の血液型の分布は、A 型が 40％程度、B 型が 20％程度、AB 型が 10％ぐらい、O 型が 30％ぐらいと分かっています。ある町の住人 100 人の血液型を調べた時に、この町の住人の血液型の分布が、日本人の分布と差があると見なせるのでしょうか。こういうことを考えていくのです。

　一方、独立性の検定とは何でしょうか。前に少し触れましたが、確率変数 X と確率変数 Y との間に関係があるかどうかがポイントになります。例えば、薬 A と薬 B どちらかを

適合度の検定・独立性の検定

限られた標本から母集団を推測したい

適合度の検定 母集団の分布は理論値と差があるとみなせるか？

- 日本人の血液型の分布はA型40%，B型20%，AB型10%，O型30%
- ある町の住人のうち100人の血液型が分かっている
- この町の住人の血液型の分布は日本人の分布と「差がある」とみなせるか？

独立性の検定 確率変数Xと確率変数Yとの間に関係があるとみなせるか？

- 薬Aと薬Bに対して治験を行った
  - 薬Aでは80人に効果があり、40人には効果がなかった
  - 薬Bでは52人に効果があり、48人には効果がなかった
- 薬Aと薬Bの効果には「差がある」とみなせるか？
  - $X = \{A, B\}, Y = \{効果あり, 効果なし\} \rightarrow X$と$Y$には関係があるとみなせるか？

いずれの場合も「差がある」と言えるかどうかの検定 → カイ二乗検定

使うという確率変数 X と、効果の有無という確率変数 Y に関係があるのかどうかという例を考えます。

　薬 A では 80 人に効果あり、40 人に効果なし、薬 B では、52 人に効果があり、48 人には効果がなかったとします。この時、薬 A と薬 B の効果に差があると見なしていいのでしょうか。この場合は、使った薬と効果の間には独立性があるのかどうかを検定します。いずれの場合も、差があるかどうかの判定には、カイ二乗検定を用います。ということで、カイ二乗検定の本題に入りましょう。

▶スライド 5-17

　適合度の検定とは、母集団の分布は理論から導かれる分布と差があると見なせるかどうかということでした。日本人の血液型の分布が、それぞれ A、B、AB、O で割合があらかじめ分かっています。ある町の 100 人に対する血液型の調査結果が表されています。100人のうち、A 型は 30 人、B 型は 29 人、AB 型が 5 人、O 型が 36 人でした。合計すると 100 人です。さて、日本人全体の血液型の分布と町の住人の血液型の分布には差があると見なしていいのでしょうか。

　100 人という標本の大きさは判定に影響します。標本サイズが大きい場合は標本の分布が母集団の分布値に近くなっていき、自信を持って判定ができます。標本サイズが小さいときには、相対的なばらつきが大きくなりますね。例えば 10 人の標本だった場合、内訳は 4：2：1：3 から 1 つでもずれて例えば 3：3：1：3 となると全く違った結果になります。

でも、これが 1,000 人、1 万人の標本なら、1 人ぐらいずれて 3999：2001：1000：3000 となっても全体としては大きな差はないですね。ここでは標本の大きさにも注意を要することだけ意識しておいてください。

スライド 5-17

適合度の検定：問題定義

母集団の分布は理論値と差があるとみなせるか？

日本人の血液型の分布はA型40%, B型20%, AB型10%, O型30% であることがあらかじめわかっていたとする

・ある町の100人に対する血液型の測定結果は・・・

血液型	A型	B型	AB型	O型	合計
度数	30	29	5	36	100

日本人全体の血液型の分布と町の住人の血液型の分布には
差があるとみなせるか？

・標本サイズが大きい → 理論値に近くなりやすい → 自信を持って判定可能
・標本サイズが小さい → 理論値からばらつく→ 自信を持って判定しにくい

スライド 5-18

適合度の検定：仮説の設定

母集団の分布は理論値と差があるとみなせるか？

日本人の血液型の分布はA型40%, B型20%, AB型10%, O型30% であることがあらかじめわかっていたとする

・町の人の血液型の分布に「差がない」と仮定すると・・・

血液型	A型	B型	AB型	O型	合計
観測度数	30	29	5	36	100
期待度数	40	20	10	30	100

観測度数と期待度数の「ずれ」から判定できる？

二乗誤差 $= (30 - 40)^2 + (29 - 20)^2 + (5 - 10)^2 + (36 - 30)^2$

標本サイズが増加 → 度数のスケールが増加 → ずれの大きさが急激に増加
→ なんらかの正規化が必要

▶スライド 5-18

　さて、この町の人の血液型の分布が日本人全体と差がないと仮定すると、100 人は 40%・20%・10%・30%として 40 人・20 人・10 人・30 人です。これは観測された観測度数と期待される期待度数の間にずれがあることが分かります。このずれを数値化していきます。ずれというのは、差が一番重要なのですが、そのまま足し算するとプラスマイナスがなくなったりするので、分散のときのように絶対値の代替として二乗値を使うのが統計の世界では多いです。30－40 の差 10 の二乗、29 と 20 の差 9 の二乗、5 と 10 の差 5 の二乗、36 と 30 の差 6 の二乗、これらの二乗誤差を全部足して計算します。

▶スライド 5-19

　標本サイズが大きくなると、ずれの大きさが急激に増加するので、少し調整が要ります。これを正規化といいます。それぞれの正規化にあたっては、その二乗を各期待度数で割ります。図に計算式を示しました。29－20 の二乗の場合は、期待度数の 20 で割る。他も期待度数の 40 と 10 と 30 で割ります。それを全部足し算したら 10.25 です。この値のことを χ^2 値と呼びます。

　この 10.25 は仮説どおり・期待どおりであれば、差がないわけだから 0 になります。けれども、少しでも差があると、この値が正の値として計算されます。この値が事前に決め

スライド 5-19

適合度の検定：仮説の設定

母集団の分布は理論値と差があるとみなせるか？

日本人の血液型の分布はA型40%, B型20%, AB型10%, O型30% であることがあらかじめわかっていたとする

・町の人の血液型の分布に「差がない」と仮定すると・・・

血液型	A型	B型	AB型	O型	合計
観測度数	30	29	5	36	100
期待度数	40	20	10	30	100

観測度数と期待度数の正規化されたずれ」から判定できそう

$$\chi^2 = \frac{(30-40)^2}{40} + \frac{(29-20)^2}{20} + \frac{(5-10)^2}{10} + \frac{(36-30)^2}{30} = 10.25$$

この値が基準値より大きければ「差がない」とは言えない
（差がないと考えるにはずれが大きすぎる → 仮説が間違っていた）

た判断のための基準値よりも大きければ、差がないと考えるには、ずれが大き過ぎる、つまり仮説が間違っていたと考えるのです。

▶ スライド 5-20

　自由度 3 というのは第 4 回のオンデマンド教材の時に出てきましたが、血液型の例の場合、100 の内訳を考えるときに、どこか 1 つを決めても、あと 2 つも決めなければ内訳が決まりません。つまり、40、20、10 と決めれば、残りは 30 と決まりますし、30、29、5 と 3 つ決まったら、あとは拘束されて 36 と決まるということで、こういう 4×1 の表の場合は自由度が 3 ということになります。

　そこで自由度 3 の χ^2 分布というのが出てきます。A、B、AB、O の 4 つのクラスがあるので。自由度は 3 です。一般的には K（クラス）から 1 個引いて自由度が定まります。K−1 クラスの比率が決まれば、残り 1 クラスの比率は自動的に決まるからです。有意水準 5%（$\alpha = 0.05$）で検定します。自由度 3 の場合 χ^2 値が 7.815 よりも大きくなる確率が 5% なのです。つまり、$\chi^2 = 10.25$ というのは 7.815 よりも大きいので、差がないとは言えない程大きな差がある、ということです。差がないと仮定すると、5% 以下の確率でしか起こらないようなずれがあるからです。

スライド 5-20

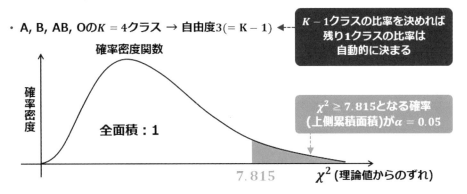

適合度の検定：χ^2 値の判定
自由度3のχ^2分布を用いて有意水準5%（$\alpha=0.05$）で検定

・A, B, AB, Oの$K = 4$クラス → 自由度3($= K - 1$) ◀ $K - 1$クラスの比率を決めれば残り1クラスの比率は自動的に決まる

確率密度関数

確率密度

全面積：1

$\chi^2 \geq 7.815$となる確率 (上側累積面積)が$\alpha = 0.05$

7.815　　　χ^2 (理論値からのずれ)

$\chi^2 = 10.25 > 7.815 →$「差がない」とは言えない →「差がある」
「差がない」と仮定すると5%以下しか生起しない事象が起こったことになる

スライド 5-21

適合度の検定：χ^2 値の判定

各有意水準における限界値の表を参照

・χ^2 値が限界値を越えると「差がない」とは言えない →「差がある」

有意水準 α

		0.995	0.975	0.05	0.025	0.01	0.005
自由度	1	0.000	0.001	3.841	5.024	6.635	7.879
	2	0.010	0.051	5.991	7.1 $\chi^2 = 10.25$ 0		10.597
	3	0.072	0.216	7.815	9.348	11.345	12.838
	4	0.207	0.484	9.488	11.143	13.277	14.860
	5	0.412	0.831	11.070	12.832	15.086	16.750
	…	…	…	…	…	…	…

「差がない」とは言えない →「差がある」　　　　　　　　？？？

▶スライド 5-21

　この 7.815 は突然出てきましたが、これは何でしょうか。これは統計の教科書や、おそらく高校の数学の教科書の後ろの方にある「参考」のようなところに載っているカイ二乗分布の限界値の表から得られるものです。有意水準 α とカイ二乗分布の自由度を与えると上側 100α％点を与えてくれるのが限界値の表です。χ^2 値がその検定に対応する限界値を超えると、差がないと言い切れない差があることになります。有意水準がこの場合は 0.05 で、カイ二乗分布の自由度が 3 であったので、7.815 という数字が出てきました。

▶スライド 5-22

　では、有意水準をもう少し厳しく 1％としたらどうでしょう。このときは χ^2 値 11.345 が基準になります。これでいくと、11.345 よりも大きい確率は 1％ということになります。10.25 は 11.345 よりも小さいので、有意水準を 1％に設定したときには、差がないと仮定しても、あり得る誤差の範囲と捉えられるということになります。そうすると、このときに重要なのが、差があるとも差がないともこの例だけからは言えない、ということです。

▶スライド 5-23

　カイ二乗検定の結果、カイ二乗値が 10.25 以上の値を取る確率は、別の計算から 0.017 ということも分かります。そうすると、0.017 というのは有意水準 5％よりも 1.7％の方が

スライド 5-22

適合度の検定：χ^2値の判定

自由度3のχ^2分布を用いて有意水準1%（$\alpha = 0.01$）で検定

有意水準を小さくすると判定結果が変わるか？（例：5% → 1%）

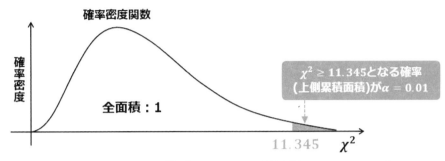

$\chi^2 = 10.25 < 11.345 \rightarrow$「差がある」とも「差がない」とも言えない！
「差がない」と仮定すると観測された事象は十分にありえる

スライド 5-23

適合度の検定：p値と検定結果の記述

自由度3のχ^2分布を用いて有意水準5%（$\alpha = 0.05$）で検定

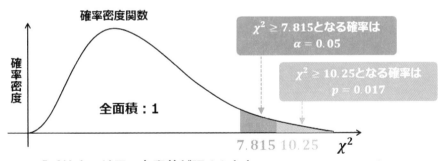

「χ^2検定の結果、有意差が認められた（$p = 0.017 < 0.05$）」
or
「χ^2検定の結果、有意差は認められなかった（$p = 0.017 > 0.01$）」

小さいので有意差が認められると言えますが、1%の有意水準で見ると1.7%の方が大きく、有意差は認められない、ということになるわけです。

スライド 5-24

適合度の検定：仮説の設定

母集団の分布は理論値と差があるとみなせるか？

日本人の血液型の分布はA型40%, B型20%, AB型10%, O型30% であることがあらかじめわかっていたとする

・町の人の血液型の分布に「差がない」と仮定すると・・・

血液型	A型	B型	AB型	O型	合計	
観測度数	300	290	50	360	1000	標本サイズが10倍
期待度数	400	200	100	300	1000	χ^2値も10倍

観測度数と期待度数の「正規化されたずれ」から判定できそう

$$\chi^2 = \frac{(300-400)^2}{400} + \frac{(290-200)^2}{200} + \frac{(50-100)^2}{100} + \frac{(360-300)^2}{300} = 102.5$$

この値が基準値より大きければ「差がない」とは言えない
(差がないと考えるにはずれが大きすぎる → 仮説が間違っていた)

▶スライド 5-24

　では、今度は標本サイズを 10 倍にしてみましょう。1,000 人に調査したときに、同じようにカイ二乗値を計算します。各項の分子は 10 倍を二乗する一方で、分母は二乗しないので χ^2 値は 10 倍になります。この値が基準値よりも大きければ差がないとは言えないですね。この場合、有意水準 1%の限界値 11.345 よりも、求められたカイ二乗値 102.5 は大きい値です。

▶スライド 5-25

　つまり、有意水準を 1%として厳しく見ても、極めて特殊な例ということで、差があることになります。このように、サンプルが大きくなると差を検出しやすくなるということがあります。

▶スライド 5-26

　適合度の検定をまとめてみましょう。母集団の確率分布は理論等から導かれる分布と差がないと仮定するところから始めます。血液型分布は、A 型が 40%、B 型が 20%、AB 型が 10%、O 型が 30%と仮定します。まず、仮定する分布の理論値から期待度数を作りました。次に、期待度数と観測度数の差の二乗を観測度数で割ったものをそれぞれ足すことで、χ^2 値を算出しました。カイ二乗値がカイ二乗分布に従うとすると、その自由度 K−1 は、自由度 3 の χ^2 分布を用いると、p 値は 0.017 です。有意水準 5%では差がないとの仮

スライド 5-25

適合度の検定：χ^2値の判定

自由度3のχ^2分布を用いて有意水準1%$(\alpha = 0.01)$で検定

標本サイズが増えると検定結果が変わるか？（例：標本サイズ10倍）

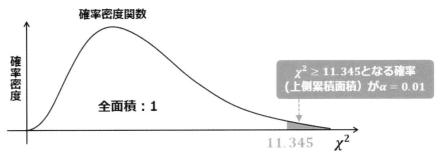

$\chi^2 = 102.5 > 11.345 \rightarrow$「差がない」とは言えない $\rightarrow$「差がある」
「差がない」と仮定すると1%以下しか生起しない事象が起こったことになる

スライド 5-26

適合度の検定：まとめ

1　母集団の従う確率分布と理論値とに「差がない」と仮定

・血液型分布は A: 0.4, B: 0.2, AB: 0.1, O: 0.3

2　観測度数に対応する期待度数を算出

血液型	A型	B型	AB型	O型	合計
観測度数	30	29	5	36	100
期待度数	40	20	10	30	100

3　上記からχ^2値を計算

$$\chi^2 = \frac{(30-40)^2}{40} + \frac{(29-20)^2}{20} + \frac{(5-10)^2}{10} + \frac{(36-30)^2}{30} = 10.25$$

4　自由度$K-1$のχ^2分布を用いてp値を計算

・自由度3の分布χ^2では $p = 0.017$

| **有意水準5%では** | 「差がない」とは言えない→「差がある」 |
| **有意水準1%では** | 「差がある」とも「差がない」とも言えない |

定に無理があり、差があるという結論になります。一方、有意水準1%で考えると、差があるとも差がないともいえない、という結論になります。

スライド 5-27

『目次（第5回　二元分割表とカイ二乗検定）

確率の基礎
- 事象と確率
- 確率変数、確率分布、パーセント点とp値
- 二つの確率変数、独立性

カイ二乗検定
- 推測統計と検定
- 適合度の検定
- 独立性の検定

▶ 独立性の検定

▶スライド 5-27

　それでは、今度は独立性の検定の話をしたいと思います。

▶スライド 5-28

　独立性の検定では、確率変数 X と確率変数 Y との間に関係があると見なせるのかどうかを確認します。薬 A・薬 B が確率変数 X、治療に効果がある・ないが確率変数 Y となります。薬 A・薬 B の効果に差があると見なしていいのかどうかを、同じようにカイ二乗検定を用いて確認してみましょう。

▶スライド 5-29

　そのためには分割表を使います。2 変量の度数分布表のことを言い、クロス集計表という言い方もされます。英語では two-by-two table などと言います。複数の選択肢を持つ 2 つの質問の回答を組み合わせて表示するような方法です。

　例えば、1 つ目の質問は、例えば「睡眠時間はどれくらいですか？」で、「6 時間以下、6 ～8 時間、8～10 時間、10 時間以上」です。2 つ目の質問は、「朝食は食べますか？」で、「毎日食べる、時々食べる、全く食べない」です。こういうものを表で表すときに、スライドのような表を使います。睡眠時間を縦軸に、朝食を食べるかどうかを横軸にすると、このような感じで 4×3 の表が作れます。

スライド 5-28

主な二つの検定

限られた標本から母集団を推測したい

適合度の検定　　母集団の分布は理論値と差があるとみなせるか？

- 日本人の血液型の分布はA型40%，B型20%，AB型10%，O型30%
- ある町の住人のうち100人の血液型が分かっている
- この町の住人の血液型の分布は日本人の分布と「差がある」とみなせるか？

独立性の検定　　確率変数Xと確率変数Yとの間に関係があるとみなせるか？

- 薬Aと薬Bに対して治験を行った
  - 薬Aでは80人に効果があり、40人には効果がなかった
  - 薬Bでは52人に効果があり、48人には効果がなかった
- 薬Aと薬Bの効果には「差がある」とみなせるか？
  - $X = \{A, B\}, Y = \{$効果あり, 効果なし$\}$ → XとYには関係があるとみなせるか？

いずれの場合も「差がある」と言えるかどうかの検定 → カイ二乗検定

スライド 5-29

分割表

二変量の度数分布表 (クロス集計表とも言う)

複数の選択肢を持つ2つの質問の回答を組み合わせて表示

Q1. 睡眠時間はどのくらいですか？

・6時間以下　　　・6〜8時間

・8〜10時間　　　・10時間以上

Q2. 朝食は食べますか？

・毎日食べる　　　・時々食べる

・全く食べない

睡眠時間　　朝食	毎日食べる	時々食べる	全く食べない
6時間以下	5	4	8
6〜8時間	20	15	3
8〜10時間	15	18	8
10時間以上	4	6	2

スライド 5-30

2 × 2分割表

多くの応用において2 × 2の分割表が重要

複数の選択肢を持つ2つの質問の回答を組み合わせて表示

Q1. どの薬を試しましたか？		Q2. 効果がありましたか？	
・薬A	・薬B	・効果があった	・効果がなかった

薬　　　　　効果	効果あり	効果なし
薬A	80	40
薬B	52	48

治験においては、薬Bを偽薬に設定して、
プラセボ効果との有意差を検定したいことが多い

▶スライド 5-30

　統計の応用において、2×2 の分割表（two-by-two table）は重要です。この分割表は、複数の選択肢を持つ2つの質問の回答を組み合わせて表示できます。例えば、1つ目は「どの薬を試したのですか？」で、「薬 A、B」、2つ目は「効果があったのですか、なかったのですか」ということで、薬 A を選んだのか、薬 B を選んだのか、効果があったのか、効果がなかったのか、こういう2×2 の分割表を作ります。

▶スライド 5-31

　次に、確率変数 X と確率変数 Y に関係があると見なせるのかどうかがテーマになります。患者を2群に分けて行った治験の結果がスライドのようになりました。これは薬 A と薬 B の効果に差があると見なしていいのでしょうか。差があるというのは、薬 X と効果 Y に関係があるということになります。ですので、これをカイ二乗検定を使って調べます。先程と同じで、標本サイズが大きいと標本の比率が母集団の比率に近くなりやすいので自信を持って判定ができる一方で、標本サイズが小さいと相対的なばらつきが大きくなり、自信を持って判定がしにくくなります。可能な限り、標本サイズは大きいほうがいいということになります。

　ただ、ここから先は倫理的な話になりますが、スライド 5-30 で薬 A と偽薬 B（プラセボ）を使うというお話をしました。ですので、何十万人と調べればいいのですが、全体が増えると偽薬を使う人も増えることになりますので、現実的にはそうはいきません。ですので、実際の治験の場合には、この場合に効果があると言える、最低限必要な標本サイズ

スライド 5-31

独立性の検定：問題定義

確率変数Xと確率変数Yに関係があるとみなせるか？

患者を2群に分けて行った治験の結果は以下の通り

薬　　　　効果	効果あり	効果なし
薬A	80	40
薬B	52	48

薬Aと薬Bの効果に差があるとみなせるか？
（差がある ＝ 用いる薬Xと得られる効果Yに関係がある）

標本サイズが大きい → 理論値に近くなりやすい → 自信を持って判定可能
標本サイズが小さい → 理論値からばらつく → 自信を持って判定しにくい

スライド 5-32

独立性の検定：仮説の設定

確率変数Xと確率変数Yに関係があるとみなせるか？

患者を2群に分けて行った治験の結果は以下の通り

薬　　　効果	効果あり	効果なし	
薬A	80	40	120
薬B	52	48	100
	132	88	220

薬Aと薬Bの効果に「差がない」と仮定すると・・・

	効果あり	効果なし	
薬A	72	48	120
薬B	60	40	100
	132	88	220

6 : 5

3 : 2

を計算してから行うことになるわけですが、統計の理論的なことで言えば当然、標本サイズが大きいほうがいいことになります。

▶ スライド 5-32

本題に戻ります。確率変数 X と確率変数 Y に関係があると見なせるのかどうかという

ことでした。患者を2群に分けて行った治験の結果がスライドのようになっています。薬Aと薬Bの効果に差がないと仮定すると独立のはずなので、確率変数Yの分布はXが薬Aだろうが薬Bだろうが一緒です。よく見ると、薬Aを使った人は120人、薬Bを使った人は100人でした。効果がある人は132人、効果がなかった人は88人の、全体220人です。

　独立を仮定すると、これが6：5と3：2の配分に分けられます。132人を6：5に分けると、72：60です。88人を6：5に分けると、48：40です。120人を3：2で分けると72：48、100人は60：40です。これにより、薬Aだろうが薬Bだろうが、効果がある・ないというのは関係ない、ということが仮定されたときに期待される度数の表になります。

▶スライド5-33
　次に、この期待度数と観測度数の差が偶然と言える範囲なのかどうかということを調べていきます。先ほどの2×2の2つの表を書き直したものが、スライドのようになり、観測度数が青、期待度数が緑で示されています。観測度数（青）と期待度数（緑）の正規化された二乗誤差から判定します。観測度数と期待度数の差（80−72）の8の二乗を期待度数で正規化します。それを4つ足すと4.889になります。この値が基準値よりも大きければ、差がないという仮定には無理があると考えます。差がないと考えるには誤差が大き過ぎるからです。

▶スライド5-34
　2×2の分割表の自由度は$(2−1)×(2−1)$の1でした。有意水準5％が一般的なので、これから始めてみましょう。自由度1の場合の上側確率が0.05になるχ^2値は3.841です。

スライド 5-33

独立性の検定：χ^2値の計算

確率変数Xと確率変数Yに関係があるとみなせるか？

- 患者を2群に分けて行った治験の結果は
- 薬Aと薬Bの効果に「差がない」と仮定すると

薬　　　　効果	効果あり		効果なし	
薬A	80	72	40	48
薬B	52	60	48	40

観測度数と期待度数の正規化された二乗誤差」から判定できそう

$$\chi^2 = \frac{(80-72)^2}{72} + \frac{(52-60)^2}{60} + \frac{(40-48)^2}{48} + \frac{(48-40)^2}{40} = 4.889$$

この値が基準値より大きければ「差がない」とは言えない
(差がないと考えるには誤差が大きすぎる → 仮説が間違っていた)

スライド 5-34

独立性の検定：χ^2値の判定

自由度1のχ^2分布を用いて有意水準5% ($\alpha=0.05$) で検定

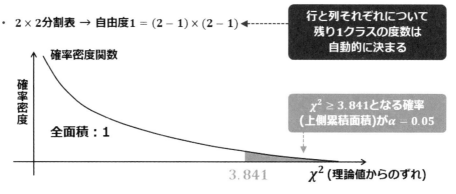

- 2×2分割表 → 自由度1 $= (2-1) \times (2-1)$ ◀------ 行と列それぞれについて残り1クラスの度数は自動的に決まる

確率密度関数

確率密度

全面積：1

$\chi^2 \geq 3.841$となる確率(上側累積面積)が$\alpha = 0.05$

3.841　　　　χ^2（理論値からのずれ）

$\chi^2 = 4.889 > 3.841$→「差がない」とは言えない →「差がある」
「差がない」と仮定すると5%以下しか生起しない事象が起こったことになる

134

▶スライド 5-35

これを用いて考えると、上側確率が5%になる χ^2 値 3.841 と見比べると、得られた 4.889 という χ^2 値は差がないというには大きすぎるので母集団も差がある、と判断します。差が

スライド 5-35

独立性の検定：χ^2値の判定

各有意水準における限界値の表を参照

・χ^2値が限界値を越えると「差がない」とは言えない →「差がある」

有意水準 α

	0.995	0.975	0.05	0.025	0.01	0.005
1	0.000	0.001	3.841	5.024	6.635	7.879
2	0.010	0.051	$\chi^2 = 4.889$		9.210	10.597
3	0.072	0.216	7.815	9.348	11.345	12.838
4	0.207	0.484	9.488	11.143	13.277	14.860
5	0.412	0.831	11.070	12.832	15.086	16.750
...	...	...	...	...	...	...

自由度

「差がない」とは言えない →「差がある」　　　　　？？？

スライド 5-36

独立性の検定：χ^2値の判定

自由度1のχ^2分布を用いて有意水準1%（$\alpha=0.01$）で検定

有意水準を小さくすると判定結果が変わるか？（例：5% → 1%）

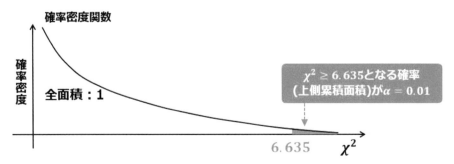

$\chi^2 = 4.889 < 6.635 \rightarrow$ 「差がある」とも「差がない」とも言えない！
「差がない」と仮定すると観測された事象は十分にありえる

ないと仮定すると、5%以下でしか起こらなかったはずの事象が起こってしまっています。これほど珍しいことが起こるはずがないので、何かがおかしい。元をたどってみると、そもそも差がない（独立である）との仮定に問題があるとしか考えられない。だから、差があると言ってもいいのではないかということです。

▶ スライド 5-36

では、有意水準 1%で考えると、どうなるのでしょうか。スライドに示すように、自由度 1 のときの有意水準 1%に相当する χ^2 分布の限界値は 6.635 です。4.889 は 6.635 よりも小さいです。つまり、差がないと仮定した場合に観測したような事象が起こる確率は 100−1 の 99%の方に含まれると判断できます。そうすると、差がないとの仮定は否定できず、差があるとは言えないと結論付けます。差がないという仮定のもとで観測された事象は起こり得る、ということです。

▶ スライド 5-37

次に、それぞれの p 値を求めると、χ^2 が 3.841 以上となる確率 α は 0.05 だった一方で、χ^2 が 4.889 以上となる確率（p 値）は 0.027 です。カイ二乗検定の結果、有意差が認められる、と言うことができます。なぜならば、p 値が 0.027 で 0.05 よりも小さいからです。

スライド 5-37

独立性の検定：p値と検定結果の記述
自由度1のχ^2分布を用いて有意水準5%（$\alpha = 0.05$）で検定

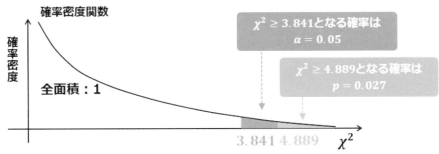

独立性の検定： まとめ

1 確率変数Xと確率変数Yとの間には「関係がない」と仮定

・ X = {薬A, 薬B}, Y={効果あり, 効果なし}

2 観測度数に対応する期待度数を算出

・縦横の比率を同じにする

	効果あり		効果なし	
薬A	80	72	40	48
薬B	52	60	48	40

3 上記からχ^2値を計算

$$\chi^2 = \frac{(80-72)^2}{72} + \frac{(52-60)^2}{60} + \frac{(40-48)^2}{48} + \frac{(48-40)^2}{40} = 4.889$$

4 自由度(行数−1)×(列数−1)のχ^2分布を用いてp値を計算

・ 自由度1のχ^2分布では$p = 0.027$

有意水準5%では	「差がない」とは言えない → 「差がある」
有意水準1%では	「差がある」とも「差がない」とも言えない

手順としては適合度の検定と全く同じ

▶スライド 5-38

　では、独立性の検定を振り返ってみましょう。確率変数 X と確率変数 Y との間には関係がないという仮定をしました。観測度数に対応する期待度数を作って、縦横の比率を同じにしました。これから χ^2 値を計算すると、χ^2 値は 4.889 でした。2×2 のテーブルなので、自由度は $(2-1) \times (2-1)$ ということで 1 でした。次に、自由度 1 の χ^2 分布を用いて p 値を計算しました。自由度 1 の χ^2 分布では、4.889 より大きくなる確率が 0.027 と表されます。有意水準 5% で考えたときには、差がないという仮定に無理がある程めずらしいので、差がある、と考えます。有意水準 1% では、差があるとも差がないとも言えません。このように、手順としては適合度の検定と全く同じものと言えます。

　実際には、母集団の分布が分かっている例はなかなか少ないですので、独立性の検定の方が重要になってくることを知っておいてください。

▶ 仮説検定

　それでは、最後に仮説検定の復習をしていきたいと思います。仮説検定では、カイ二乗検定を例として使いました。

▶ スライド 5-39

　最初に、確率論と統計学の関係を説明しました。ある確率分布（無限サイズの母集団）から標本を確率論で予測する一方、逆に統計学では、限られた標本からその背後にある母集団を推定します。

　例えば、母集団が従う確率分布は、サイコロを振った場合に 1 の目も 2 の目も 3 の目も 4 の目も 5 の目も 6 の目も 6 分の 1 確率で出るはずです。ところが、サイコロを何度か振っても、必ずしも全部同じような目の出方はせず、右図のようにでこぼこになります。さまざまな結果は、一定の確率の中で起こり得ます。逆に、標本から母集団を推測して、正常なサイコロを振った結果としてあり得るのか、もしくは、歪んだサイコロを振ったと考えるのが妥当なのか、といったことを考えることができるわけです。

スライド 5-39

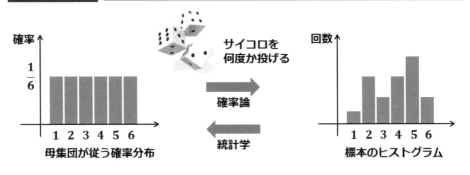

離散分布

離散的な値をとる確率変数に対する確率分布

限られた種類の値をとりながら集積 (ヒストグラムが得られる)

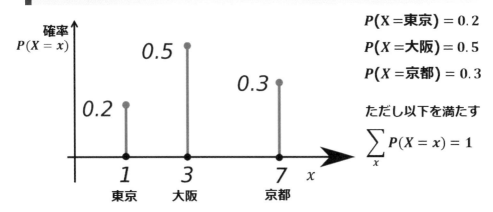

$$P(X=\text{東京})=0.2$$

$$P(X=\text{大阪})=0.5$$

$$P(X=\text{京都})=0.3$$

ただし以下を満たす

$$\sum_x P(X=x)=1$$

▶スライド 5-40

　それから、離散分布について学びました。離散的な値を取る確率変数に対する確率分布です。限られた種類の値を取りながら、集積するものです。東京オフィス、大阪オフィス、京都オフィスにおいてそれぞれ得られる確率です。

▶スライド 5-41

　さらに、離散分布と度数データについても学びました。離散分布から各クラスが何回生成されたかをカウントすることで度数が得られ、標本のヒストグラムを得られます。サイコロを 15 回振った場合、ばらつきのあるサンプルが得られます。ところが、試行回数を増やして、6,000 回振るとヒストグラムの形はそれぞれの目が出る確率 6 分の 1 に近づいていきます。試行回数が多ければ多いほど、自信を持って「このサイコロは歪んでいない」と言えるようになります。

▶スライド 5-42

　統計的仮説検定とは、ある仮説（hypothesis）が正しいかどうかを統計学的・確率論的に判断する手法です。仮説が正しいと仮定した上で、母集団から実際に観察された標本と同じかそれ以上に珍しい観測値が抽出される確率を求めます。その確率が十分に小さければ、一般的には 5%以下で、場合によっては 1%以下等の基準で、仮説は成り立ちそうもないと判断します。

スライド 5-41

離散分布と度数データ

離散分布から各クラスが何回生成されたかをカウント

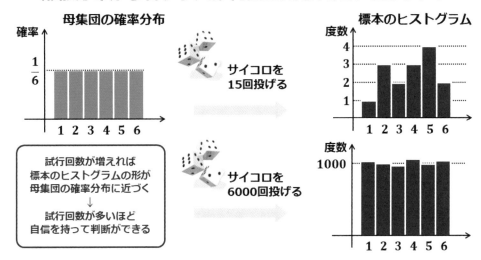

スライド 5-42

統計的仮説検定

ある仮説 (hypothesis) が正しいといえるかどうかを統計学的・確率論的に判断するための手法

仮説が正しいと仮定した上で、それに従う母集団から実際に観察された標本が抽出される確率を求める

その確率が十分に小さければ（例：5%以下 or 1%以下）「仮説は成り立ちそうもない」と判断できる。

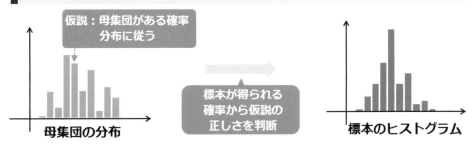

基本的なアイデア

仮説を設ける → それに反する証拠を挙げる

例1 サイコロは歪んでいるか？

1. 仮にサイコロは歪んでいないと仮定する ◁------- | 本当は歪んでいる ことを証明したい
2. 各目の出た回数：100, 130, 80, 50, 60, 120
3. もし仮定が正しければ上記の事象はほとんど起こらない
4. したがって仮説は誤り → サイコロは歪んでいる

例2 治療薬AとBの有効性に差があるか？

1. 仮に薬Aと薬Bの有効性には差がないと仮定する ◁------- | 本当は差がある ことを証明したい
2. 症状に改善が見られた患者数：20人中18人　25人中8人
3. もし仮定が正しければ上記の事象はほとんど起こらない
4. したがって仮説は誤り → 薬Aと薬Bの有効性には差がある

▶スライド 5-43

　作業としては、まず、仮説を設けます。そして、それに反する証拠を挙げます。「サイコロは歪んでいるか？」という例では、本当は歪んでいることを証明したいのですが、直接証明するのは難しそうなので、まずサイコロは歪んでいないと仮定するわけです。いろいろな目の出た回数がスライドのように得られます。もし仮定が正しければ、このようなばらついた事象はほとんど起こりません。そうすると、仮説は誤っていることになります。仮説が誤っているということは、サイコロは歪んでいると言えるのではないかと判断することになります。

　あるいは「治療薬AとBの有効性に差があるかどうか」ということについて、本当は差があることを証明したいわけですが、直接示すのが難しいので、逆にAとBの有効性には差がないと仮定します。症状に改善が見られた患者の数は、スライドのようになりました。もし仮定が正しければ、このような差はほとんど起こらないはずです。従って、仮説は誤っていて、AとBの有効性には差があると結論付けることができます。

▶スライド 5-44

　このような仮説の中で、対立仮説と帰無仮説という言葉があります。対立仮説とはalternative hypothesis、H_1 と言いますが、本当に証明したい仮説のことです。先ほどの例で言えば、「サイコロは歪んでいる」、「AとBの薬には有効性に差がある」などです。

　ところが、この対立仮説（alternative hypothesis）はそのままでは証明が難しいので、帰無仮説（null hypothesis）H_0 という仮説を立てます。上記を否定する仮説、「サイコロは歪

スライド 5-44

対立仮説と帰無仮説

対立仮説 (alternative hypothesis) H_1：証明したい仮説

例1　「サイコロは歪んでいる」

例2　「薬Aと薬Bの有効性に差がある」

帰無仮説 (null hypothesis) H_0：上記を否定する仮説

例1　「「サイコロは歪んでいない」

例2　「薬Aと薬Bの有効性に差がない」◀ こちらの方が扱いやすい

仮説検定の対象となるのは「帰無仮説」の方！
帰無仮説が棄却される→ 対立仮説が支持される

帰無仮説が棄却されなかったら・・・
必ずしも帰無仮説が正しいことにはならないことに注意！

んでいない」「AとBの薬には有効性に差がない」といった仮説です。

　仮説検定の議論の対象となるのは、帰無仮説の方です。結果的に帰無仮説が棄却される場合には、対立仮説が支持されます。注意点は、帰無仮説が棄却されなかったときです。このときには、必ずしも帰無仮説は正しい、とはならないことに注意してください。

▶ スライド 5-45

　なぜなのでしょうか。帰無仮説の判定から得られる結果は、非対称と言われます。帰無仮説が棄却されたとすると、対立仮説が支持されます。ここまではいいのですが、帰無仮説が棄却されなかった場合、仮説の真偽については結論できないということになります。もちろん、真に対立仮説が誤っていることもありますが、標本が足りなくて帰無仮説を積極的に棄却できない可能性もあるということです。

　今回の講義の中で、標本サイズを増やすと差があると言える、という例が2つほど出てきました。つまり、標本サイズが少ない場合には、結論付けるのに十分ではないということです。どこまで増やしたら十分かというのは難しいのですが、例えば僕たちがやっている日本全国のレセプト研究などでは、1億人をこえる標本となり、有意水準5%だと簡単に差が出てしまいがちです。逆にその差に意味があるのかないかといったことの方が、重要になってくるのです。

　ここでお話ししたいのは、帰無仮説が棄却されなかった場合には、仮説の真偽については結論できない、ということを覚えておいてください。薬Aと薬Bの有効性に差があるか

スライド 5-45

仮説検定の非対称性

帰無仮説H_0の判定結果から得られる結論は非対称

帰無仮説H_0が棄却されたとすると

・ 対立仮説H_1が支持される

帰無仮説H_0が棄却されなかったとすると

・ 仮説の真偽について結論できない

真に対立仮説H_1が誤っている or 標本が足りなくて帰無仮説H_0を積極的に棄却できない

・ 例：治療薬AとBの有効性に差があるか？
　1. 帰無仮説H_0：薬Aと薬Bの有効性には差がない
　2. 症状に改善が見られた患者数：20人中18人　20人中15人
　3. もし仮定が正しければ上記事象は十分に起こり得る
　4. 薬Aと薬Bの有効性には有意差があるとはいえない（※差がないともいえない）

どうかを調べたいが、帰無仮説ではAとBの有効性には差がない、という場合です。20人中18人、20人中15人という微妙な差は、十分に起こり得る、という程度の差ですが、逆にAとBの有効性に差があるとの前提でも起こり得るかもしれません。帰無仮説が棄却される場合の判断については、後の講義でも学びますが、頭の片隅に置いておいてください。

▶スライド 5-46

　次に、適合度の検定をまとめてみましょう。スライドに示した「理論などから導かれる分布と母集団の分布に差があるとみなせるか」という仮説が対立仮説です。これはそのまま証明ができないので、帰無仮説で理論値と母集団の分布に差がない、という仮説を立てた上で、矛盾がないかを実証します。観測度数とは、実際に得られた結果です。期待度数は、各クラスの出る回数の期待値で、合計するとNになります。仮定する分布の理論値も確率で、全体を足すと1になります。母集団の確率分布は理論値と差がないと仮定しましたので、全体の数に確率を掛けたものが期待度数ですね。ここからカイ二乗値を計算します。得られたカイ二乗値が得られる確率を自由度$K-1$のカイ二乗分布から求め、事前に設定した有意水準と比較して、まれであるなら帰無仮説が矛盾しているとして棄却します。

　有意水準よりもp値が大きいなら、帰無仮説は棄却できません。このとき、対立仮説も採択できないことに注意が必要です。

スライド 5-46

適合度の検定

理論等から導かれる分布と母集団の分布に差があるとみなせるか

観測度数　各クラスが実際に出た回数 $\{n_1, n_2, \cdots, n_K\}$

期待度数　各クラスの出る回数の期待値 $\{Np_1, Np_2, \cdots, Np_K\}$

	クラス1	クラス2		クラスK	合計
観測度数	n_1	n_2		n_K	N
理論値	p_1	p_2		p_K	1
期待度数	Np_1	Np_2		Np_K	N

対立仮説 H_1　・理論等から導かれる分布と母集団の分布に差がある

帰無仮説 H_0　・理論等から導かれる分布と母集団の分布に差がない

スライド 5-47

χ^2 検定

帰無仮説のもとで観測度数と期待度数との乖離を検定

K クラスの離散分布　　自由度 $K-1$ の χ^2 分布を用いて検定

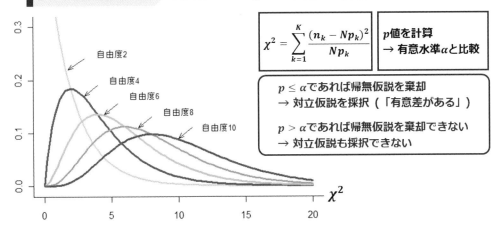

$$\chi^2 = \sum_{k=1}^{K} \frac{(n_k - Np_k)^2}{Np_k}$$

p値を計算
→ 有意水準 α と比較

$p \leq \alpha$ であれば帰無仮説を棄却
→ 対立仮説を採択（「有意差がある」）

$p > \alpha$ であれば帰無仮説を棄却できない
→ 対立仮説も採択できない

▶ **スライド 5-47**

　使った手法は同じカイ二乗検定です。帰無仮説の下で、観測度数と期待度数との乖離（かいり）を検定しました。K クラスの離散分布の場合は、自由度 K–1 の χ^2 分布を用いました。p 値を計算し、有意水準 α と比較をしたわけです。p 値が有意水準よりも小さい

場合には、帰無仮説を棄却できます。その結果、対立仮説が採択されて、「有意差がある」という言い方ができます。有意水準よりも p 値が大きければ、帰無仮説は棄却できず、対立仮説も採択できないということでした。

▶スライド 5-48

独立性の検定も振り返ってみましょう。

示したいのは「確率変数 X と確率変数 Y に関係があるのではないか」という仮説が対立仮説です。これはそのまま証明ができないので、帰無仮説で「確率変数 X と確率変数 Y に関係がない」という仮説を立てた上で、矛盾がないかを実証します。観測度数は、実際に得られた結果です。「確率変数 X と確率変数 Y に関係がない」という独立性が仮定されているので、全ての比が同じとして期待度数が計算できます。2×2 のクロス表に限らず一時的な I と J というクロス表でも全く同じように考えることができます。

▶スライド 5-49

この 2 つの表からカイ二乗値を計算します。得られたカイ二乗値以上のカイ二乗値が生起する確率を自由度 $(I-1) \times (J-1)$ のカイ二乗分布から求め、事前に設定した有意水準と比較して、まれであるなら帰無仮説が矛盾しているとして棄却します。

有意水準よりも p 値が大きいなら、帰無仮説は棄却できません。先にも述べましたが、このとき、対立仮説も採択できないことに注意が必要です。

今回の講義は、以上になります。お疲れさまでした。

スライド 5-48

独立性の検定

2つの確率変数XとYは独立であるとみなせるか？

観測度数　各マス目に該当するデータ件数 $\{n_{ij}\}_{1 \leq i \leq I, 1 \leq j \leq J}$

期待度数　「各マス目に該当するデータ件数の期待値 $\{e_{ij}\}_{1 \leq i \leq I, 1 \leq j \leq J}$

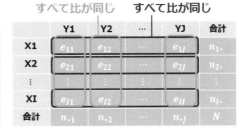

	Y1	Y2	...	YJ	合計
X1	n_{11}	n_{12}	...	n_{1J}	n_{1*}
X2	n_{21}	n_{22}	...	n_{2J}	n_{2*}
⋮	⋮	⋮	⋱	⋮	⋮
XI	n_{I1}	n_{I2}	...	n_{IJ}	n_{I*}
合計	n_{*1}	n_{*2}	...	n_{*J}	N

すべて比が同じ　すべて比が同じ

	Y1	Y2	...	YJ	合計
X1	e_{11}	e_{12}	...	e_{1J}	n_{1*}
X2	e_{21}	e_{22}	...	e_{2J}	n_{2*}
⋮					
XI	e_{I1}	e_{I2}	...	e_{IJ}	n_{I*}
合計	n_{*1}	n_{*2}	...	n_{*J}	N

対立仮説H_1　・XとYは独立ではない

帰無仮説H_0　・XとYは独立である

スライド 5-49

カイ二乗検定

帰無仮説のもとで観測度数と期待度数との乖離を検定

$I \times J$クラスの分割表　自由度$(I-1) \times (J-1)$のχ^2分布を用いて検定

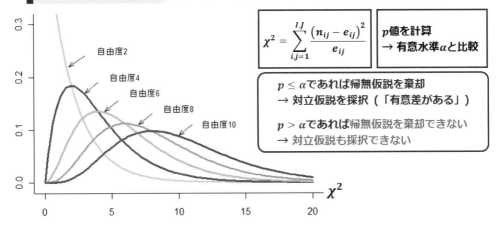

$$\chi^2 = \sum_{i,j=1}^{IJ} \frac{(n_{ij} - e_{ij})^2}{e_{ij}}$$

p値を計算
→ 有意水準αと比較

$p \leq \alpha$であれば帰無仮説を棄却
→ 対立仮説を採択（「有意差がある」）

$p > \alpha$であれば帰無仮説を棄却できない
→ 対立仮説も採択できない

（グラフ内ラベル）
自由度2
自由度4
自由度6
自由度8
自由度10
χ^2

第**6**回

二元分割表と
フィッシャーの正確検定

スライド 6-1

目次

それでは、統計入門第 6 回「二元分割表とフィッシャーの正確検定」に入りたいと思います。

▶ カイ二乗検定の復習

▶ スライド 6-1

前半はカイ二乗検定の復習から始めます。適合度の検定・独立性の検定の復習を簡単にした上で、カイ二乗検定の限界、特に標本サイズが小さい場合の問題点について触れます。その解決法の 1 つとして、フィッシャーの正確検定があり、そこに触れていきます。

▶ スライド 6-2

まず、確率論と統計学がつながっているということでした。確率論とは、ある確率分布（無限サイズの母集団）から得られる標本を予測するというものです。一方、推測統計学とは、逆に、限られた標本からその背後にある母集団を推定するということでした。母集団が従う確率分布というのがありますが、実際に標本をとってみると、結果で得られるのは必ずしも母集団の分布のとおりではないことの方が多いわけです。これは確率論で考えると当然といえます。一方で、得られたサンプルから全体の母集団を推測するのが統計学です。

スライド 6-2

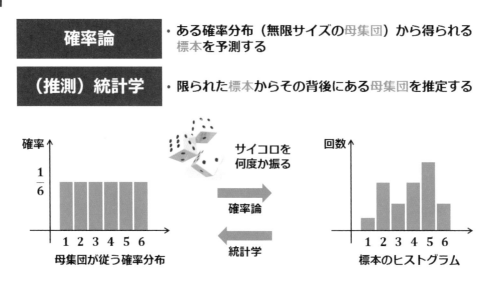

▶スライド 6-3

　統計データには質的データと量的データがあるというのは、この講義を通じて何度もお話ししています。

▶スライド 6-4

　さらに、特に質的な確率変数は離散分布に従う、という話をしました。例としては、3種類の値を取る離散分布があります。オフィスを構えるための都市の選ばれやすさで、都市 X が確率変数だとしたときには、P（X＝東京）が 0.6、大阪だと 0.3、京都だと 0.1 ということで、この確率分布はスライドの表のように表されます。大切なのは、この確率を全部足すと 1 になるということです。

　ベルヌーイ分布とは、ベルヌーイ試行を 1 回行うときの分布です。では、ベルヌーイ試行とは何か。表が出る確率が p のときに裏が出る確率は 1−p になるという、二者択一のような試行のことです。結果は裏表のどちらかにはなるので、当然 p と 1−p を足したら 1 です。つまり、コイン投げのように毎回 2 種類いずれかの結果、二者択一の結果を取り、かつ、それらの起こる確率がどの回も同じで独立、1 回目と 2 回目が影響されない、そういう試行をベルヌーイ試行と呼びます。

スライド 6-3

統計データの分類

統計データには質的データと量的データがある

| 質的データ | ・男/女、好き/普通/嫌い などの記号を値にとるデータ |

| 量的データ | ・温度や身長など 数値を値にとるデータ |

| | Companies - JMP Pro | _ □ × |

ファイル(F) 編集(E) テーブル(T) 行(R) 列(C) 実験計画 (DOE)(D) 分析(A) グラフ(G) ツール(O) 表示(V) ウィンドウ(W) ヘルプ(H)

▼ Companies

ロックされたファイル C:¥Progr...

ノート 雑誌Fortuneの1990年4月

▼ 列(8/0)

📊 タイプ

📊 会社規模 ✚

◢ 売上($M)

◢ 利益($M)

◢ 従業員数

◢ 従業員一人あたりの利益 ✚

◢ 資産

	タイプ	会社規模	売上($M)	利益($M)	従業員数	従業員一人あたりの利益	資産	利益/売上 (単位:%)
1	Computer	small	855.1	31.0	7523	4120.70	615.2	3.63
2	Pharmaceutical	big	5453.5	859.8	40929	21007.11	4851.6	15.77
3	Computer	small	2153.7	153.0	8200	18658.54	2233.7	7.10
4	Pharmaceutical	big	6747.0	1102.2	50816	21690.02	5681.5	16.34
5	Computer	small	5284.0	454.0	12068	37620.15	2743.9	8.59
6	Pharmaceutical	big	9422.0	747.0	54100	13807.76	8497.0	7.93
7	Computer	small	2876.1	333.3	9500	35084.21	2090.4	11.59
8	Computer	small	709.3	41.4	5000	8280.00	468.1	5.84
9	Computer	small	2952.1	-680.4	18000	-37800.0	1860.7	-23.05
10	Computer	small	784.7	89.0	4708	18903.99	955.8	11.34

スライド 6-4

離散分布

質的データや離散値をとる量的データに対する確率分布

| 例 | 3種類の値をとる離散分布 |

・オフィスを構えるための都市の選ばれやすさ (都市X: 確率変数)

$P(X = 東京) = 0.6$

$P(X = 大阪) = 0.3$

$P(X = 京都) = 0.1$

離散分布:

Xのとる値 (x)	東京	大阪	京都
確率	0.6	0.3	0.1

ただし $\sum_x P(X = x) = 1$

| 例 | ベルヌーイ (Bernoulli) 分布：ベルヌーイ試行1回を行うときの分布 |

表が出る確率が $P(X = 1) = p$

裏が出る確率が $P(X = 0) = 1 - p$

ただし $\sum_x P(X = x) = 1$

| ベルヌーイ試行 | ・コイン投げのように、毎回2種類いずれかの結果をとり、かつそれらの起こる確率がどの回も同じである独立試行 |

スライド 6-5

統計的仮説検定

ある仮説 (hypothesis) が正しいといえるかどうかを統計学的・確率論的に判断するための手法

仮説が正しいと仮定した上で、それに従う母集団から実際に観察された標本かそれ以上に珍しい観測値が抽出される確率を求める

その確率が十分に小さければ（例：5%以下 or 1%以下）「仮説は成り立ちそうもない」と判断できる。　有意水準

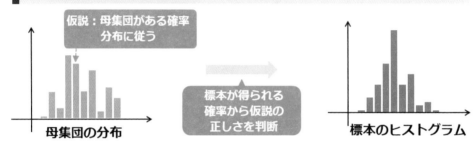

仮説：母集団がある確率分布に従う

標本が得られる確率から仮説の正しさを判断

母集団の分布　　標本のヒストグラム

▶ スライド 6-5

　前回は、統計的仮説検定を学びました。ある仮説が正しいと言えるかどうかを統計学的・確率論的に判断するための手法ということになります。仮説が正しいと仮定した上で、それに従う母集団から実際に観察された標本と同じかそれ以上に珍しい観測値が抽出される確率を求めるというものです。その確率が十分に小さければということで、一般的には5%が選択されますが、状況によっては1%があります。この判断基準のことを有意水準と言いました。この確率が十分に小さく、有意水準よりも小さければ「仮説が成り立ちそうもない」と判断します。仮説は、母集団がある確率分布に従うと仮定します。標本が得られる確率から仮説の正しさを判断するということでした。

▶ スライド 6-6

　基本的なアイデアとしては、仮説を設けて、それに反する証拠を挙げるということです。適合度の検定の場合は、例えば「サイコロが歪んでいるかどうか」というテーマがあります。本当は歪んでいることを証明したいのですが、歪んでいると証明するのは難しいので、歪んでいないという仮定から始めます。得られた回数を見ると、もし仮定が正しければ、このような結果はほとんど起こらないと計算できます。従って、仮説は誤っていて、サイコロは歪んでいると結論付けます。独立性の検定の場合は、治療薬 A・B という確率変数と有効性の有無という確率変数、この 2 つの確率変数が独立であるかどうかを示すという

スライド 6-6

基本的なアイデア

仮説を設ける → それに反する証拠を挙げる

適合度の検定　　例）サイコロは歪んでいるか？

1. 仮にサイコロは歪んでいないと仮定する　◀----------　仮説：母集団がある
2. 各目の出た回数：100, 130, 80, 50, 60, 120　　　　　　　確率分布に従う
3. もし仮定が正しければ上記の事象はほとんど起こらない
4. したがって仮説は誤り → サイコロは歪んでいる

独立性の検定　　例）治療薬AとBの有効性に差があるか？

1. 仮に薬Aと薬Bの有効性には差がないと仮定する　◀----------　本当は差があることを
2. 症状に改善が見られた患者数：20人中18人　25人中8人　　　証明したい
3. もし仮定が正しければ上記の事象はほとんど起こらない
4. したがって仮説は誤り → 薬Aと薬Bの有効性には差がある

ことでした。仮に薬Aと薬Bの有効性に差がないと仮定します。本当は差があることを証明したいのですが、難しいので差がないと仮定します。症状に改善が見られた患者数がスライドのような値です。もし差がないという仮定が正しければ、このような結果は普通起こりません。従って、仮説は誤りで、薬AとBの有効性には差があると結論付ける、ということでした。

▶ スライド 6-7

　もう少し具体的に振り返りましょう。適合度の検定では、母集団の従う確率分布と理論値とに差がないと仮定しました。差がないと仮定した場合に、血液型分布はA型は40%、B型20%、AB型は10%、O型は30%というのが日本人全体の分布に一致します。それに基づいて、観測度数に対応する期待度数を計算します。観測度数とは実際に得られた値で、A型が30人、B型が29人、AB型が5人、O型が36人、合計100人なのですが、期待されるのはA型が40人、B型が20人、AB型が10人、O型が30人です。

　ここからそれぞれの差を出すのですが、揺らぎを見るときには差の二乗でプラスマイナス双方を同時に考慮します。ただし、数が多くなるとこの値が大きくなるので、正規化という観点で、期待度数で割ります。それぞれを足して得られるのが χ^2 値で、10.25 がこの場合に得られる値でした。

　この場合 4×1 の表なので、自由度は 3 です。自由度 3 の分布では、この χ^2、10.25 よりも極端な値が生起する確率が 0.017、1.7% です。有意水準 5% で判断すると、差がない

スライド 6-7

適合度の検定（復習）

1. 母集団の従う確率分布と理論値とに「差がない」と仮定

- 血液型分布は A: 0.4, B: 0.2, AB: 0.1, O: 0.3

2. 観測度数に対応する期待度数を算出

血液型	A型	B型	AB型	O型	合計
観測度数	30	29	5	36	100
期待度数	40	20	10	30	100

3. 上記からχ^2値を計算

$$\chi^2 = \frac{(30-40)^2}{40} + \frac{(29-20)^2}{20} + \frac{(5-10)^2}{10} + \frac{(36-30)^2}{30} = 10.25$$

4. 自由度$K-1$のχ^2分布を用いてp値を計算

- 自由度3の分布χ^2では$p=0.017$
  - 有意水準5%では：「差がない」とは言えない ➡「差がある」
  - 有意水準1%では：「差がある」とも「差がない」とも言えない

という仮定は、珍し過ぎて無理がありますので、差があると結論付けます。一方、有意水準1%で考える場合には、差があるともないとも言えません。起こり得る範囲で、差がないと仮定しても起こり得るということで、どちらにも結論付けることができない、となりました。

▶スライド 6-8

　一方の独立性の検定では確率変数 X と確率変数 Y との間に関係がないと仮定しました。確率変数 X はどちらの薬を使うか、確率変数 Y は効果があるのかないのかということでした。そこで、観測度数に対する期待度数を算出しました。この場合は、縦横の比率を同じにするということで算出しました。青が観測度数、緑が期待度数ということで、先ほどと同じような観測度数と期待度数の分布を表に表します。

　これから、同じように観測度数と期待度数との差の二乗を期待度数で割ったものを全部足してやると χ^2 値が出ます。自由度は $(2-1) \times (2-1)$ の 1 です。自由度 1 の χ^2 分布では、この 4.889 よりも特殊な例は 2.7%、p=0.027 ということになります。有意水準5%では、差がないという仮定に無理がありますので、結局差があったのだと結論付けます。一方、有意水準1%では、差がないと仮定しても起こり得る程度の差だったということで、どちらとも判断しません。手順としては、適合度の検定と全く同じでした。

スライド 6-8

独立性の検定 （復習）

1　**確率変数Xと確率変数Yとの間には「関係がない」と仮定**

・X = {薬A, 薬B}, Y={効果あり, 効果なし}

2　**観測度数に対応する期待度数を算出**

・縦横の比率を同じにする

	効果あり		効果なし	
薬A	80	72	40	48
薬B	52	60	48	40

3　**上記からχ^2値を計算**

$$\chi^2 = \frac{(80-72)^2}{72} + \frac{(52-60)^2}{60} + \frac{(40-48)^2}{48} + \frac{(48-40)^2}{40} = 4.889$$

4　**自由度（行数−1）×（列数−1）のχ^2分布を用いてp値を計算**

・自由度1の分布χ^2では$p=0.027$

有意水準5%では	「差がない」とは言えない→「差がある」
有意水準1%では	「差がある」とも「差がない」とも言えない

手順としては適合度の
検定と全く同じ

スライド 6-9

対立仮説と帰無仮説

対立仮説 (alternative hypothesis) H_1：証明したい仮説

例1　「サイコロは歪んでいる」

例2　「薬Aと薬Bの有効性に差がある」

帰無仮説 (null hypothesis) H_0：上記を否定する仮説

例1　「「サイコロは歪んでいない」

例2　「薬Aと薬Bの有効性に差がない」◀ こちらの方が扱いやすい

仮説検定の対象となるのは「帰無仮説」の方！
帰無仮説が棄却される（無に帰る）→ 対立仮説が支持される

帰無仮説が棄却されなかったら・・・
必ずしも帰無仮説が正しいことにはならないことに注意！

▶ スライド 6-9

　このように、統計入門では対立仮説と帰無仮説による証明を幾つか学んでいくことになります。対立仮説（alternative hypothesis）は証明したい仮説、本音でいいたいと思ってい

ることです。スライドで例１の場合は「サイコロは歪んでいる」、例２では「薬Ａと薬Ｂの有効性に差がある」でした。この対立仮説を直接証明するのは難しいので、これを否定する帰無仮説、つまり「サイコロは歪んでいない」や「薬Ａと薬Ｂの有効性に差がない」と、扱いやすいほうを議論の出発点として設定することになります。

　仮説検定で議論の対象となるのは、帰無仮説の方となります。帰無仮説が棄却される、「無に帰る」といいますが、そうなると対立仮説が支持されることになります。ただし、帰無仮説が棄却されない場合に、必ずしも帰無仮説が正しいということにはなりません。

▶スライド 6-10

　このことを仮説検定の非対称性と言います。帰無仮説 H_0 の判定結果から得られる結論は非対称ということで、帰無仮説が棄却されたとすると対立仮説が支持されるのですが、棄却されない場合には結論としては何も言えません。なぜか。もちろん、対立仮説が誤っていることも可能性としてはある一方で、標本が足りなくて帰無仮説を積極的に棄却できないケースの可能性もあるからです。

　例えば、薬Ａ、薬Ｂの有効性に差があるかという場合に、ＡとＢの有効性には差がないという帰無仮説の下に、ひょっとしたら微妙な差があり得るかもしれません。仮定が正しいときに、このくらいの微妙な差は十分に起こり得るという結果が出る場合には、ＡとＢの有効性に差があるとは言えません。ところが、積極的に差がないとは言い切れないということが前回学んだ復習です。以降、本題に入っていきたいと思います。

スライド 6-10

仮説検定の非対称性

帰無仮説 H_0 の判定結果から得られる結論は非対称

帰無仮説 H_0 が棄却されたとすると

・対立仮説 H_1 が支持される

帰無仮説 H_0 が棄却されなかったとすると

・結論として何も言えない

真に対立仮説 H_1 が誤っている or 標本が足りなくて帰無仮説 H_0 を積極的に棄却できない

・例：治療薬ＡとＢの有効性に差があるか？
　1. 帰無仮説 H_0：薬Ａと薬Ｂの有効性には差がない
　2. 症状に改善が見られた患者数：20人中18人　20人中15人
　3. もし仮定が正しければ上記事象は十分に起こり得る
　4. 薬Ａと薬Ｂの有効性には差があるとはいえない(※差がないともいえない)

▶ 小標本におけるカイ二乗検定

▶スライド 6-11

　それでは、標本サイズが小さい場合のカイ二乗検定に入っていきたいと思います。

▶スライド 6-12

　カイ二乗検定は標本サイズが大きいほど信頼性の高い検定ができる一方で、標本サイズが小さいときには不正確になることが知られています。

スライド 6-11

目次

> カイ二乗検定
> ・適合度の検定・独立性の検定（復習）
> ・標本サイズが小さい場合
>
> フィッシャーの正確検定
> ・両側検定・片側検定

スライド 6-12

カイ二乗検定はいつ適用できるか

標本サイズが大きいほど信頼性の高い検定できる

・標本サイズが少ないときは不正確になる

基本的に標本サイズが20以下であればχ^2検定はまず不適切

| コクラン・ルール（Cochran's rule） | ・20%以上で期待度数が5未満のセルがあるとχ^2検定は不適切 |
| 2×2分割表では・・・ | ・全ての期待度数が10以上＝標本サイズ40以上でないといけない
・標本サイズ100未満ではカイ二乗検定は不正確になりやすい |

イェーツの補正（Yate's correction）
古典的な度数データ補正の方法であるが統計ソフトなどに入っている
かなり控えめな結論を導く傾向があるので注意が必要

　コクランという人が作ったルールによると、基本的には標本サイズが 20 以下だと、カイ二乗検定はあまり適切ではないと言われています。20%以上のセル（枠）で期待度数が 5 未満のセルがあるとカイ二乗検定は不適切です。具体的には、2×2 の分割表の場合は、4 つセル（枠）があるわけです。そのうちの 1 つは 25%となりますが、これが先ほどの 20% 以上に該当します。つまり 2×2 の場合、1 つ以上の期待度数が 5 未満になってしまうセルがあるときには不適切だということになります。さらに、全ての期待度数が 10 以上、標本サイズが 40 以上でないといけないとされることもあります。もっと厳しいことを言うと、標本サイズが 100 未満では不正確になりやすいとも言われています。

　このようなとき、イェーツという人が考えた補正方法がこの不正確性を改善します。

　古典的な方法で、その程度の補正でいいのかと思われるかもしれませんが、実際のところ、いくつかの統計ソフトにも実装されています。ただし、控えめな結論を導く傾向があるのでその点には注意が必要です。

　標本サイズが小さいときにカイ二乗検定は 1 個の差の影響が大きくて、もう少し慎重でないと、差があると言い切っていいのかという問題が常に付きまといます。そこで、もう少し保守的な方法を取ったほうがいいのではないか、ということが背景にあります。

▶スライド 6-13

　具体例を見てみましょう。2×2 の期待度数の分割表の中に 5 より小さいセルが 20%以上、つまり 1 セル以上ある例です。補正なしの期待度数は、スライドの上の表のようになります。5 よりも小さいのが 1 個ありますので補正をします。期待度数と実際の観測度数との差が小さくなるように 0.5 を調整することになります。期待度数との差を小さくするように、左下と右上からは 96.3 から 0.5 を引いて、左上と右下には +0.5 を足します。合計した、右端や下端の周辺度数は変わりません。

▶スライド 6-14

　分母に関しては補正値を用いないことになっていて、$\chi^2 = 3.4091$ と少し控えめな数字が得られます。

スライド 6-13

イェーツの補正

標本サイズが小さい時には補正を用いた方が経験的によい

2×2の分割表の中に5より小さい度数が存在する場合

観測度数	良品	不良品	計
X工場	196	4	200
Y工場	93	7	100
計	289	11	300

補正なしの期待度数

期待度数	良品	不良品	計
X工場	192.7	7.3	200
Y工場	96.3	3.7	100
計	289	11	300

対立仮説 H_1	・ 2つの工場の 不良品発生率は異なる

帰無仮説 H_0	・ 2つの工場の 不良品発生率は同じ

補正あり

期待度数	良品	不良品	計
X工場	192.7+0.5	7.3-0.5	200
Y工場	96.3-0.5	3.7+0.5	100
計	289	11	300

スライド 6-14

項目データ （三項目以上の順序尺度）：単純集計

観測度数と期待度数の差を0.5縮めてから χ^2 値を計算

χ^2 値を小さめに見積もる → 帰無仮説を棄却しにくくなる

観測度数	良品	不良品	計
X工場	196	4	200
Y工場	93	7	100
計	289	11	300

期待度数	良品	不良品	計
X工場	192.7+0.5	7.3-0.5	200
Y工場	96.3-0.5	3.7+0.5	100
計	289	11	300

$$\chi^2 = \frac{(|196 - 192.7| - 0.5)^2}{192.7} + \frac{(|4 - 7.3| - 0.5)^2}{7.3}$$

$$+ \frac{(|93 - 96.3| - 0.5)^2}{96.3} + \frac{(|7 - 3.7| - 0.5)^2}{3.7} = 3.4091$$

分母に関しては補正を行わないことに注意

イェーツの補正

イェーツの補正の有無で検定結果が変わる場合がある

補正により「有意差がある」と判定されにくくなる（慎重になる）

補正なし

期待度数	良品	不良品	計
X工場	192.7	7.3	200
Y工場	96.3	3.7	100
計	289	11	300

$\chi^2=4.718>3.87$

帰無仮説は棄却
➡ 不良品率には有意差がある

自由度1のχ^2分布の
有意水準5%の限界値: 3.87

補正あり

期待度数	良品	不良品	計
X工場	192.7+0.5	7.3-0.5	200
Y工場	96.3-0.5	3.7+0.5	100
計	289	11	300

$\chi^2=3.4091<3.87$

帰無仮説は棄却されない
➡ 不良品率に有意差は
　 見られない

▶スライド 6-15

　当然、イェーツの補正の有無で検定結果も変わり得ます。元のカイ二乗値は 4.718 だっ
たのが、補正後は 3.4091 になります。自由度 1 の χ^2 分布、有意水準 5%の限界値は 3.87
なので、補正なしだと有意差がある、となってしまうのに、補正すると有意差が見られな
いことになります。このように、小標本では差が出やすくなるので、慎重に判断させてく
れるイェーツの補正が、役に立ちます。

▶ フィッシャーの正確検定

▶ スライド 6-16、スライド 6-17

　それでは、いよいよフィッシャーの正確検定に入っていきたいと思います。

スライド 6-16

カイ二乗検定
- 適合度の検定・独立性の検定（復習）
- 標本サイズが小さい場合

フィッシャーの正確検定
- 両側検定・片側検定

スライド 6-17

フィッシャーの正確検定

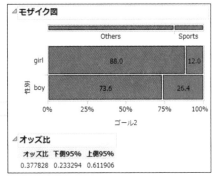

フィッシャーの正確検定： 例題

確率変数Xと確率変数Yに関係があるとみなせるか？

患者を2群に分けて行った治験の結果は以下の通り

薬＼効果	効果あり	効果なし
薬A	4	4
薬B	11	1

> 薬Aと薬Bの効果に差があるとみなせるか？
> （差がある ＝ 用いる薬Xと得られる効果Yに関係がある）

標本サイズが小さい ➡ カイ二乗検定の適用は不適切
（カイ二乗検定では標本サイズが大きいことを仮定して観測事象の生起確率を近似計算
観測事象が起こる確率を「正確に」計算したい

▶スライド 6-18

　フィッシャーの正確検定の目的は、基本的にはカイ二乗検定と一緒です。確率変数 X と確率変数 Y に関係があるとみなせるかどうかを調べることです。例えば患者を 2 群に分けて行った治験の結果、2 群に分けた薬 A、薬 B の効果の有無を、確率変数 X が用いる薬がどちらか、確率変数 Y が「効果の有無」という例を考えてみましょう。薬 A、薬 B の効果に差がある、つまり、用いる薬の事象 X と得られる効果 Y の間に関係があるかどうかを問題にします。

　ところが、先ほど学んだとおり、標本サイズが小さいとカイ二乗検定の適用は不適切だということを過去の偉人が指摘しています。カイ二乗検定では標本サイズが大きいことを仮定して、観測事象以上のカイ二乗値の生起確率を近似計算しました。ここで、観測事象が起こる確率をもう少し正確に計算する方法として、確率を直接計算するフィッシャーの正確検定、英語では Fisher's exact test の登場になります。

▶スライド 6-19

　確率変数 X と確率変数 Y に関係がないとした場合に、特定の分割表、例えばスライドの数字が与えられる確率を直接計算します。この場合に近似は用いません。例えば、この分割表が得られる確率は、後でお話しする計算方法を用いると 5.42%、0.0542 と計算できます。

スライド 6-19

フィッシャーの正確検定

確率変数Xと確率変数Yに関係がないとした場合に特定の分割表が与えられる確率を直接計算する

近似は用いない

薬＼効果	効果あり	効果なし	合計
薬A	4	4	8
薬B	11	1	12
合計	15	5	20

上記の事象が起こる確率は

計算方法は後述　= 0.0542

スライド 6-20

フィッシャーの正確検定：分割表の確率計算

あらゆる分割表に対して確率が計算できる（合計は固定！）

＼	効果あり	効果なし	
薬A	8	0	8
薬B	7	5	12
	15	5	

確率：0.0511

＼	効果あり	効果なし	
薬A	7	1	8
薬B	8	4	12
	15	5	

確率：0.255

＼	効果あり	効果なし
薬A	6	2
薬B	9	3

確率：0.397

＼	効果あり	効果なし
薬A	5	3
薬B	10	2

確率：0.238

＼	効果あり	効果なし
薬A	4	4
薬B	11	1

確率：0.0542

＼	効果あり	効果なし
薬A	3	5
薬B	12	0

確率：0.00361

▶ スライド 6-20

　他にもいくつかのパターンが取り得ますが、周辺度数に関しては変わらないものだけを考えます。周辺度数は固定であっても1個1個の観測度数に関しては差があり得るという状況を考えていくことになります。ですので、周辺度数は、8、12、15、5のままで、例えば薬Aの効果なしを0とすると、その効果ありは8、自由度が1なので1個決めるとあと

は全部決まりますね。右上を 0 とすると、他は 5、7、8 と決まります。次も同じで、1 にすると他は自動的に 4、8、7 と決まります。2 にすると、3、9、6 と決まります。3 にすると、2、10、5 と決まります。4 にすると、1、11、4 です。5 にすると、右下が 0 で残りは、12、3 と決まります。このように、周辺度数が 8、12、15、5 のときは、6 つの表が得られる可能性があり、それぞれ後に述べる計算式を使うと、確率が 0.0511、0255、0.397、0.238、0.0542、0.00361 だと分かります。

▶ スライド 6 21

次に、観測事象以上に珍しい事象が起こる確率の総和が p 値になります。「珍しい」というのは、確率が 0.0542 よりも小さい表です。当然、0.00361 は 0.0542 より小さいです。この小さい方から 3 つの確率を足した 0.109 が p 値になります。

▶ スライド 6-22

フィッシャーの正確検定では、確率変数 X と確率変数 Y に関係がないとき、特定の分割表が与えられる確率を直接計算するのですが、ここからは確率の計算方法を考えてみましょう。高校数学が得意だった方はすぐに分かるのかもしれません。周辺度数を固定したときに、特定の観測度数が得られる確率はどう計算できるのでしょうか。全体 20 人から「効果あり」の 15 人が選ばれるのは、$_{20}C_{15}$ の 15504 通りあり得ます。その中で、薬 A を使った 8 人から「効果あり」の 4 人の選ばれ方は $_8C_4$ の 70 通りで、薬 B を使った 12 人か

スライド 6-21

フィッシャーの正確検定：p 値の計算

観測事象以上に珍しい事象が起こる確率の総和＝p値

スライド 6-22

「フィッシャーの正確検定：確率計算

確率変数Xと確率変数Yに関係がないとした場合に
特定の分割表が与えられる確率を直接計算する

薬＼効果	効果あり	効果なし	合計
薬A	④	4	⑧
薬B	⑪	1	⑫
合計	⑮	5	⑳

上記の事象が起こる確率は

$$\frac{{}_8C_4 \, {}_{12}C_{11}}{{}_{20}C_{15}} = \frac{70 * 12}{15504} = 0.0542$$

スライド 6-23

「超幾何分布による確率計算

確率変数Xと確率変数Yに関係がないとした場合に
特定の分割表が与えられる確率を直接計算する

薬＼効果	効果あり	効果なし	合計
薬A	a		b
薬B	c		d
合計	e		f

上記の事象が起こる確率は超幾何分布**で与えられる**

$$P\,(上記の表) = \frac{{}_bC_a \, {}_dC_c}{{}_fC_e}$$

ら「効果あり」の 11 人の選ばれ方は ${}_{12}C_{11}$ の 12 通り考えられます。ですので、スライド下のように 0.0542 と計算できるのです。

▶ スライド 6-23

　これは超幾何分布として知られていて、スライドのように ${}_bC_a \, {}_dC_c/{}_fC_e$ と計算すると確率が得られることが分かっています。

		要因 B		
		B_1	B_2	合計
要因 A	A_1	a	b	e
	A_2	c	d	f
	合計	g	h	n

$$\frac{{}_{a+c}C_a \cdot {}_{b+d}C_b}{{}_nC_{a+b}} = \frac{\frac{(a+c)!}{a!c!} \cdot \frac{(b+d)!}{b!d!}}{\frac{n!}{(a+b)!(c+d)!}} = \frac{(a+b)!(c+d)!(a+c)!(b+d)!}{n!a!b!c!d!}$$

$$= \frac{e!f!g!h!}{n!a!b!c!d!}$$

▶スライド 6-24

　この計算について、さらに数学的に関心を持つ方がもしいたら参考にしてください。分解、整理していくと、e!f!g!h!/n!a!b!c!d!、つまり全体合計の n! × それぞれの観測度数 a!b!c!d! が分母になり、分子は周辺度数である e!f!g!h! の掛け算となります。興味を持った方は一度再確認してみてください。

　このように計算するのですが、階乗の計算はコンピューターにとっても少し負担が大きいようです。小標本のときにフィッシャーの正確検定を使うというお話をしましたが、少し前までだと大きいサンプルであると、これが計算できなくなってしまう問題があって、フィッシャーの正確検定は小標本に特化するというように教わりました。もちろん、最近のパソコンは性能がいいですので、かつてに比べると大きなサンプルでも対応できますが、それでも計算中に止まってしまうことがあります。

▶スライド 6-25

　そういうこともあって、フィッシャーの正確検定はそれぞれの確率を直接計算できるというメリットはあるのですが、大標本のときにも使うというわけにはいかないという限界もあります。ですので、カイ二乗検定で限界がある標本のときに、限定して使うということになります。また、フィッシャーの正確検定は周辺度数が正しいという前提に基づいているので、必ずしも厳密に正確な確率が計算できる訳ではないという限界もあります。ということで、それぞれの表の確率は、計算するとスライドのように求まります。

スライド 6-25

フィッシャーの正確検定：確率計算

周辺度数を固定したときの各事象の生起確率 ➡ 超幾何分布

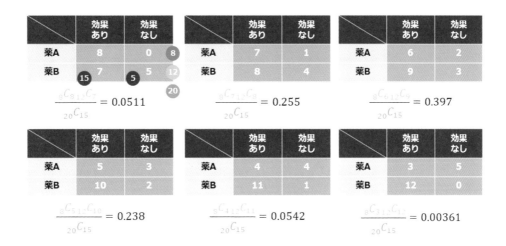

スライド 6-26

両側検定と片側検定

両側検定と片側検定：p 値の二種類の計算法

両側検定	・観測事象以上に珍しい事象が起こる確率の和は？
片側検定	・帰無仮説から期待される値からみて観測事象の方向で、観測事象以上に珍しい事象が起こる確率の和は？

Fisherの正確検定	p値	対立仮説
左片側検定	<.0001*	「ゴール2=Sports」である確率は、「性別=boy」の方が「性別=girl」より大きい
右片側検定	1.0000	「ゴール2=Sports」である確率は、「性別=girl」の方が「性別=boy」より大きい
両側検定	<.0001*	「ゴール2=Sports」である確率は、「性別」の水準間で異なる

Fisherの正確検定	p値	対立仮説
左片側検定	0.7932	「たこ焼き器=有り」である確率は、「実家=その他」の方が「実家=大阪人」より大きい
右片側検定	0.4770	「たこ焼き器=有り」である確率は、「実家=大阪人」の方が「実家=その他」より大きい
両側検定	0.7244	「たこ焼き器=有り」である確率は、「実家」の水準間で異なる

▶ スライド 6-26

　　これは JMP の結果です。フィッシャーの正確検定に限らないのですが、結果には片側検定・両側検定というのが出てきます。

　両側検定とは、観測事象以上に珍しい事象が起こる確率を見るときの計算方法で、われわれは通常こちらをよく使います。片側検定は、帰無仮説から期待される値から見て、観測事象の方向でのみ観測事象以上に珍しい事象が起こる確率の和が求められます。つまり、同じ方向にさらに珍しい事象のみ含み、反対側に振れた珍しいケースは含まないというのが片側検定です。

　よほどあり得ない、科学的・合理的に起こり得ないというときに片側検定は使っていいとされているのですが、現実に取り扱うケースは絶対に反対の事象は起こり得ないとは言い切れないことが多いので、両側検定を使うことが多いのです。

▶スライド 6-27
　このような正規分布の例では、観測事象があったときに、片側検定は一方の珍しいケースだけを扱いますが、両側検定は両方の裾野の面積を計算します。

▶スライド 6-28
　フィッシャーの正確検定も、両側検定が原則で、両方に珍しい事象が起こるものを計算することになります。

スライド 6-27

両側検定と片側検定

両側検定と片側検定： p値の二種類の計算法

| 両側検定 | ・観測事象以上に珍しい事象が起こる確率の和は？ |
| 片側検定 | ・帰無仮説から期待される値からみて観測事象の方向で、観測事象以上に珍しい事象が起こる確率の和は？ |

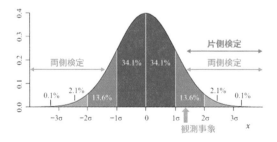

スライド 6-28

フィッシャーの正確検定：両側検定

観測事象以上に珍しい事象が起こる確率の総和＝p値

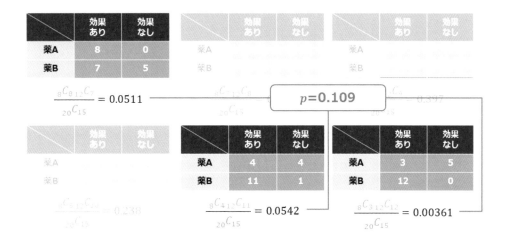

スライド 6-29

フィッシャーの正確検定：片側検定

観測事象より薬Bの方がより
効果ありとする事象が起こる

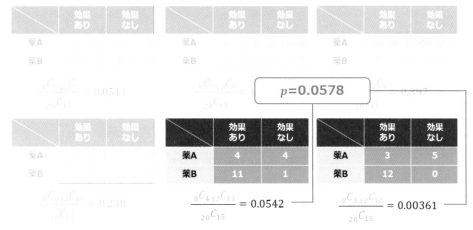

▶スライド 6-29

　皆さんが使うことは多分ないですが、原理上は片側検定として反対側を足さずに p 値を
0.0578 として判断することもあり得ます。

▶ 両側検定・片側検定・p値

▶スライド 6-30

　以上述べてきた両側検定と片側検定について、もう少し説明していきたいと思います。両側検定の場合、本当に言いたい対立仮説は、薬Aと薬Bの効果に差がある、ということになります。これは直接証明できないので帰無仮説を立て、薬Aと薬Bの効果に差がない、というのを検定していきます。検定の結果得られた p=0.109 というのは、有意水準 0.1 で考えたときにも有意差は認められないことになります。

　一方の片側検定の場合、対立仮説は、薬Aは薬Bより効果が大きい、となります。帰無仮説は、薬Aは薬Bより効果が大きいとは言えないという、少し微妙な仮説になりますが、この検定の結果は、p=0.0578 となり、有意水準 0.1 で考えたときには薬Aの方が効果が大きい、ということが言えてしまいます。

　つまり、両側検定よりも片側検定の方が有意差が出やすくなることになりますが、そもそも対立仮説も違います。この辺をしっかり意識して考える必要があります。つまり、両側検定ではAとBの効果に差があるかどうか、片側検定ではAがBより効果があるかどうかを見るということになります。確率が正規分布のように対称な分布の場合、片側検定では片方の裾だけを見ることになります。

▶スライド 6-31

　繰り返しになりますが、片側検定を行ってよいのは対立仮説とは逆の方向の不等式が成

スライド 6-30

両側検定と片側検定

両側検定

| 帰無仮説 | ・薬Aと薬Bの効果には差はない |

| 対立仮説 | ・薬Aと薬Bの効果には差はある |

・検定の結果、$p=0.109$で有意水準0.1でも有意差は認められない

片側検定

| 帰無仮説 | ・薬Aは薬Bより効果が大きいとはいえない |

| 対立仮説 | ・薬Aは薬Bより効果が大きい |

・検定の結果、$p=0.0578$で有意水準0.1では新薬Aの方が効果が大きい

両側検定より片側検定の方が有意差が出やすくなる
（どちらを用いるかは問題によって適切に選ぶこと）
両側：AとBは効果に差があるか？ vs 片側：AがBより改善であるか？

り立つことが実質科学的にあり得ない場合のみとされています。薬 A の方が薬 B よりも効果が高いことが期待されるから治験があるのですが、薬 B の方が効果が高い可能性もあるので、片側検定を行うのは、主観的な判断であり不適切、ということになります。逆方向がないと言い切れない場合は、基本的には両側検定を行ってくださいということで、今後皆さん自身が行うのは、基本的には両側検定だと思っておいてください。

▶スライド 6-32

　p 値は大切なので、p 値についても少し触れておきたいと思います。大ざっぱに言うと、p 値とは特定の統計モデルの下でデータの統計的要約、例えば 2 グループの比較の標本平均の差などが、観察された値と等しいか、それよりも極端な値を取る確率です。「それよりも極端な」というのを往々にして忘れがちなのですが、これが重要です。

スライド 6-31

両側検定と片側検定（2）

片側検定の方が帰無仮説は棄却されやすい

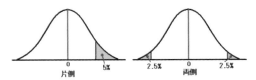

帰無仮説のもとでの差の生じやすさ（確率密度）

・片側検定を行ってよいのは対立仮説とは逆の方向の不等式が成り立つことが
　実質科学的にあり得ない場合のみ

- ・薬Aの方が薬Bよりも効果が高いことが期待されるからといって，片側検定を行うのは
　主観的な判断であり不適切
- ・実質科学的に逆方向がないとは言い切れない場合は両側検定を行う

スライド 6-32

p値とは?

・おおざっぱにいうと、p値とは特定の統計モデルのもとで、データの
　統計的要約（たとえば、2グループ比較での標本平均の差）が観察され
　た値と等しいか、それよりも極端な値をとる確率である。

http://www.biometrics.gr.jp/news/all/ASA.pdf

スライド 6-33

p値について

アメリカ統計学会の声明（2016）　　　　p値の誤用について

- http://amstat.tandfonline.com/doi/abs/10.1080/00031305.2016.1154108
  （京都大学からは電子ジャーナルでダウンロード可能．p.131-132が声明．）
  - p値は何を意味するか
  - $p < 0.05$ で機械的に意思決定するのは poor decision making
  - p-hackingの話題
    など，6点の指針が示されている
- **非常に大きな反響 --- 統計的検定は様々な意思決定で使われている**
  - The issues touched on here affect not only research, but research funding, journal practices, career advancement, scientific education, public policy, journalism, and law.
- **約1ページの内容なので，ぜひ読んでみてください．**

▶ スライド 6-33

　アメリカ統計学会は2016年に声明を出していて、p値の誤用があまりにも多いと指摘しています。京都大学でも電子ジャーナルでダウンロード可能ですので、ぜひ一度131ページから132ページを読んでみてください。英語ですが、読みやすいので頑張ってみてください。

　p値は何を意味するのかを含めて重要なことが書かれています。pが0.05よりも小さいときに機械的に意思決定するのは poor decision making です。学部生の間は少ないと思いますが、大学院になると論文を出したいということで、pが0.05より小さくなる事象や手法を集めに行ってしまう、集めたくなる欲望のようなのが生まれてきやすいのです。これを p-hacking というのですが、この辺りの話題など、6点の指針がアメリカ統計学会のホームページに示されています。非常に大きな反響があったとされています。統計的検定はどんどん使われる場面が増えています。法律なども含めて、化学だけではなくて政策、法律、ジャーナリズムのようなところにも関係があるので、ぜひ読んでみてください。

第  回

さまざまな確率分布と
統計的検定の考え方

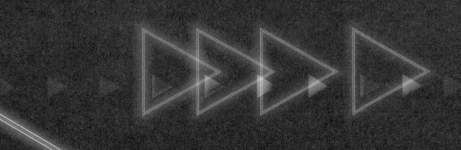

スライド 7-1

目次

確率論と統計学

さまざまな確率分布
- ベルヌーイ分布（復習）と二項分布
- 正規分布と標準正規分布
- χ^2分布
- よく使われるその他の分布

確率変数の期待値
- 確率変数の和
- 期待値の線形性

検定の考え方
- 平均値の検定（正規母集団の場合（Z検定））
- 適合度・独立性の検定（復習）
- 第一種・第二種の過誤

　それでは、「統計入門」第 7 回「さまざまな確率分布と統計的検定の考え方」の内容について講義を始めたいと思います。

▶スライド 7-1

　こちらが今回の内容の目次になっています。「確率論と統計学」ということで、これまでの復習後に、「さまざまな確率分布」としてベルヌーイ分布、二項分布、正規分布等、統計で重要なものついて紹介します。それから、「確率変数の期待値」ということで、平均、分散関連や、期待値の線形性などについても確認します。最後に「検定の考え方」ということで、これまで既に出てきた適合度や独立性の検定などの復習も含みつつ、基本的な検定の考え方をもう少し一般的なものに膨らませてみましょう。そして、最後に第一種・第二種の過誤について学びます。それでは、順番に始めていきましょう。

▶ 確率論の統計学（復習）

▶スライド 7-2

　まずは、「確率論と統計学」について少し復習しましょう。統計には大きく分けて記述統計と推測統計の 2 種類があるということでしたね。記述統計とは、全数調査を前提にしたもので、知りたい母集団の全てのデータを対象とします。得られたデータを整理し視覚化

スライド 7-2

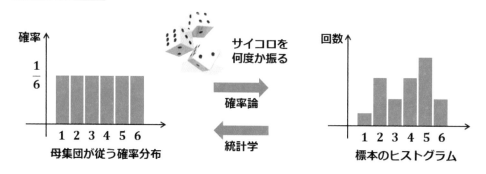

して、より分かりやすく・より理解しやすくしていくといったところが主眼になります。

　それに対して、母集団からその一部分を標本（サンプル）として抽出するサンプリング調査を前提とするのが推測統計でした。母集団の全てのデータを取得するのは現実的ではないという多くの場合に用います。得られた標本のデータは、母集団のうちのごく一部分です。当然ながら、その一部分に関する結果を知りたいのではなくて、母集団全体はどういうものかということを知りたい、推定したいというのが主眼になります。

▶ スライド 7-3

　記述統計は全数調査を前提としていて母集団全体を対象としている一方で、推測統計が対象とする標本は母集団からある確率で抽出されてくるので、記述統計と推測統計、あるいは母集団と標本の間は確率論でつながっていると言えます。この両者をつなぐ確率論について、特に確率分布について、理解を深めようということが今回の趣旨です。

　では、確率論は統計とどういう関係にあるのでしょうか。こちらも復習になります。確率という言葉と統計というのは、確率統計というような科目の名称にあるように、セットで使われることも多いですね。実は、これらはある意味、正反対の考え方をするものなのです。

　つまり、確率論というのは、ある確率分布や確率的な法則が決まったとすると、そこから得られる標本はどういったものであるか、あるいは、どういう性質を持つのかというのを考える、そういう学問です。それに対して、統計学、特に推測統計学は、ある標本が与

スライド 7-3

「（復習）統計学の分類

統計には「記述統計」と「推測統計」がある

記述統計
- 全数調査を前提
- データを整理・視覚化することで理解

推測統計
- サンプリング調査を前提
- 部分から全体を知る
- 仮説が正しいかを判断する
- 過去から未来を予測する

両者は確率論でつながる
- 標本抽出時のゆらぎを考える

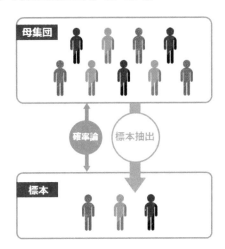

えられたときに、生成された標本が得られる背景にある母集団を確率的法則に基づいて逆に推測していく学問です。

　考え方としては、確率論がある意味演繹（えんえき）的なもので、統計学は帰納的なものだという言い方をしてもいいかもしれません。この考え方の違いもよく理解しておいてください。

▶ スライド 7-4

　また、繰り返しになりますが、扱うデータは、質的データと量的データに分けられます。質的データは基本的には記号を値として取るようなもの、量的データは数値を値として取るようなデータでしたね。

▶ スライド 7-5

　皆さんが実際に自分たちでデータを解析する際には、統計ソフトを用いていくことになりますが、統計ソフトもデータがどういうものなのかについて非常に気にします。データの分類と分析したい組み合わせが決まると、使う手法もかなり絞られるようになりますし、統計ソフトもその指示に従って結果を返してくれます。

　とういうのも、今回学ぶ確率分布はデータの分類によって異なるということが背景にあるからです。

スライド 7-4

統計データの分類

統計データには質的データと量的データがある

質的データ ・男/女、好き/普通/嫌い などの記号を値にとるデータ

量的データ ・温度や身長など 数値を値にとるデータ

スライド 7-5

統計ソフトはすごく気にする！

▶ さまざまな確率分布

▶スライド 7-6

　では、今回のタイトルにある「さまざまな確率分布」について説明します。まず、離散分布です。

　離散分布というのは、これまでの講義の中で、「質的データや離散値をとる量的データに対する確率分布」と学びました。

　例えば、スライドに書いてある例です。オフィスを構えるための都市の選ばれやすさで、都市が確率変数である場合ですが、この場合はもちろん東京、大阪、京都という数値ではないものが変数になっているので、これは質的なデータ、つまり質的な確率変数に対する確率分布の例です。一方、下側はベルヌーイ分布と言われる分布です。例えばコイン投げは、毎回表か裏の 2 種類のどちらかの結果が出て、かつ、それぞれの確率は、何回か繰り返しやったとしても、前後の結果には影響されません。このように、他の試行に依存せず、独立にその結果が定まるというような試行のことをベルヌーイ試行と呼びます。このベルヌーイ試行を 1 回行ったときに、その結果が従う分布がベルヌーイ分布です。

　例えば、コインの裏表の例では、表が出るという確率変数を 1、裏が出るという確率変数を 0 に対応させる場合、確率変数の値が 1 になる確率が p とすると、残りの確率変数の値が 0 になる確率は 1−p となりますね。

　ちなみに、これはベルヌーイ試行だけではなくて、全ての離散分布で当てはまる性質です。先の例でも、確率変数 X の取る値は東京、大阪、京都の 3 種類しかないと仮定してい

スライド 7-6

（復習）離散分布

質的データや離散値を取る量的データに対する確率分布

例　3種類の値をとる離散分布

・オフィスを構えるための都市の選ばれやすさ (都市X: 確率変数)

$P(X =$東京$) = 0.6$
$P(X =$大阪$) = 0.3$
$P(X =$京都$) = 0.1$

離散分布:

Xのとる値 (x)	東京	大阪	京都
確率	0.6	0.3	0.1

ただし $\sum_x P(X = x) = 1$

例　ベルヌーイ (Bernoulli) 分布 : ベルヌーイ試行1回を行うときの分布

表が出る確率が $P(X = 1) = p$
裏が出る確率が $P(X = 0) = 1 - p$

ただし $\sum_x P(X = x) = 1$

ベルヌーイ試行　・コイン投げのように、毎回2種類いずれかの結果をとり、かつそれらの起こる確率がどの回も同じである独立試行

るわけですが、その場合にはそれぞれの生起する確率を全部足し合わせると1になるという性質を有しています。

▶ スライド 7-7

　このベルヌーイ試行を複数回繰り返すことによって定まる確率分布が二項分布と呼ばれるものです。これは統計でも頻繁に出てくる非常に重要な確率分布です。ベルヌーイ試行をn回繰り返したときに、例えばコイン投げでは、表がk回、裏が残り全部、つまりn−k回出る確率が従う離散分布が、二項分布です。

　コインの裏表の試行をベルヌーイ試行で考えたとき、1回コインを投げたときに表が出る確率をpとしましょう。では、n回コインを投げたときに、その結果表が出る回数がkとなる確率はスライドのような式で書くことができます。

　表がk回出るのでpをk回かける一方、裏がn−k回出ることになり、裏が出る確率1−pをn−k回かけます。ところが、n回試行を繰り返したときに表がk回出るといっても、いろいろな出方があります。最初のk回に表が出て、残りが全部裏になることもあるかもしれないし、いちばん最後のk回で表が出て、最初のn−k回で裏が出ているかもしれません。そこで組み合わせの数を使います。n回の試行があって、そこからkだけ選択してくるような組み合わせの数は $_nC_k$ と定義されます。これらをかけて作られたのがスライドに示す数式です。

▶ スライド 7-8

　正規分布も非常に大切な分布です。正規分布は、連続値を取る量的な確率変数における代表的な分布です。連続の確率変数Xがある特定のaという値を取る、その確率は実は0なのですね。例えば身長で小数点以下何桁もがぴったりと一致する確率は、ほとんどゼロといっていいですよね、そういう意味です。

　ですから、連続型の確率変数に対しては、ある範囲に確率変数の値が入り込む確率を考えます。つまり、確率変数Xがaとbの間の値を取るといった確率は、ある $f(x)$ という関数をaからbまで積分して得られる面積にあたると考えます。この関数 $f(x)$ は確率密度関数と呼ばれます。積分して初めて確率になるという意味で確率密度となっています。

▶ スライド 7-9

　正規分布の確率密度関数というのもまさにそういうアイデアで定義されているものです。もう少しきちんと言うならば、正規分布は量的な確率変数を表す最も基本的な確率分布の1つで、確率密度関数はスライドのように示されます。ポイントは、平均値 μ と標準偏差 σ、この2つのパラメーターだけで確率分布の形、密度関数の形が全部決まってしまうという特徴的な性質があることです。偏差値という言葉でなじみがあるかもしれませんが、標準偏差前後1つ分の中には68%、前後2つ分の中には95%、前後3つ分の中には

スライド 7-7

二項分布

二項分布：ベルヌーイ試行をn回繰り返したとき、 一方がk回、他方が$n-k$回生起する確率が従う離散分布

例：コインと表と裏

・1回コインを投げたとき、表が出る確率をpとする
・n回コインを投げたとき、表が出る回数Xの従う分布

$$P(X = k) = {}_nC_k \, p^k (1 - p)^{n-k}$$

二項係数 ${}_nC_k$はn個の中から
k個を選ぶ場合の数　　　$${}_nC_k = \frac{n!}{(n - k)! \, k!}$$

nが大きくなると
正規分布に近づく

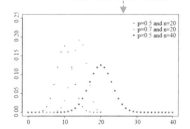

スライド 7-8

（復習）確率と確率密度

連続型の確率分布において：確率 ＝ 確率密度の積分

・連続変数がある特定の値をとる確率：$P(X = a) = 0$
・連続変数がある範囲の値をとる確率：$P(a \leq X \leq b) = \int_a^b f(x)dx$

—— 確率密度関数

例：平均0の正規分布　　$f(x) = N(x|0, \sigma^2) = \dfrac{1}{\sqrt{2\pi}\sigma} e^{-\frac{x^2}{2\sigma^2}}$

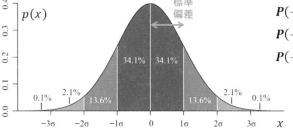

$P(-\sigma \leq X \leq \sigma) = 0.6826$

$P(-2\sigma \leq X \leq 2\sigma) = 0.9544$

$P(-3\sigma \leq X \leq 3\sigma) = 0.9974$

正規分布に従う母集団から
無作為抽出した標本は
ほぼ全て±3σの範囲内

99％以上のデータが入るという特徴も重要です。

　正規分布は英語では、normal distribution なので、その頭文字 N を取って、N という関数で表現することも多いです。離散確率変数の場合には、取り得る確率変数の値の全ての

スライド 7-9

（復習）正規分布

量的な確率変数に関する最も基本的な確率分布の一つ

・データは平均値 μ を中心に散らばりながら集積 (標準偏差σ)

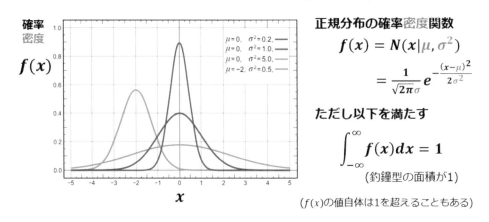

正規分布の確率密度関数

$$f(x) = N(x|\mu, \sigma^2)$$

$$= \frac{1}{\sqrt{2\pi}\sigma} e^{-\frac{(x-\mu)^2}{2\sigma^2}}$$

ただし以下を満たす

$$\int_{-\infty}^{\infty} f(x)dx = 1$$

(釣鐘型の面積が1)

($f(x)$の値自体は1を超えることもある)

生起確率を足すと 1 になるという性質がありましたが、この場合も、確率密度関数を全区間で積分すると 1 になる、という性質を持ちます。この $f(x)$ の値自体は 1 を超えることもありますが、全区間で積分した結果は必ず 1 になることに注意してください。

▶ スライド 7-10

　正規分布は、もう少し特殊な場合の定義もあります。N（0,1）、つまり平均が 0 で、分散（標準偏差）も 1 になるような正規分布のことを標準正規分布と呼びます。確率密度関数自体は覚えなくて結構ですが、ここではちらっと確認しておいてください。

　平均が μ、分散が σ^2 の確率変数 X を考えると、X から平均 μ を引き算すると、平均値は 0 になります。その X$-\mu$ に対して、それ全体を σ で割ると、分散が 1 になります。これによって得られた Z は平均 0 で分散 1 の標準正規分布に従いますね。このように変換することを標準化といいます。

▶ スライド 7-11

　既に出てきた確率分布の中で重要なものに、χ^2 分布があります。独立性の検定や適合度検定で用いたものです。あらためて χ^2 分布の定義を確認してみましょう。実は、今説明した標準正規分布に従う複数の独立な確率変数の二乗和——全部二乗して和を取る、すなわちこの SS が従う確率分布が χ^2 分布の定義なのです。

　もう少し正確には、標準正規分布に従う確率変数 k 個の二乗和が、自由度 k の χ^2 分布

スライド 7-10

標準正規分布

$N(\mu, \sigma^2)$に従う確率変数X → 標準正規分布に従う確率変数Z

- 変数変換：$Z = \dfrac{X - \mu}{\sigma}$
- 確率変数Zは平均0・標準偏差1の標準正規分布 $N(0, 1)$に従う

確率密度関数：$f_X(x) = \dfrac{1}{\sqrt{2\pi}\sigma} \exp\left(-\dfrac{(x-\mu)^2}{2\sigma^2}\right)$ 標準化 $\Rightarrow$ $f_Z(z) = \dfrac{1}{\sqrt{2\pi}} \exp\left(-\dfrac{z^2}{2}\right)$

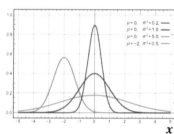 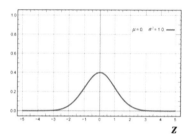

スライド 7-11

χ^2分布

標準正規分布に従う複数の確率変数の二乗和が従う確率分布

k個の和ならば自由度k

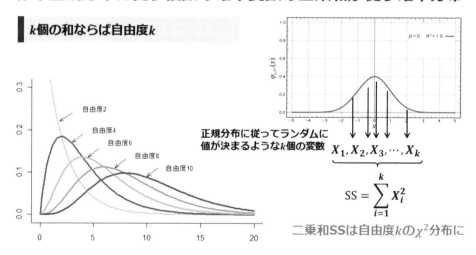

正規分布に従ってランダムに値が決まるようなk個の変数 $X_1, X_2, X_3, \cdots, X_k$

$$SS = \sum_{i=1}^{k} X_i^2$$

二乗和SSは自由度kのχ^2分布に

となります。自由度によって分布の形状が大きく変わりますが、こちらも k が十分に大きくなると正規分布に近づくことが知られています。

スライド 7-12

よく用いられるその他の分布

離散分布

ポアソン分布 $P(X = k) = \frac{\lambda^k e^{-\lambda}}{k!}$ $(\lambda > 0)$, $k = 0, 1, 2, \ldots$

幾何分布 $P(X = k) = p(1-p)^{k-1}$ $(0 < p < 1)$, $k = 1, 2, 3, \ldots$

超幾何分布（前回） $P(X = k) = \frac{\binom{K}{k}\binom{N-K}{n-k}}{\binom{N}{n}} = \frac{\binom{n}{k}\binom{N-n}{K-k}}{\binom{N}{K}}$

連続分布

一様分布 密度関数 $f(x) = \begin{cases} \frac{1}{\beta-\alpha} & (\alpha \leq x \leq \beta) \\ 0 & otherwise \end{cases}$

指数分布 密度関数 $f(x) = \begin{cases} \lambda e^{-\lambda x} & (x \geq 0) \\ 0 & otherwise \end{cases}$ $(\lambda > 0)$

ガンマ分布 密度関数 $f(x) = \frac{1}{\Gamma(k)\theta^k} x^{k-1} e^{-\frac{x}{\theta}}$ $(x > 0)$ $(k > 0, \theta > 0)$

▶スライド 7-12

　その他にも、離散分布の例として、ポアソン分布、幾何分布、超幾何分布といったものがあり、連続分布としては一様分布、指数分布、ガンマ分布などというのもあります。超幾何分布はフィッシャーの正確検定で用いましたね。ポアソン分布と幾何分布については少し説明します。

▶スライド 7-13

　ポアソン分布は生起確率が小さい、つまり、まれにしか生じないようなイベントを考えるときに使う分布になります。例えば、単位時間当たり平均 λ 回起こる事象が、ある単位時間で考えると k 回起きる確率を考えるようなときに用いられる分布です。

　プロシアの兵士が馬に蹴られて死ぬ確率が、1 年間で平均 0.61 人という軍隊において、1 年間に何人の兵士が馬に蹴られて死ぬのかを求めたのが、歴史上はじめて使われた例として知られています。現在では、珍しい病気の年間発症率などを計算する際に使われたり、1 時間に 3 台の救急車が来る救急外来では、1 晩で 10 台来る確率はどれくらいかなどの計算に使われたりします。期待値と分散がともに λ になるという特徴がある分布です。

▶スライド 7-14

　幾何分布は超幾何分布と名前が似ていますが、あまり関係はないようです。例えば、成功確率が p であるようなベルヌーイ試行を繰り返していったときに、初めて成功するまで

スライド 7-13

ポアソン分布

- 単位時間あたり平均 λ 回起こる現象が、単位時間に k 回起きる確率

- 1年あたり平均0.61人の兵士が馬に蹴られて死ぬ軍隊において、「1年に何人の兵士が馬に蹴られて死ぬかの確率の分布」を求める。それが、歴史上で初めてポアソン分布が使われた事例

- 期待値と分散がともにλになる。

  http://www.randpy.tokyo/entry/poisson_distribution

- 1時間に3台の救急車がくる＞1晩に10台くる確率は？

スライド 7-14

幾何分布

成功確率がpである独立なベルヌーイ試行を繰り返す時、初めて成功するまでの試行回数が従う確率分布

> 例　さいころを投げて初めて1が出るまでの回数の確率

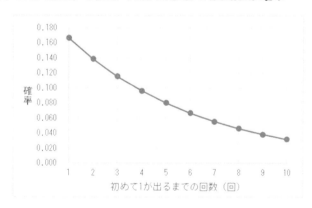

の試行回数が従う分布です。二項分布と違い、トータルの試行回数は決まっていないけれども、何回目のところで成功するのかということを見る分布です。例えば、k 回目で成功するということであれば、最後の 1 回の試行だけが成功で、それ以外の (k−1) 回は全部失敗という確率になります。生活の中ではレジ待ちの順番などを考えるときなどに使えますね。

スライド 7-15

離散分布と連続分布

▊ 離散分布は連続分布でしばしば近似される

- ・確率計算が扱いやすくなる
- ・例：標本サイズが大きいときに二項分布を正規分布で近似する

▊ カイ二乗検定：分割表から計算されるχ^2値をχ^2分布で近似

- ・この近似は標本サイズが大きいほど正確になる
- ・つまり、標本サイズが小さいときは不正確になる

▶スライド 7-15

　ここまで離散分布と連続分布（連続型の確率分布）を幾つか見てきました。離散分布は連続分布によって近似することがよく行われます。その理由は、連続分布は多くの場合に微分できるため確率計算が行いやすいことにあります。離散分布は直接の計算が難しいこともあり、連続的な分布に近似をして解析するのです。標本サイズが大きいときに二項分布を正規分布で近似するというのは典型的な例です。

　適合度と独立性の検定で、分割表から期待度数を使ってχ^2値と呼ばれる量用いたカイ二乗検定についても既に学びました。実はそこで計算したχ^2値は、χ^2と呼ばれているにもかかわらず、厳密にはχ^2分布には従いません。標本サイズが大きいときには漸近的にχ^2分布に従うので、標本サイズが大きいときには問題ないのですが、標本サイズが小さいときには正確ではなくなってしまうという点はあらためて確認しておいてください。

▶ 確率変数の期待値

▶スライド 7-16

　それでは、続いて「確率変数の期待値」について説明していきたいと思います。

▶スライド 7-17

　まず、少し復習ですが、先にも出てきたヒストグラムあるいは度数分布の表に関する話です。何かデータがあったときに、K個の階級を設けて、それぞれの階級のところにデータを落とし込んで個数をカウントしていきます。境界をどうするかで階級の設定の仕方が2種類、定義がありました。ここで注目してほしいのは、相対度数です。k番目の階級に該

スライド 7-16

目次

確率論と統計学

さまざまな確率分布
- ベルヌーイ分布（復習）と二項分布
- 正規分布と標準正規分布
- χ^2分布
- よく使われるその他の分布

確率変数の期待値
- 確率変数の和
- 期待値の線形性

検定の考え方
- 平均値の検定（正規母集団の場合（Z検定））
- 適合度・独立性の検定（復習）
- 第一種・第二種の過誤

スライド 7-17

＜復習＞度数・累積度数・相対度数・累積相対度数

データ　　　$x_1, x_2, x_3, \cdots, x_N$

階級　　　$I_1, I_2, I_3, \cdots, I_K$

- 境界をどちらに含めるかで二種類の定義
- $I_1 = (\infty, b_1], I_2 = (b_1, b_2], \cdots I_k = (b_{k-1}, b_k], \cdots, I_K = (b_{K-1}, \infty)$
- $I_1 = (-\infty, b_1), I_2 = [b_1, b_2), \cdots, I_k = [b_{k-1}, b_k), \cdots, I_K = [b_{K-1}, \infty)$

度数　　　$f_1, f_2, f_3, \cdots, f_K$

- $x_i \in I_k$ を満たす i の個数

累積度数　・$F_k = \sum_{i=1}^{k} f_k$

相対度数　・$\dfrac{f_k}{N}$

累積相対度数　・$\dfrac{F_k}{N}$

階級	度数	累積度数	相対度数	累積相対度数
45未満	1	1	1%	1%
45-49	20	21	20%	21%
50-54	48	69	48%	69%
55-59	24	93	24%	93%
60-64	4	97	4%	97%
65以上	3	100	3%	100%

当する個数、すなわち度数を全体のデータの数 N で割ったものを相対度数と呼びました。これは、その階級に入る確率ともいえます。

確率変数の期待値

記述統計における母集団の平均値

- $\bar{x} = \frac{3+1+2+3+2+1+4+1}{8}$

同じ値が何度も出る…度数を使って書き直してみる

- $\bar{x} = \frac{1\times3 + 2\times2 + 3\times2 + 4\times1}{3+2+2+1}$ （重み付き平均）

- 一般に $\bar{x} = \frac{x_1 f_1 + x_2 f_2 + \cdots + x_K f_K}{N} = x_1\frac{f_1}{N} + x_2\frac{f_2}{N} + \cdots + x_K\frac{f_K}{N} = \sum_{k=1}^{K} x_k p_k$

- ただし $N = f_1 + f_2 + \cdots + f_K$, $p_k = f_k/N$ とおいた

確率変数 X の期待値を以下のように定める

- $E[X] = \sum_k x_k P(X = x_k)$ （k のすべての範囲で総和をとる）
  - 添え字を使わず $E[X] = \sum_x x\, P(X = x)$ と書くことも
  - $E[X]$ ではなく $E(X)$ と書くことも

▶ スライド 7-18

　その上で、確率変数の期待値を定義します。まずは、全数調査である記述統計における母集団の平均値です。スライドに書いてあるような 3 や 1 といった値が 8 つあるので、全合計を個数 8 で割ったものが平均値です。ここでは $\bar{x}$ と表記します。

　別の角度から平均値について考えてみましょう。この中で例えば 1 という数値は 3 回、2 という数値が 2 回で出てきています。従って、1×3＋2×2 とも書けます。そういう形で表現したものをみると、各値に対して重み付けの平均を取っていることになります。

　データサイズ N、この場合だと 8 で、上の分子を別々に割ると、各値、この 1 に対応する部分が x_1、2 にあたる部分が x_2 に相当しますが、それぞれに相対度数をかけて合計したものになっていることが分かります。$\frac{f_1}{N}$ や $\frac{f_2}{N}$ は相対度数なので、前のスライドでお話ししたように、確率に対応するものと言えます。ですから、期待値＝平均値は各確率変数の取り得る値 × その生起する確率を全て足し合わせたものと解釈できます。

　そのように見てくると、確率変数の期待値は、確率変数 X の取り得る値である小文字の x_k が生起する確率を掛け算して、その k 全ての和で計算できます。これが、期待値の定義です。

スライド 7-19

期待値の計算方法

離散分布の期待値

$$E[X] = \sum_{x \in X} x \cdot P(X = x)$$

x は確率変数 X の取りうる値の集合

連続分布の期待値

$$E[X] = \int_{-\infty}^{\infty} x \cdot f_X(x)dx$$

$f_X(x)$は確率密度関数　$\int_{-\infty}^{\infty} f_X(x)dx = 1$

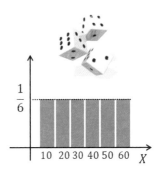

X: 確率変数(賞金)

期待値

$$E[X] = 10 \times \frac{1}{6} + 20 \times \frac{1}{6} + \cdots$$

▶スライド 7-19

　あらためて示すと、離散分布の期待値はスライドのように定義されます。これに対して、連続分布の場合は、階級幅を無限に小さくしていったと考えるとシグマを積分に変えて考えることができるので、下の式のように定義できます。

　サイコロを振ったときに出る目の平均値という例を考える場合、各目の値、$1 \times \frac{1}{6}$ $+2 \times \frac{1}{6}$ などで計算できますし、もし 1 という目には 10 点、2 が出たら 20 点という点数に換算して賞金を出す場合でも、その期待値、平均値は $10 \times \frac{1}{6} + 20 \times \frac{1}{6} + \cdots$ 最後 $60 \times \frac{1}{6}$ まで足し算することで結果が得られます。

▶スライド 7-20

　次に、確率変数の平均と分散について一般化してみましょう。確率変数の X の平均は期待値でもあり、英語の expectation の E を使って E[X] と表記されます。実現値の平均を意図する場合は、μ という記号が使われます。これはアルファベットの m に対応していて、英語の mean を意味しています。統計で平均というときには average ではなく、mean が使われることが多いようです。

　一方の確率変数 X の分散は、正規分布の確率密度関数の定義などに出てきた σ^2 で表現されます。英語の standard deviation の s と関連したシグマが使われます。分散の英語 variance の V を使って、V[X] とも定義されます。第 2 回の講義で強調したように、分散は確率変数の 2 乗したものの平均から、平均の 2 乗を引いて計算できることも、再度確認しておいてください。これから統計入門の講義の中でも何度か出てきますので重要です。

▶スライド 7-21

　平均と分散の加法性について確認しましょう。

　確率変数をそれぞれ a 倍したものの期待値は a 倍になりますし、全部に b を足した影響は期待値にも b を加えてやれば、反映させることができます。このことを期待値の線形性と表現されます。

　一方、分散は a 倍の影響は 2 乗で反映させる必要があるものの $+b$ という平行移動の影響は考える必要がないのです。変形してみると、

$$V[aX+b]=E[(aX+b-aE[X]-b)^2]　となり、$$

$aX+b$ の、a が外に出て X は残ります。$+b$ と $-b$ は打ち消されてなくなります。a で中をくくってやると、

$$=E[(a^2(X-E[X])^2]　となります。$$

a^2 は定数なのでさらに外に出せます。

$$=a^2E[(X-E[X])^2]　ということで、$$
$$=a^2V[X]$$

とうまく展開できましたね。

　ですので、分散には線形性はないが、確率変数を a 倍すると分散は a^2 倍になるという関係があります。

　また、2 つの独立な確率変数 X、Y については、X+Y の期待値は X と Y の期待値の和になります。一方、X−Y の期待値はそれぞれの期待値の引き算になります。分散に関しては少し注意が必要なのですが、結論から言うと、X+Y も X−Y も、それぞれの確率変数の分散の和になります。さらに n 個の独立な確率変数を合計した場合も、同じように平均・分散ともに元の確率変数の平均と分散の和で表現されるのです。

スライド 7-20

確率変数の平均と分散

確率変数Xの平均 (mean)

- $\mu = E[X]$
- ギリシャ文字μはアルファベットmと対応（大文字はどちらもM）

確率変数Xの分散 (variance)

- $\sigma^2 = V[X] = E\big[(X - E[X])^2\big] = E\big[(X - \mu)^2\big]$ 　　$\boxed{= E[X^2] - E[X]^2}$

確率変数Xの標準偏差 (standard deviation)

- $\sigma = \sqrt{V[X]}$
- ギリシャ文字σはアルファベットsと対応

スライド 7-21

平均と分散の加法性

期待値と分散

- $E[aX + b] = aE[X] + b$ 　（期待値の線形性）
- $V[aX + b] = a^2 V[X]$

二つの確率変数 X, Y について以下が成立

- 平均に関して $E[X + Y] = E[X] + E[Y], \quad E[X - Y] = E[X] - E[Y]$
- 分散に関して $V[X \pm Y] = V[X] + V[Y]$ 　（X, Y が無相関のとき成立）

確率変数 $X_1, X_2, \cdots, X_n$ について以下が成立

- 平均に関して $E[X_1 + X_2 + \cdots + X_n] = E[X_1] + E[X_2] + \cdots + E[X_n]$
- 分散に関して $V[X_1 + X_2 + \cdots + X_n] = V[X_1] + V[X_2] + \cdots + V[X_n]$
  - ただし分散の加法性は、確率変数が互いに無相関のときに成立
  （互いに独立でも成立 ∵ 独立ならば無相関）

▶ 平均値の検定

▶スライド 7-22

　それでは、続けて「検定の考え方」について見ていきましょう。既に検定についてはある程度イメージをつかんでもらっているかと思いますが、おさらいがてら話を聞いてください。

　検定では、母集団が大事になります。母集団とは、調査や分析の対象とする集合全体のことです。検定は、記述統計ではなく推測統計ですので、通常、標本から母集団を推測します。

▶スライド 7-23

　まず、調査・分析の前に何を母集団として想定するのか、しっかり決めておく必要があります。日本人全体なのか、20 歳の男性などの特定の集団なのか、今年の新入生に限った話なのか、そういうことを明確に想定することが必要です。

▶スライド 7-24

　入手できる標本とは、母集団の部分集合、ごく一部分に対応するものです。母集団から一部分の標本を取り出すことを標本抽出と呼びます。

スライド 7-22

母集団と標本

母集団：調査や分析の対象とする集合の全体

通常観察できない

何が母集団かは、調査や分析の設計に左右される

- ある日の中古車価格だけに興味があれば、その日に発生した
  取引データが母集団（現実にはこの種の状況はまれ）
- 過去から将来に亘り発生する取引価格全体に興味があれば、
  過去のデータをたとえすべて集めても母集団にはなりえない

悉皆（しっかい）調査 ≠ 母集団の調査

- 悉皆調査（国勢調査事業所/企業統計調査・学校基本調査・
  農林業センサスなど）は、特定の年度の様々な要因に左右され、たまたま
  発生した値（確率変数）と考えることもあり、
  調査や分析の関心次第では母集団ではない場合がある

スライド 7-23

母集団

調査・分析のまえに、必ず何を母集団としているのか、明確に定義しておく必要がある

■ 日本人全体なのか、世界全体なのか、特定の集団についてなのか

■ 特定の年度・期間の話か、過去・未来に亘る普遍的なことか

スライド 7-24

母集団と標本

標本から母集団を知りたい

| 標本 | ・母集団から取り出した一部分 |
| 標本抽出 | ・母集団から標本を取り出すこと |

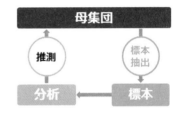

■ 標本をもって母集団を知りたい

母数 (parameter)	統計量 (statistic)
・母集団の分布を記述する指標 　例：平均・標準偏差 → 　　　母平均・母標準偏差と呼ぶ	・標本の分布を記述する指標 　例：平均・標準偏差 → 　　　標本平均・標本標準偏差と呼ぶ

■ 標本そのものに関心があるわけではないことは常に意識しておくこと

・× 「投与群20人と経過観察群30人の回復割合には有意差があるといえる」
・○ 「(母集団に対して) 投与した場合の回復割合には有意差があるといえる」

　ここで大事なことは、平均や標準偏差は母集団に対しても定義されるし、標本に対しても定義されるという点にあります。例えば母集団の分布を記述する指標のことを母数といいますが、その母集団の分布を特徴付ける平均や標準偏差は、厳密には母平均・母標準偏差とも表現します。

　ですが、実際に入手できるのは標本だけなので、標本の平均あるいは標準偏差を求めて母数の推測に用います。この標本の分布を記述する指標が統計量と呼ばれます。

　たまたま取り出されてきた標本そのものの平均などの統計量自体よりも、実際に関心があるのは母数の方ですね。

スライド 7-25

統計的仮説検定

ある仮説 (hypothesis) が正しいといえるかどうかを統計学的・確率論的に判断するための手法

仮説が正しいと仮定した上で、それに従う母集団から実際に観察された標本かそれ以上に珍しい観測値が抽出される確率を求める

その確率が十分に小さければ（例：5%以下 or 1%以下）「仮説は成り立ちそうもない」と判断できる。

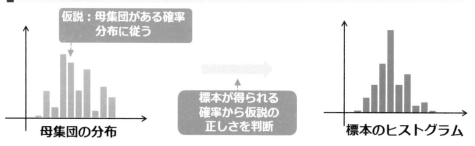

▶ スライド 7-25

　繰り返しになりますが、統計的仮説検定とは、ある仮説が正しいと言えるかどうかを標本をもとに、統計学・確率論などを使って判断するための手法です。まず、ある仮説が正しいと仮定します。次に、それに従う母集団から実際に観測された標本が出てくる確率を計算します。その確率が非常に小さく、典型的にはそれが5%等の有意水準よりも小さいのであれば、それは非常に珍しいことが起こってしまっているとなり、そもそも仮説が間違っていたのではないかと判断するのです。

▶ スライド 7-26

　特に対象が母平均の場合、例えば観測された標本から推測される母集団の平均 μ が、特定の値 μ_0 と等しいかどうかといったことを考えます。μ_0 は理論的な考察だったり、事前に得られている知見などで得ます。そして、この 2 つが等しいかどうかを判定します。

▶ スライド 7-27

　我々は、母集団から得られた標本の平均や分散をベースに、その標本の由来となった母集団の平均や分散について考えます。具体的には、母平均 μ が 170、母分散 σ^2 が 36 と分かっている例で考えてみましょう。得られた標本をもとに、標本平均や標本分散あるいは不偏分散を計算できます。これらから母集団についてどのような推測ができるのでしょうか。

スライド 7-26

母平均の検定

観測された標本から、母集団の平均 μ が特定の値 μ_0 と等しいか否かを検定

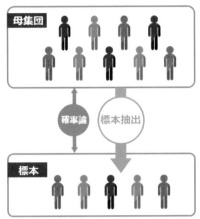

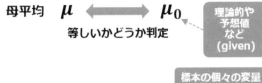

母平均　μ ⟷ μ_0　理論的や予想値など (given)

等しいかどうか判定

標本の個々の変量 $E[X\_i]=\mu$

標本サイズ $n = 5$
標本（確率変数）　$X_1,\ X_2,\ X_3,\ X_4,\ X_5$
標本の観測値　　163　187　175　178　164

標本平均
（確率変数）$\quad \overline{X} = \dfrac{X_1 + X_2 + \cdots + X_5}{5}$

$X_1, X_2, \ldots, X_5$ の観測値を代入　　$\overline{X} = 173.4$

スライド 7-27

母平均の検定（母集団が正規分布の場合）

正規母集団の平均 μ が特定の値 μ_0 と等しいか否かを検定

標本から母平均について知りたい

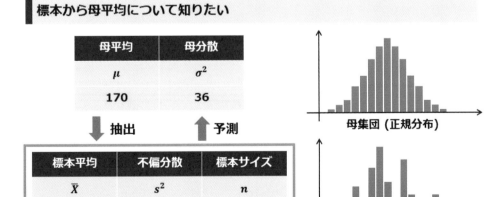

母平均	母分散
μ	σ^2
170	36

抽出 ⬇　⬆ 予測

標本平均	不偏分散	標本サイズ
$\overline{X}$	s^2	n

実際にデータから値を観測できるのはこちら

母集団（正規分布）

標本　X

標本平均の分布

仮に同じ母集団から何回も標本抽出すると・・・

3000回繰り返すと3000個の標本平均と不偏分散が得られる

・注意：実際の検定では標本抽出は1回（ひとつの標本にn個の値）

標本名	標本平均	不偏分散	標本サイズ
1回目	171	17.5	5

標本名	標本平均	不偏分散	標本サイズ
2回目	165	36.6	5

∵

標本名	標本平均	不偏分散	標本サイズ
3000回目	174	9.1	5

▶スライド 7-28

　実際の検定では標本抽出は1回だけですが、この母集団から標本サイズが5の標本を3000回繰り返し抽出する例を考えてみましょう。3000個の標本平均と不偏分散が計算できます。

▶スライド 7-29

　それらの分布を確認してみましょう。標本平均というのはn個の確率変数を足し算して、その個数で割ったものということになります。特にここではX_iというのは全て正規分布に従うという仮定をしています。そうすると、標本平均の$\overline{X}$も正規分布に従うことが分かります。しかも、その分布の平均はもとの母集団の平均値と同じなのです。一方、分散はもとの母集団の分散をサンプルの数nで割ったものになります。ということで、標本平均の分布を考えると、平均は母集団の平均で、分散が$\frac{1}{n}$に縮小された分布になっています。

　標本平均$\overline{X}$は、平均を引いて、かつ、標準偏差（分散の$\sqrt{}$）で割り算して標準化すると、標準正規分布に従います。詳細は第10回でお話ししますので、そのときに改めて確認してください。

▶スライド 7-30

　補足として、正規分布に従う確率変数の和や差がどのような分布に従うかを図にまとめました。例えば2つの確率変数があって、これは独立な正規分布に従うとしましょう。平均がμ_a、μ_b、分散が$\sigma_a{}^2$、もう1個は$\sigma_b{}^2$というものです。X_a、X_bが確率変数だとします。

スライド 7-29

標本平均の分布

標本平均のヒストグラムを調べてみよう

標本平均：$\bar{X} = \frac{1}{n}\sum_{i=1}^{n} X_i$

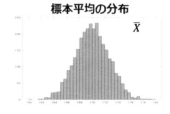

標本平均の分布

$\bar{X}$

- 3000個得られたとすると右図
- もっとたくさん繰り返すと

  $\mu = 170, \frac{\sigma^2}{n} = 7.2$ の正規分布

母集団が正規分布に従う場合

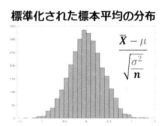

標準化された標本平均の分布

$\dfrac{\bar{X} - \mu}{\sqrt{\dfrac{\sigma^2}{n}}}$

- 標本平均は正規分布に従う $\bar{X} \sim N\left(\mu, \frac{\sigma^2}{n}\right)$
- 標本平均を標準化すると $\dfrac{\bar{X}-\mu}{\sqrt{\frac{\sigma^2}{n}}} \sim N(0,\ 1)$

スライド 7-30

補足：正規変数の和や差が従う確率分布

正規分布に従う二つの独立な確率変数

- $X_A \sim N(\mu_A, \sigma_A^2)$
- $X_B \sim N(\mu_B, \sigma_B^2)$

再生性 (reproductive property)
同じ種類の（正確には同じ族の）分布に従う
二つの独立な確率変数に対して、その和も
また同じ種類の分布に従う性質
（正規分布・二項分布などは再生性を持つ）

正規分布に従う確率変数の和は正規分布に従う

- $X_A + X_B \sim N(\mu_A + \mu_B, \sigma_A^2 + \sigma_B^2)$
- 足しても正規分布！（正規分布の再生性より）

正規分布に従う確率変数の差は正規分布に従う

- $X_A - X_B \sim N(\mu_A - \mu_B, \sigma_A^2 + \sigma_B^2)$

同じ正規分布に従う独立変数 $X_i \sim N(\mu, \sigma^2)$ の和

- n個の確率変数を足すと $X_1 + X_2 + \cdots + X_n \sim N(n\mu, n\sigma^2)$

このとき、2つ足し算したものは、平均が足し算、分散も足し算となる正規分布に従います。これを正規分布の再生性（再生される性質）と言います。

　2つの確率変数を引き算したものは、平均値は引き算になるのですが、分散は足し算になります。一般に、n 個の正規分布に従う独立な確率変数があったとすると、全部足し算

したものは平均がもとの平均値 μ の n 倍、分散も n 倍という正規分布に従います。これが再生性という非常に重要な性質なので、ぜひ押さえておいてください。

▶スライド 7-31

さて、あらためて母分散が既知の 1 群の標本に対する平均の検定についての説明をします。統計的な検定としては基本的なものですので、しっかり理解してください。

まず、仮説を設定します。対立仮説は、「母平均 μ はある値 μ_0 とは異なる」ということで、帰無仮説が「母平均 μ はある値 μ_0 と等しい」となります。

この帰無仮説、μ と μ_0 は等しいという仮説の下で Z という統計量を計算します。こちらは、先ほど確認したように、もし帰無仮説が正しければ、これは標準正規分布に従うということが分かっている量です。

これが計算できたら、p 値を計算しましょう。これは標本から計算された Z の実現値 $Z*$ によって両側確率が求められます。つまり、$Z*$ は ＋ になったり－になったりしますので、絶対値を取ったものの値よりも Z が大きくなる確率と、それに－を付けたものよりも Z が小さくなる確率、いわゆる両側確率を求めます。これは正規分布ですので左右対称ですから、Z の絶対値がある値、$Z*$ の絶対値よりも Z が大きくなる確率を 2 倍することになります。

▶スライド 7-32

そのときに、今は両側検定を考えていますので、p 値は、例えば $Z*$ が図のような位置とすると、両側のところをみます。あまり使わないですが、片側検定もあり得ます。

スライド 7-31

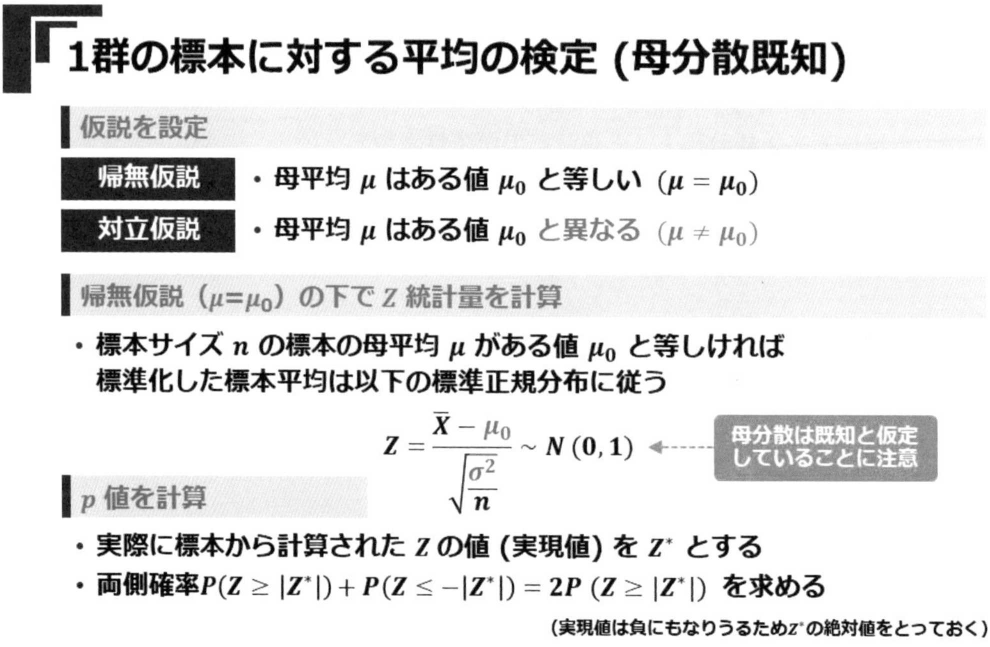

「1群の標本に対する平均の検定 (母分散既知)

仮説を設定

帰無仮説 ・母平均 μ はある値 μ_0 と等しい ($\mu = \mu_0$)

対立仮説 ・母平均 μ はある値 μ_0 と異なる ($\mu \neq \mu_0$)

帰無仮説 ($\mu=\mu_0$) の下で Z 統計量を計算

・標本サイズ n の標本の母平均 μ がある値 μ_0 と等しければ
　標準化した標本平均は以下の標準正規分布に従う

$$Z = \frac{\overline{X} - \mu_0}{\sqrt{\dfrac{\sigma^2}{n}}} \sim N(0, 1) \quad \Longleftarrow \quad \text{母分散は既知と仮定}$$
$$\text{していることに注意}$$

p 値を計算

・実際に標本から計算された Z の値 (実現値) を $Z*$ とする
・両側確率 $P(Z \geq |Z^*|) + P(Z \leq -|Z^*|) = 2P(Z \geq |Z^*|)$ を求める

(実現値は負にもなりうるため z^* の絶対値をとっておく)

スライド 7-32

両側検定と片側検定

両側検定と片側検定： p 値の二種類の計算法

| 両側検定 | 観測事象以上に珍しい事象が起こる確率の和は？ |

| 片側検定 | 無仮説から期待される値からみて観測事象の方向で、観測事象以上に珍しい事象が起こる確率の和は？ |

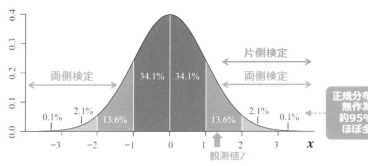

スライド 7-33

両側検定と片側検定

対立仮説によって棄却域の設定が異なることに注意

| 帰無仮説：$\mu = \mu_0$（共通）

両側検定の場合は
左右の確率を足したものが棄却率 α

↓

片側検定表を用いて両側検定を行う場合は
棄却率 $\frac{\alpha}{2}$ の所を参照する

対立仮説：$\mu \neq \mu_0$ → 両側検定

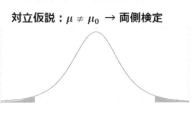

対立仮説：$\mu > \mu_0$ → 片側検定

対立仮説：$\mu < \mu_0$ → 片側検定

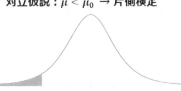

▶ スライド 7-33

　両側検定と片側検定の選択は、対立仮説をどう取るかによって決まります。帰無仮説としては、「共通に μ が μ_0 になる」、対立仮説として「μ が μ_0 よりも大きい」あるいは「μ がより小さい」といったような仮説を設定することもできて、こういった場合には赤い領域の確率を評価するような片側検定になりますが、通常は両側検定を行います。

Z検定の実行例

母平均が $\mu_0 = 170$ か否かを有意水準5%で検定

標本平均 $\bar{X} = 175$ の標本における検定統計量 $Z = \dfrac{\bar{X} - \mu_0}{\sqrt{\sigma^2/n}}$ の実現値は

$Z^* = \dfrac{176 - 170}{\sqrt{36/5}} = 2.24$ （ただし母分散 $\sigma^2 = 36$ は既知とする）

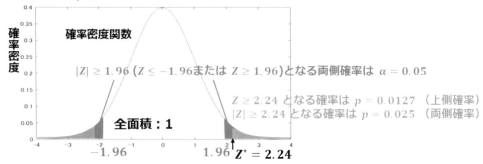

確率密度関数

$|Z| \geq 1.96$ （$Z \leq -1.96$ または $Z \geq 1.96$）となる両側確率は $\alpha = 0.05$

$Z \geq 2.24$ となる確率は $p = 0.0127$ （上側確率）
$|Z| \geq 2.24$ となる確率は $p = 0.025$ （両側確率）

全面積：1

-1.96　　　1.96　$Z^* = 2.24$

「両側Z検定の結果、有意差が認められる $(p = 0.025 < 0.05)$」

▶スライド 7-34

　先ほどの母平均が $\mu_0 = 170$ かどうかを有意水準5%で検定してみます。この標本平均の値が175で母分散が36と分かっている場合には、先ほどの標準正規分布に従う検定統計量 Z の実現値は2.24となります。2.24というのは標準正規分布の密度関数ではスライドで示すところに当たります。両側検定では Z の実現値が ±1.96 の内側にあるか外側にあるかで、帰無仮説を棄却するか受容するか（棄却できないと判断するか）が変わりますが、今回は棄却領域に入っています。従って、「μ と μ_0 は等しい」という仮説が棄却され、有意な差があると結論付けます。これが母平均の検定、特にここでは正規母集団に対する母平均の検定、です。

▶ 適合度・独立性の検定（復習）

▶ スライド 7-35

　それでは次に、「検定の考え方」の適合度・独立性の検定の復習に入ります。こちらは前回に皆さんが勉強した内容と全く同じスライドを使いますので、カイ二乗検定を用いた適合度と独立性の検定について「もう分かっているよ」という方はスキップしてもらっても問題ありません。少し理解が怪しい人は、この機会に再度復習しましょう。

　適合度・独立性の検定は仮説検定ですので、自分の示したい対立仮説とは反対の帰無仮説を設けます。その帰無仮説の下で標本が得られる確率について考えます。

　適合度の検定においては、本当はサイコロが歪んでいることを証明したいけれども、直接的に示すのは難しいので、帰無仮説として「サイコロは歪んでいない」と仮定した上で、標本が得られる確率を計算します。事前に設定した有意水準よりも珍しい事象であれば、帰無仮説を棄却して、サイコロは歪んでいると結論付けます。

　独立性の検定の場合も同じです。例えば、治療薬の A と B の有効性に差があるかないかを知りたい場合、まずは両者の効果に差がないと仮定します。その上で、実は差がないと仮定すると、標本のような事象が起こる確率は有意水準よりも低いということを証明することによって、薬が有効であることを示します。

スライド 7-35

適合度・独立性の検定

仮説を設ける → それに反する証拠を挙げる

適合度の検定　　　（例）サイコロは歪んでいるか？

1. 仮にサイコロは歪んでいないと仮定する　◀‥‥‥‥
2. 各目の出た回数：100, 130, 80, 50, 60, 120
3. もし仮定が正しければ上記の事象はほとんど起こらない
4. したがって仮説は誤り → サイコロは歪んでいる

> 本当は歪んでいることを証明したい

独立性の検定　　　（例）治療薬AとBの有効性に差があるか？

1. 仮に薬Aと薬Bの有効性には差がないと仮定する　◀‥‥‥‥
2. 症状に改善が見られた患者数：20人中18人　25人中8人
3. もし仮定が正しければ上記の事象はほとんど起こらない
4. したがって仮説は誤り → 薬Aと薬Bの有効性には差がある

> 本当は差があることを証明したい

202

スライド 7-36

適合度の検定 (復習)

1　母集団の従う確率分布と理論値とに「差がない」と仮定

- 血液型分布は A: 0.4, B: 0.2, AB: 0.1, O: 0.3

2　観測度数に対応する期待度数を算出

血液型	A型	B型	AB型	O型	合計
観測度数	30	29	5	36	100
期待度数	40	20	10	30	100

3　上記からχ^2値を計算

$$\chi^2 = \frac{(30-40)^2}{40} + \frac{(29-20)^2}{20} + \frac{(5-10)^2}{10} + \frac{(36-30)^2}{30} = 10.25$$

4　自由度$K-1$のχ^2分布を用いてp値を計算

- 自由度3の分布χ^2では$p=0.017$
  - 有意水準5%では：「差がない」とは言えない →「差がある」
  - 有意水準1%では：「差がある」とも「差がない」とも言えない

▶スライド 7-36

　もう少し具体的に復習しましょう。適合度の検定は、血液型の分布で考えました。母集団の従う確率分布と理論値とに「差がない」と仮定することから始めました。

　4つの血液型それぞれに対応して実際に観測される度数と期待度数の差を評価します。単純な差では平均すると0になってしまうので、2乗して全ての差を正の値として扱うようにしました。その上で、標本規模に合わせた正規化として、期待度数で割った値の合計をχ^2値として用いました。その次のステップでは、自由度がK−1のχ^2分布を用いてp値を計算し、帰無仮説の下で観測された標本が得られる確率を計算し、帰無仮説の棄却の是非を判定しました。

▶スライド 7-37

　独立性の検定も、基本的な考え方は同じでした。この場合はクロス集計表で考え、「確率変数XとYの間には関係がない」、「独立である」ということを仮定するところがスタートでした。先ほどと同じように、観測度数に対してそれぞれ期待度数を計算します。独立の仮定があるので、縦横の比をそろえて期待度数表を作成します。その上で、χ^2値を同様に計算し、そのχ^2値からχ^2分布を用いてp値を計算します。それによって、差がある・差がないということを有意水準に従って判定しました。

スライド 7-37

独立性の検定 (復習)

1　確率変数Xと確率変数Yとの間には「関係がない」と仮定

・X = {薬A, 薬B}, Y={効果あり, 効果なし}

2　観測度数に対応する期待度数を算出

・縦横の比率を同じにする

	効果あり		効果なし	
薬A	80	72	40	48
薬B	52	60	48	40

3　上記からχ^2値を計算

$$\chi^2 = \frac{(80-72)^2}{72} + \frac{(52-60)^2}{60} + \frac{(40-48)^2}{48} + \frac{(48-40)^2}{40} = 4.889$$

4　自由度(行数-1)×(列数-1)のχ^2分布を用いてp値を計算

・自由度1のχ^2分布では$p = 0.027$

有意水準5%では	「差がない」とは言えない → 「差がある」
有意水準1%では	「差がある」とも「差がない」とも言えない

> 手順としては適合度の
> 検定と全く同じ

スライド 7-38

対立仮説と帰無仮説

対立仮説 (alternative hypothesis) H_1　　証明したい仮説

・例1：「サイコロは歪んでいる」
・例2：「薬Aと薬Bの有効性に差がある

帰無仮説 (null hypothesis) H^0　　　上記を否定する仮説

・例1：「サイコロは歪んでいない」
・例2：「薬Aと薬Bの有効性に差がない」 ◀----- こちらの方が扱いやすい

仮説検定の対象となるのは「帰無仮説」の方！

帰無仮説が棄却される(無に帰る) → 対立仮説が支持される

帰無仮説が棄却されなかったら・・・
必ずしも帰無仮説が正しいことにはならないことに注意！

▶スライド 7-38

　このように、対立仮説は自分がこれから証明したい仮説に対応します。それに対して、それを直接証明するのが難しいときに、あえて否定する目標として対立する仮説である帰無

仮説を設定するところが仮説検定のスタートです。帰無仮説の下で標本のような結果が起こりうる確率を計算した上で、有意水準と比較することで帰無仮説を評価した結果、これが棄却されると、対立仮説が支持されます。

　一方、場合によっては帰無仮説が棄却されないこともあり得ます。その場合は、帰無仮説が正しいとは限りません。これが仮説検定の非対称性と言われる性質でした。

▶スライド 7-39

　実際の場合としては、真に対立仮説が誤っていることもありますが、単純に標本サイズが小さく、あるいは、たまたまそういうサンプルにあたってしまったということによって、帰無仮説が積極的に棄却できないというケースでは、「結論としては何も言えない」というのが正しいことになります。これは仮説検定では一番大事なところなので、必ず理解するようにしておいてください。

スライド 7-39

仮説検定の非対称性

帰無仮説H_0の判定結果から得られる結論は非対称

帰無仮説H_0が棄却されたとすると

・対立仮説H_1が支持される

帰無仮説H_0が棄却されなかったとすると

・結論として何も言えない ◀- - - -

> 真に対立仮説H_1が誤っている
> or
> 標本が足りなくて帰無仮説H_0を積極的に棄却できない

・例：治療薬AとBの有効性に差があるか？
1. 帰無仮説H_0：薬Aと薬Bの有効性には差がない
2. 症状に改善が見られた患者数：20人中18人　20人中15人
3. もし仮定が正しければ上記事象は十分に起こり得る
4. 薬Aと薬Bの有効性には差があるとはいえない
　　　（※差がないともいえない）

▶ 第一種・第二種の過誤

▶ スライド 7-40

　それでは、「検定の考え方」の第一種・第二種の過誤について説明します。検定においては、大きく分けて第一種過誤と呼ばれる誤りと、第二種過誤と呼ばれる誤りの 2 種類があります。具体例はこの後見てもらうとして、まずはどういうものか、定義を説明したいと思います。まず第一種過誤、スライドに書いてある α ですが、これは帰無仮説が正しいにもかかわらず棄却してしまう、という誤りの確率になります。危険率と呼ばれることもあるのですが、これは有意水準の α と同じものです。

　もう 1 つは第二種過誤というもので、ここでは β という記号で表現し、帰無仮説が正しくないにもかかわらず棄却しない、という誤りに対応します。この α や β は、誤りが起こってしまう確率を表していると思ってください。β そのものを評価することもありますけれども、よく使われるのは実は検出力と呼ばれる $1-\beta$ の方です。これは、正しくない帰無仮説を棄却できる確率です。従って、帰無仮説が正しくないのだったら、それをきちんと棄却できるという確率が $1-\beta$ に対応します。

　仮説検定では、有意水準は仮説検定をデザインする人が設定するので、α はあらかじめ決められるものです。一方、β については標本規模などに依存して決まり、大枠としては α と β の間にはトレードオフの関係が存在します。ですが、実際にはある有意水準 α に対して、標本サイズの確保等によってできるだけ β を小さくする、つまり検出力 $1-\beta$ を大き

スライド 7-40

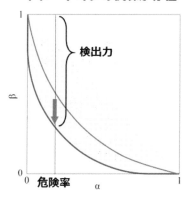

第一種過誤と第二種過誤

第一種過誤 (type-I error) 確率 α

- 帰無仮説が正しいにもかかわらず棄却してしまう誤り
- α は危険率とも呼ばれる

第二種過誤 (type-II error) 確率 β

- 帰無仮説が正しくないにもかかわらず棄却しない誤り
- $1-\beta$ を検出力 (正しくない帰無仮説を棄却できる確率) とよぶ

あらかじめ定めた十分小さい有意水準 α に対して β をなるべく小さくしたい

α と β との間にはトレードオフの関係が存在

検出力

危険率

くするような形で仮説検定を設計することになります。こういう2種類の過誤があって、αやβで示される過誤の確率についても考える必要があるのだということを理解しておいてください。

▶スライド 7-41

　では、もう少し理解を深めるために具体例を見てみましょう。まず1つの例として、例えばある友人Aさんが約束の時間に来なかった例を考えてみます。Aさんが約束の時間に遅れてくる確率の分布を描いてみると、スライド右に示すような分布になると考えてください。例えば5分以内にやってくる確率は70%、15〜20分の遅刻は3%、20分以上の遅刻は1%というような例になります。

　そんな遅刻パターンをもっているAさんが、約束をした時間から15分経っても来なかったとします。実際にはいつものようにゆっくりシャワーを浴びているだけであったとしても、Aさんが遅れる確率から考えると、「それは普通ではない。緊急事態だ！」と思ってAさんの家に駆け付けてしまうかもしれません。結果からすると、いつもどおりなのだけれども、普段の感覚で言うとあまり起こり得ないことがたまたま起こっていただけで、「慌てて」駆け付けてしまったということになります。これが第一種の過誤に相当するものです。

　一方、通常とは異なり、実は水道管が破裂して、家でそれに対処していて助けが必要だったかもしれないのだけれど、遅刻なんていつものことだと思って待ち続けてしまうことも

スライド 7-41

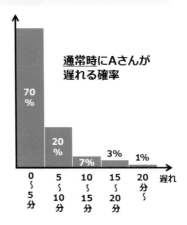

あるでしょう。これは仮説検定の仮説としては、「いつもどおり」というのが帰無仮説になっているわけですが、帰無仮説を棄却しなかったという形になり、こちらは第二種の過誤に相当するものになります。

▶スライド 7-42

　もう 1 つ例を見てみましょう。今度は、何人かでくじを引くのですが、そのくじが公正なのかどうなのか考える例になります。例えば、事実としては「本当に公正だった」のだけれども、たまたま男性ばっかり当たりがでてしまい、くじを引いた女性の 1 人である花子さんに「やっぱりイカサマだ」と決めつけられてしまうことがあり得ます。逆に、本当はイカサマだったのだけれども、イカサマを主張したら、太郎君に「サンプルが少なくて、たまたまだ。イカサマではない」と言い逃れをされてしまうことも起こり得ます。

　この場合には、「公正だった」が帰無仮説になるわけですが、それが正しかったのに、棄却されてイカサマだと決めつけられてしまうのは、第一種過誤に相当します。それに対して、「公正」という帰無仮説を棄却するべきなのに、棄却し損ねる後者が第二種過誤に相当します。

スライド 7-42

第一種過誤と第二種過誤

検定には二種類の誤りがある

何人かでくじを引いてみたとする

・**くじは公正か？**

1. 本当に公正だった（真実）

・たまたま男ばっかり当たったのに花子さんに「やっぱりイカサマだ！」と決めつけられる（判断）

・第一種の過誤 (type I error)

2. 本当はイカサマがあった（真実）

・サンプル数が少なくて、太郎君に「そんなことはないって！」と言い逃れされる（判断）

・第二種の過誤 (type II error)

当たり

スライド 7-43

（復習）第一種過誤と第二種過誤

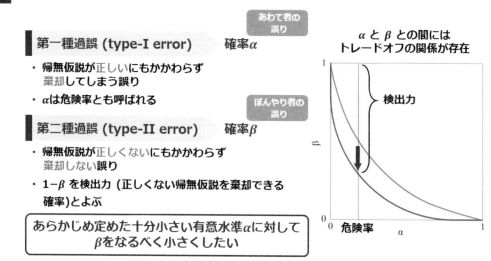

あわて者の誤り

第一種過誤 (type-I error)　確率α

- 帰無仮説が正しいにもかかわらず棄却してしまう誤り
- αは危険率とも呼ばれる

ぼんやり者の誤り

第二種過誤 (type-II error)　確率β

- 帰無仮説が正しくないにもかかわらず棄却しない誤り
- $1-\beta$ を検出力 (正しくない帰無仮説を棄却できる確率)とよぶ

あらかじめ定めた十分小さい有意水準αに対して
βをなるべく小さくしたい

α と β との間には
トレードオフの関係が存在

検出力

危険率

▶スライド 7-43

　ということで、帰無仮説が正しいにもかかわらず棄却してしまうのが第一種過誤です。「あわて者の誤り」とも言えます。一方、第二種過誤は「ぼんやり者の誤り」とも言えますね。α が「あ」β が「ぼ」とアルファベット通りなので、覚えやすいでしょうか。

スライド 7-44

まとめ

過誤と標本サイズの関係性を正しく理解すること

標本サイズを大きくすると

第一種過誤 は減らない	・帰無仮説が正しいにもかかわらず棄却してしまう誤り ・あわて者の誤り
第二種過誤 は減る	・帰無仮説が正しくないにもかかわらず棄却しない誤り ・ぼんやり者の誤り

▶ スライド 7-44

　まとめてみましょう。仮説検定における誤り、過誤には 2 つあり、第一種過誤と第二種過誤というのがあります。標本サイズを大きくしても、第一種過誤は減りません。これは解析の設計者があらかじめ 5%や 1%というふうに決めておく有意水準に対応するものなので、サイズに依存しないのです。また、第一種過誤は帰無仮説が正しいにもかかわらず棄却してしまう誤りのことなので、「あわて者の誤り」とも考えられるのです。

　それに対して、第二種過誤には、標本サイズが大きくなってくると、減らすことができます。また、第二種過誤はその性質を考えると、「ぼんやり者の誤り」とも考えられます。この辺りは、第 10 回でもう少しじっくり学びますが、今回はここまでにします。

第**8**回

二元分割表の
リスク比とオッズ比

二元分割表のリスク比とオッズ比

リスク比とオッズ比

- リスク差（絶対リスク）
- リスク比（相対リスク）
- オッズ、オッズ比、対数オッズ比

前向き研究と後ろ向き研究

- 前向き研究（コホート研究 / prospective study）
- 後ろ向き研究（ケース・コントロール研究 / retrospective study）

オッズ比の推定

- 標本オッズ比
- 区間推定、信頼区間、信頼係数

▶ スライド 8-1

　それでは、第 8 回は「二元分割表のリスク比とオッズ比」を学びましょう。本日の内容ですが、「リスク比とオッズ比」、「前向き研究と後ろ向き研究」、「オッズ比の推定」、さらに発展的に区間推定、信頼区間、信頼係数まで学びます。

　リスク比、オッズ比といっても、例えば賭け事、競馬などに興味ある人以外はあまり普段の生活で気にすることはないだろうし、あまり聞いたこともないという人も多いかと思います。例えば医学研究では、オッズ比とその信頼区間をよく使いますし、医師国家試験の試験範囲にも入っているくらい重要なのですが、他の領域では、統計入門で必要なのか疑問に思われる方もおられるようです。ただ、新型コロナワクチンの有効性 95％とかは、このリスク比での評価なんですよ、と言うと皆さんも少し興味を持ってもらえるかもしれません。

▶ リスク比とオッズ比

▶ スライド 8-2

　そもそもこれらの指標は何のために存在するのでしょうか。独立性検定などで 2 つの要因に関係があるかないかを調べる方法はこの統計入門で学んできました。しかし、その関係が強いのか弱いのか、例えば 2 つのものに関係があると分かったときに、さらにどちら

214

関係の強さをどうやって表すか？

がより関係しているのかといったことも知りたくなりますね。先ほど挙げたワクチンの効果の話なども代表的なものですが、そのときの指標の1つにあたるのです。

　こちらのスライドは、例えば、喫煙の有無は2つの疾病A・Bのどちらと関係が強いでしょうかということを考えていきます。喫煙あり・喫煙なしで、発症ありが色の濃い方、発症なしが薄い方で、左がAという病気、右がBという病気の例です。この図を見たら、たばこは疾病Bの発症と関係が強そうだということは分かりますね。ただ、もう少ししっかり数字などで程度を表現できないのか、見た目だけで終わっていいのだろうかという問題が残ります。

▶スライド 8-3
　その助けになる1つがリスク差です。これは絶対リスクとも言い、リスクの絶対的な差を計算します。リスクとは、あるイベントが起こる確率です。つまり、喫煙ありの人で疾病Aが発症するのは53％で、発症しないのが47％です。喫煙なしの場合、発症するのは49％です。そうすると、この差は4％ですね。ただ、53％と49％の差が4％とパーセントで言うと、何を100％と考えてよいか決められないので、ここでは4ポイントという言い方をします。

　少し前までは、例えばテレビニュースで選挙の投票率などを比較するときに混同されて使われていたのですが、最近はポイントで伝えるように徹底されていると思います。

　本題に戻りますと、疾病Aの場合に、たばこを吸っている人の場合リスクは4ポイント高いです。疾病Bの場合は、83－14で69ポイント高いです。このリスクの差をリスク差といいます。

スライド 8-3

リスク差（絶対リスク）

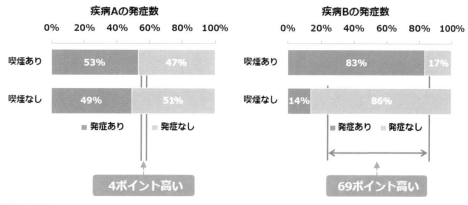

スライド 8-4

リスク比（相対リスク）

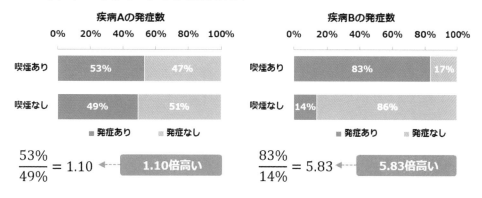

▶ スライド 8-4

　もう 1 つの方法はリスク比です。これは相対リスクとも言いますが、あるイベントが起きる確率の相対的な差異を比で表します。具体的には、53%と 49%の比ということで 1.1 倍高いですね。疾病 B の場合は 83 と 14 なので、割り算すると 5.83 倍高い、ということがわかります。これがリスク比です。

▶スライド 8-5

　こちらのスライドは、もう 1 つの方法のオッズについて説明しています。オッズとは、見込みを示す方法として古くから利用されてきたもので、実際のところギャンブルが、なじみのある一例です。確率 p、先ほどの 53％とか 49％にあたりますが、これを、発症しなかった確率にあたる 1－p、疾病Aの例では 100－53 の 47％で割った 53/47 がオッズです。

　別の表現では、成功が a 回、失敗が b 回、つまり全体で a＋b 回挑戦する例では、a/b がオッズになります。とにかく、起こった方と起こらなかった方との比です。具体的には 5 回に 1 回成功するような場合、確率は 1/5 の 0.2 です。オッズはどうなるのでしょうか。1/5 で起こるのと起こらないほう 4/5 の比ということになるので、1/4 ですから 0.25 になります。これがオッズの定義です。

　賭け事ではオッズが低いほど、その事象発生時の儲けが多くなります。オッズ 0.25 の場合は、賭け金 1 を賭けておくと、当たりの場合にはさらに賭け金 4 を受け取れ、元手が 5 倍になるということです。オッズの表現方法としては、このように失敗数と成功数で書くもの、それから賭け金を加えた表現、賭け金額 100 に対する儲けの金額などいろいろな方法があります。

▶スライド 8-6

　このようにオッズは一般の生活の中ではギャンブルで目にすることが多いですが、国や競技によって表現方法はまちまちです。ヨーロッパやアメリカ合衆国での競馬は、単勝

スライド 8-5

オッズ（Odds）

1. オッズOddsと確率pは同じものの別表現

・見込みを示す方法として古くから利用（例：ギャンブル）

確率p	・$Odds = p/(1-p)$
成功a回，失敗b回	・$Odds = a/b$
例：5回に1回成功	・$p = 1/5 = 0.2$ or $Odds = \dfrac{1/5}{4/5} = 1/4 = 0.25$

オッズが低いほど、
その事象発生時の儲けが多い
例：オッズ 0.25 の場合
賭け金 1 を賭けておくと、
当たりの場合には、
さらに賭け金 1 / 0.25 = 4 を
受け取れる（元手が5倍）

オッズの表現法：
失敗数と成功数：4:1, 4/1　　賭け金を加えた表現：5.0, 5 for 1
賭け金額100に対する儲けの金額：+400

オッズは「10-1、5-2、2-1、3-2、30-1」のような感じで、失敗数−成功数で表現されています。ケンタッキーダービーの例などスライドのリンクで確認してみてください。

　ところが、日本の馬券は、このような表現になっていません。報道などでも、何倍と言うのがよく聞かれますね。アメリカの場合の失敗 1−成功 5 のような表現は、日本で表現すると 1.2 倍ということになります。つまり、6 回やると 5 回勝つので賭け金が 1.2 倍になるというように、賭け金が何倍になって払い戻されるかという表現の方が使われることが多いです。1 回失敗−2 回成功の場合、当たった場合には 1.5 倍になって返ってくることになります。実際には、このまま賭けると、儲けが出ません。胴元が手数料としてお金を確保する必要がありますので、実際には数字どおりではないということを知っておいてください。

　具体的には、胴元分を除いた割合である還元率というのがあります。宝くじは実は還元率が低い方で、45.7%を当選者が分け合うイメージです。還元率は、還元しない分は行政や産業振興に使うということで、割合も含めて法律で決まっているのですが、公営ギャンブルと言われる、競艇、競輪、オートレース、この辺は大体 75%ぐらいでほぼ一緒です。toto、サッカーのくじは 50%ぐらいということで、宝くじと同じような率です。とにかく、胴元が確保するお金はスポーツ振興等あらかじめ決まった目的に役立てるということで法律が決まっているのです。実は、パチンコは割と還元率が高目で 85%程度と言われますが、使う台による差も大きいと聞きますので、純粋な確率ではないようです。オッズについて理解が深まったでしょうか。

スライド 8-6

ギャンブルにおけるオッズ

国や競技によって様々な表現方法

ヨーロッパやアメリカ合衆国などでの競馬

・単勝オッズが「10-1, 5-2, 2-1, 3-2, 30-1（失敗数-成功数）」と表記
・ケンタッキーダービー：https://www.kentuckyderby.com

日本の公営競技

・払戻金の倍率（賭け金が何倍になって払い戻されるか）→ オッズ

アメリカ	日本		3-5	1.6
1-5	1.2		4-5	1.8
1-2	1.5		6-5	2.2
1-1	2.0		7-5	2.4
2-1	3.0		7-2	4.5

実際には
このまま行うと
儲けが出ないので
調整が必要

スライド 8-7

オッズ比

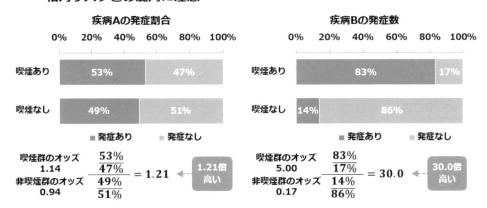

▶スライド 8-7

　オッズ比については、相対リスクと混同してしまわないようにお願いします。スライドの左側の例では、喫煙ありのオッズは 53/47 です。このオッズと、喫煙なしのオッズ 49/51 を比べたオッズ比、英語では odds ratio と言いますが、1.21 が計算できます。つまり、たばこを吸っていると疾病 A になるオッズが 1.21 倍ということが分かります。右側の疾病 B の場合は、83/17 を 14/86 で割って、オッズが 30 倍ということが分かります。

▶スライド 8-8

　これは度数表、クロス集計表からも直接計算できますね。例えば、要因 X があるときの疾病 Y の発症数は、全体で要因 X ありが 100 であって、そのうち発症ありが 83 で、発症なしが 17 です。要因 X がないとき合計は 300 人で、そのうち 42 人が Y という病気を発症しますということで二元分割表が作れます。オッズ比は 83/100 を 17/100 で割ったものを、42/300 を 258/300 で割ったものですが、それぞれ分母が同じなので消えます。そうすると、83/17 を 42/258 で割ることになり、さらに少し変形すると、$(83 \times 258)/(17 \times 42)$、こういうたすき掛けの計算ができることが分かります。

▶スライド 8-9

　ここまでを復習します。リスク比というのは全体の中で病気が起こったなどの、2 つの比でした。つまり、$a/(a+b)$、$c/(c+d)$ です。オッズ比は a/b と c/d の比ということなのですが、先ほど学んだとおり、ad/bc で、たすき掛けで計算できるということでした。

スライド 8-8

オッズ比の求め方

度数表から直接計算できる

	疾病Yの発症数		計
	あり	なし	
要因Xあり	83	17	100
要因Xなし	42	258	300
計	125	275	400

$$\frac{\frac{83}{100}}{\frac{17}{100}} = \frac{\frac{83}{17}}{\frac{42}{258}} = \frac{83 \times 258}{17 \times 42} = 30.0$$

スライド 8-9

リスク比とオッズ比

リスク比　　（相対リスク, RR）

- $\dfrac{a/\ (a+b)}{c/\ (c+d)}$

リスク比　　（Odds Ratio, OR）

- $\dfrac{a/b}{c/d} = \dfrac{ad}{bc}$

	イベントの発生		計
	あり	なし	
要因あり	a	b	a + b
要因なし	c	d	c + d
計	a + c	b + d	a+b+c+d

- **イベント発生割合が小さい場合はオッズ比でリスク比を近似できる** $a+b \cong b,\ c+d \cong d$

なぜオッズ比がいるの？

- オッズ比はケース・コントロール（後ろ向き）研究で威力を発揮
- 対称性がある（イベント発生「なし」のオッズ比は「あり」の逆数）

- 発生「なし」に着目 → リスク比＝ $\dfrac{b/\ (a+b)}{d/\ (c+d)}$ だがオッズ比＝ $\dfrac{bc}{ad}$

　ここからが重要なのですが、イベント発生割合が小さい場合は、オッズ比でリスク比を近似できるのです。つまり、a/(a+b) も a/b も微積分で経験したように、これが起こらない方の数値が大きくなればなるほど、つまり、起こる確率が小さい場合 a/b も a/(a+b) も差がなくなっていくので、近似できるのです。

　ところで、皆さんにはいまひとつなじみのないオッズ比ですが、なぜ必要なのでしょうか。これは、次にお話しするケース・コントロール研究と、後ろ向き研究で威力を発揮するのです。また、対称性があるというメリットもあります。イベント発生なしのオッズ比は、「あり」の逆数です。つまり、bc/ad も da/bc も、言っていることは一緒なのです。ただ、逆数になるのですね。言い換えると、「発症なし」に注目すると、リスク比は新しく計算が必要になりますが、オッズ比は「発症あり」の逆数で簡単に表せるということです。

1. 前向き研究・後ろ向き研究

▶スライド 8-10

　それでは、今出てきたもののことを少し深く掘り下げて、前向き研究と後ろ向き研究について触れていきたいと思います。前向き研究と後ろ向き研究といってもなかなかピンとこないと思うのですが、大まかに言うと、調査対象とする集団全体、コホートと呼ばれますが、それを調査開始時に先に決めてしまうのが前向き研究です。例えば、このクラスについて将来病気になる人がどれだけいるか、偉くなる人がいるか、中退する人がどれだけいるかといった、知りたい結果が将来起こる確率を調べたい場合に用います。このクラス 60 人だったら 60 人を数年間ずっと追いかけるということをして、その中で病気になった人や中退した割合を出します。その中では男女別や運動部在籍の違いなどを評価することもあるでしょう。

スライド 8-10

二元分割表のリスク比とオッズ比

リスク比とオッズ比

- リスク差 （絶対リスク）
- リスク比 （相対リスク）
- オッズ、オッズ比、対数オッズ比

前向き研究と後ろ向き研究

- 前向き研究 （コホート研究 / prospective study）
- 後ろ向き研究 （ケース・コントロール研究 / retrospective study）

オッズ比の推定

- 標本オッズ比
- 区間推定、信頼区間、信頼係数

　ところが、このようにずっと追いかけるということは時間がかかります。毎月なのか毎年なのか状況を確認する手間もかかります。そんなに時間や手間をかけていられないことがほとんどです。皆さんのレポートではそんなに時間も手間もかけていられないですよね。そういうときに、別の調査方法を考える必要があります。例えば病気になった人・中退した人等を最初に集めます。比較対象として、病気でない人・中退せずに卒業した人も何人か集めてきます。その人たちの中で男女差があるのか、運動部に在籍していたのかということを過去にさかのぼって比較するのが、後ろ向き研究で、ケース・コントロール研究や症例対象研究と呼ばれるものになります。

▶ 前向き研究・後ろ向き研究

▶ スライド 8-11

　前向き研究は、英語では prospective study と呼ばれ、想定する原因でグループに分け、引き起こされる結果の違いをずっと追い掛けます。追いかける対象のことをコホートと呼びますが、もともとはローマの歩兵隊の 1 単位のことです。このコホート中で、例えば喫煙者と非喫煙者を認識した上で追跡して、将来の心疾患の発生を比較します。このクラスの中には、ほとんどいないと思いますが、たばこを吸う人と、たばこを吸わない人を何十年も追い掛けて、その発生頻度を比較します。肺がんを調べようと思ったら、この後 40 〜 50 年追い掛けないと分からないですね。コストや時間がかかるという問題点があります。

スライド 8-11

前向き研究と後ろ向き研究

コホート研究 (cohort study)
コホートとはグループのこと
（元々は古代ローマの歩兵隊の一単位300〜600人）

- 前向き研究 （prospective study）
- 原因 ➡ 結果
- 例：喫煙者と非喫煙者を追跡して将来の心疾患の発生を比較する
- コストや時間がかかる

ケース・コントロール研究 (case-control study)
ケース：症例群 （ある時点で既に発生）
コントロール：対照群 （発生していない）

- 後ろ向き研究 （retrospective study）
- 結果 ➡ 原因
- 例：心疾患の発症者と非発症者の過去の喫煙状況を調べて比較する
- バイアスが入りやすい （マッチングなどで対処）

　こんなに時間をかけていられないときに登場するのがケース・コントロール研究です。ケースとは病気が発症した人、コントロールとは対照群ということになります。ある時点で既に発症している人と、発症していない人、すなわち結果でグループに分けます。これらのグループの情報を後ろ向きにさかのぼって確認するということをします。具体的には、心疾患の発症者と非発症者の過去の喫煙状況を調べて比較するということになります。先ほどと同じことをやっているようにみえると思うのですが、非発症者の選び方などに影響される選択バイアスが避けられないという問題点があります。ちなみに、prospective と retrospective、どちらも spect がついていますね。「spect」とは、「見る」です。pro は前に、retro は後ろに spect するということです。

▶スライド 8-12

　Evidence Based Medicine というのを皆さん聞かれたことがあるでしょうか。「証拠に基づいた医療」という意味です。その中では、エビデンスレベルというのがあります。試験管など実験室で分かった差は、確かに意味があることかもしれないけれど、細胞だけで見た差で、臓器や個体になっても同じことが言えるかどうかは分からないですよね。そうなると、では動物実験をしましょうとなるでしょうけれど、動物で当てはまるからといって人間にも当てはまるかどうかは分からないという問題が残ります。また、少し論点は変わりますが、専門家の意見や考えというのも尊重されます。いずれにしても、人での証拠がないという問題点が避けられません。

スライド 8-12

「EBM 研究の様々なエビデンスレベル

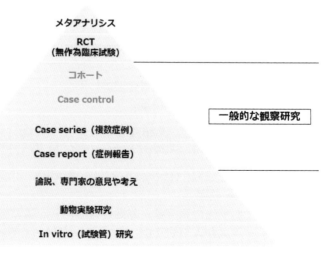

　そこで、まずは薬だったら、使った患者さんの結果等を報告します。相当特殊な例では、1 例だけでも価値はありますが、1 例だけで信じていいのかという問題もあります。そこで、このような例を複数集めたケース・シリーズになると、だいぶ信頼性が増してきますね。「この薬を 50 人試したら結構良かったです」というのは 1 人に効いたという報告よりはだいぶ信頼性が上がります。ただし、その影響がその薬によるものなのか、他の原因よるものなのか、さらにはたまたまなのか、等の判断ができません。

　そこで登場するのが、先ほどのケース・コントロールということになります。良くなった人と良くならなかった人、使った人、を比べることになります。これはだいぶ信頼性が高くなりますね。その上にあるのがコホートです。全体として、薬を使った人の割合も現実に即した中でその影響などを比較できるようになります。ただし、薬を使った人と使わなかった人の背景については違いがあります。この違い方が薬の使用の影響より大きい可能性などは、不明な点として残ります。

　さらに、この上にあるのが無作為に選んできて比較する Randomized Controlled Trial で RCT と略されます。薬を使った人、使っていない人が同じ背景を持つのかどうかなどは分からない点を改善します。さらに上にあるのは、こういう RCT を幾つも組み合わせて、日本でやったもの、アメリカでやったもの、中国でやったもの、同じようなものを全部集めて評価すると、相当信頼性の高いレベルになります。

　この統計入門で扱うのは、人での証拠のコホート、ケース・コントロールです。

▶ スライド 8-13

　コホートでは、通常前向きに集団を追いかけます。喫煙者と非喫煙者、という喫煙の有無という原因の違いを持つ人たちをずっと追いかけて、結果、将来の心疾患の発生を比較することを考えます。そうすると、スライドに示した二元分割表ができます。喫煙なしが 1,170 人、喫煙ありが 830 人です。全体が 2,000 人の中でこの 1,170 人、830 人というのは調査を始めるときに既に決まっているわけです。これをずっと追いかけて、心臓の病気になった人がそれぞれのグループで 30 人、70 人だったとわかります。

　では、リスクはどうなっているのでしょうか。喫煙あり群では 830 人中 70 人発症したので 8.43％になります。喫煙なし群では 1,170 人中 30 人発症したので 2.56％です。心疾患発生のリスク差は、この差を取ればいいだけなので、引き算をして 5.9％になります。ここから、喫煙グループ 100 名は非喫煙グループ 100 名よりも心疾患が 6 名多いという解釈ができ、この指標がリスク差と呼ばれます。

　リスク比については、8.43 と 2.56 の比なので 3.3 です。喫煙グループは非喫煙グループより心疾患発生が 3.3 倍多いという言い方もできます。この数年話題になっているワクチンの効果は、主にこの指標が用いられています。

　オッズ比は $(760 \times 30) / (70 \times 1170)$ と計算するのでしたね。オッズ比は 3.5 になります。コホート研究では解釈の容易なリスク比を用いることが多いのですが、発症割合が小さい

スライド 8-13

コホート研究（前向き）

喫煙者と非喫煙者を追跡して将来の心疾患の発生を比較

心疾患発生のリスク

- 喫煙あり： $\frac{70}{830} = 8.43\%$
- 喫煙なし： $\frac{30}{1170} = 2.56\%$

心疾患発生のリスク差　　**5.9**

- 喫煙グループ100名は非喫煙
  グループ100名より心疾患発生が6名多い

心疾患発生のリスク比　　**3.3**

- 喫煙グループは非喫煙グループ
  より心疾患発生が3.3倍多い

心疾患発生のオッズ比　　**3.5**

	心疾患の発症数		計
	あり	なし	
喫煙あり	70	760	まずこの人数を決める 830
喫煙なし	30	1140	1170
計	100	1900	2000

コホート研究では，解釈の容易なリスク比（相対リスク）を用いることが多いが，発症割合が小さい場合はオッズ比でも近似可能

場合は、先ほどお話ししたようにオッズ比でも近似できます。オッズ比はこの統計入門の最終回で出てくる多変量、重回帰などでも出てくるのですが、オッズ比は理解が簡単でない反面、計算がしやすいメリットがあります。そういう点で、先ほどのコホートでもリスク比ではなくてオッズ比が報告されていたように、慣れてしまえば専門家は計算で用いたオッズ比をそのまま解釈して議論もします。ただ、慣れない人にとって解釈しやすいのは、リスク比ですね。いずれにしても、これがコホート研究で用いられる基本となる指標です。

▶スライド 8-14

　では、後ろ向きのケース・コントロール研究はどうでしょうか。これまでお話ししたように結果でわけて、心疾患を発症した人としていない人を選んできて、過去の喫煙状況を調べて比較します。調査の向きは違っても、要因による発症数の違いを捉えたいという点は同じです。

　スライドを見るとリスク比が使えないとなっていますが、なぜなのでしょうか？

　心臓の病気を発症した原因として喫煙の有無が影響しているのか調べたいのですが、手元にある心臓の病気が発症した人は、どれだけかき集めても100人だったと仮定しましょう。この100人が全てのスタートです。当然ながら、「この100人だけ調べてもしょうがないから、病気のない人を集めてきてよ」と指示されます。そうすると、頑張った人は1,900人病気のない人を集めます。ところが、サボりの人は「同じ100人ぐらい集めておいたら

スライド 8-14

ケース・コントロール研究（後ろ向き）

心疾患の発症者と非発症者の過去の喫煙状況を調べて比較

調査の向きは違っても、
要因による発症数の違いを捉えたい

実はリスク比は使えない

- リスク比は心疾患あり（ケース）/
  なし（コントロール）の人数比の影響を受ける
- この人数比は調査者が決めた
  （通常は人数比≠発症割合）

	心疾患の発症数		計
	あり	なし	
喫煙あり	70	760	830
喫煙なし	30	1140	1170
計	100	1900	2000

発症割合がこのぐらいとする

	心疾患の発症数		計
	あり	なし	
喫煙あり	70	40	110
喫煙なし	30	60	90
計	100	100	200

ケース・コントロール研究ではこの人数は調査者が決める

リスク比（上の表）　$\dfrac{70/830}{30/1170} \approx 3.3$

リスク比（下の表）　$\dfrac{70/110}{30/90} = 1.9$

　いいじゃなかろうか」と、100 人だけ病気のない人を集めて終わるかもしれません。そうすると、全体が 2,000 人になったり 200 人になったり、調べる人によって変わってしまい、人数は調査者が決めてしまうことになります。

　全体で 2,000 人というコホートと同規模まで集めると、上のようなクロス集計表ができますが、サボった人の場合は全体で下の表のようになります。これでは、両者のリスク比は全然違ったものになりますね。具体的には疾患有無の比は喫煙の影響を受けています。この発症ありの人・なしの人の取ってくる人数によって、リスクはすごく影響を受けるということです。上の表の場合は 3.3 ですが、頑張らなかった下の表では 1.9 となっていて、調査によってばらつきが大きいことを意味しています。

スライド 8-15

ケース・コントロール研究（後ろ向き）

心疾患の発症者と非発症者の過去の喫煙状況を調べて比較

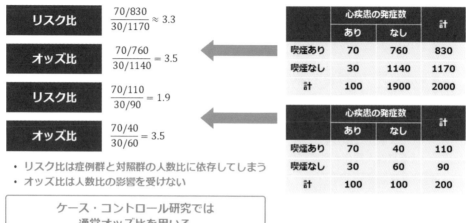

- リスク比は症例群と対照群の人数比に依存してしまう
- オッズ比は人数比の影響を受けない

> ケース・コントロール研究では
> 通常オッズ比を用いる

▶ スライド 8-15

　ところが、オッズ比の場合はそこをうまく調整してくれます。上の場合のリスク比は 3.3、オッズ比は 3.5 でしたね。下の場合は、リスク比は 1.9 となっていますが、オッズ比は 3.5 と一致します。このように、オッズ比には対照群の数に影響されないというメリットがあります。

▶ スライド 8-16

　ケース・コントロール研究の場合は、数を書くと、スライドのようになります。リスク比は A／（A＋B）と C／（C＋D）で、オッズ比は A／B と C／D でした。ところが、対照群で 2 倍の人数を取ってくる頑張った人がいると、リスク比は使えません。一方、オッズ比は、2 倍が両方で消えるので、大丈夫だというのが今の話です。

　このように、対照群の数に依存しないのがオッズ比のメリットです。なお、「コホート研究ではリスク比を用いることが多い」というのは必ずしも正しくなくて、理解がしやすいのでリスク比で説明する場面が多いという方が正しいかもしれません。実際には、この後学習するいろいろな統計手法で計算した結果、オッズ比で示す例も多いです。

▶ スライド 8-17

　オッズ比はケース・コントロールで使いやすいということと、もう 1 つは対称性というメリットがあります。どちらを分母にするかで値は異なるのですが、同じ意味を持ちます。

スライド 8-16

ケースコントロール研究

	症例群	対照群	合計
原因あり	A	B	A+B
原因なし	C	D	C+D
合計	A+C	B+D	A+B+C+D

	症例群	対照群	合計
原因あり	A	2B	A+2B
原因なし	C	2D	C+2D
合計	A+C	2B+2D	A+2B+C+2D

Risk Ratio(RR) = (A/(A+B))/(C/(C+D))

Odds Ratio(OR) = (A/B)/(C/D)

珍しい症例ではRR≒OR

> 症例群と対照群の比は
> いろいろな可能性がある

risk = event / population at risk

> リスクの定義は、「原因あり」のうち「病気が起こる」割合等なので、
> コホートで経過を追いかけた集団でしか分からない値

スライド 8-17

オッズ比の対称性

どちらを分母にするかで値が異なるが同じ意味をもつ

独立なら1

関係が強くなるほど1から遠くなる

- **大きくなるわけではない**
- **逆数の関係にあることに注意**

	疾病Yの発症数		計
	あり	なし	
要因Xあり	83	17	100
要因Xなし	42	258	300
計	125	275	400

$$\frac{83 \times 258}{17 \times 42} = 29.99$$

**要因Xが有るときのオッズは
要因Xが無いときの30倍**

$$\frac{17 \times 42}{83 \times 258} = 0.033$$

**要因Xが無いときのオッズは
要因Xが有るときの1/30**

等価

独立、両方に差がない時、オッズ比は 1 になります。関係が強くなるほど 1 から遠くなります。遠くなるというのは、1.1 よりは 1.5 や 1.8 の方が強いし、逆に 0.9 よりは 0.6 の方が関係が強い、ということです。関係が強い場合、必ずしも数が大きくなるわけではなく、1 から離れるのです。逆数の関係にあることに注意してください。

　要因 X があるときのオッズは、要因 X がないときのオッズの 30 倍なのですが、逆に要因 X がないときは要因 X があるときの 1/30 となり、どちらも 30 倍、1 から離れているというのがポイントになります。

▶ スライド 8-18

　この 30 倍と 1/30 倍が同じ意味ということを示すときに便利なのが、対数という考え方です。高校数学では、何でこんなもん計算する必要があるんだろう？ とピンとこない人もいたかもしれませんが、今回のような場面では便利なのです。

　オッズ比は独立なら 1、関係が強くなるほど 1 から非対称的に遠くなります。1 より大きいときは 1 から∞までになります。1 より小さいときは 0 から 1 で、数字だけ見たらあまり変わらないことになります。ところが、対数オッズ比にすると、独立なら 0 で、関係が強くなるほど 0 から対称的に遠くなります。オッズ比そのままだったら 1 から離れるという感覚しかないのですが、対数を取ると、スライドで示したように、対称性がよく分かるようになります。

▶ スライド 8-19

　対数は、常用対数と自然対数というのがありましたね。計算では自然対数が便利ですが、常用対数も 10 の何乗、0 の数、のような捉え方ができる解釈上の簡単さがあります。

スライド 8-18

対数オッズ比

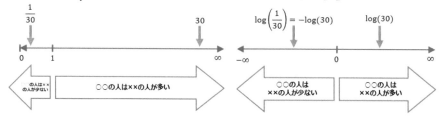

オッズ比

・独立なら1 / 関係が強くなるほど1から非対称的に遠くなる
　・1より大きいとき：1〜∞（極端に大きな値になる）
　・1より小さいとき：0〜1（あまり変わらない）

対数オッズ比

・独立なら0 / 関係が強くなるほど0から対称的に遠くなる

スライド 8-19

対数の復習

常用対数

- $\log_{10} 0 = -\infty$
- $\log_{10} 0.001 = -3$
- $\log_{10} 1 = 0$
- $\log_{10} 1000 = 3$

自然対数　　（e=2.718281828…）

- $\log_e 0 = \ln 0 = -\infty$ 　統計ではこちらを
使う方がいろいろ便利
- $\log_e 1 = \ln 1 = 0$
- $\log_e e = \ln e = 1$

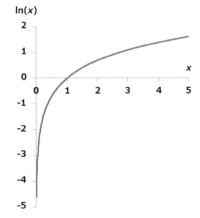

Excelでは LN（□）
（参考までに log（□）が自然対数を表すツールやプログラミング言語も多いため注意）

スライド 8-20

対数オッズ

度数表から計算可能

オッズ比

- $\dfrac{a/b}{c/d} = \dfrac{ad}{bc}$

対数オッズ比

- $\ln\left(\dfrac{ad}{bc}\right) = \ln(a) - \ln(b) - \ln(c) + \ln(d)$

	イベントの発生		計
	あり	なし	
要因あり	a	b	a + b
要因なし	c	d	c + d
計	a + c	b + d	a + b + c + d

オッズ比の分子・分母が入れ替わると符号が反転

- $\ln\left(\dfrac{bc}{ad}\right) = -\ln\left(\dfrac{ad}{bc}\right)$

（例）オッズ比： 30, $\dfrac{1}{30} = 0.033$
対数オッズ比： $\ln(30) = 3.4,\ -\ln(30) = -3.4$

▶スライド 8-20

　スライドのように、オッズの対数を取った対数オッズというのが便利です。オッズ比は度数表から ad/bc と簡単に計算できました。log を取った対数オッズ比も、ln（a）−ln（b）−ln（c）+ln（d）のように比較的簡単に計算できます。オッズ比の分子・分母が入れ替わ

二元分割表のリスク比とオッズ比

リスク比とオッズ比

- リスク差　（絶対リスク）
- リスク比　（相対リスク）
- オッズ、オッズ比、対数オッズ比

前向き研究と後ろ向き研究

- 前向き研究　（コホート研究 / prospective study）
- 後ろ向き研究　（ケース・コントロール研究 / retrospective study）

オッズ比の推定

- 標本オッズ比
- 区間推定、信頼区間、信頼係数

ると符合が反転するだけですね。

　ここまで、オッズ比について学んできました。この後もう少しオッズ比、それからオッズ比の区間推定の話に入っていきたいと思います。

2. オッズ比の推定

▶スライド 8-21

　それでは、オッズ比の推定に入っていきたいと思います。続いて標本オッズ比、それから区間推定、信頼区間、信頼係数と進みます。

▶ オッズ比の推定

▶スライド 8-22

　まずオッズ比の推定なのですが、推定については第10回の講義でしっかりやります。今回は、オッズ比の推定をその一例として、推定のイメージを持っていただきたいと思います。ここまで、関係があるのかないのかだけでなく、どれぐらい関係があるのか知りたいということでオッズ比の話をしてきました。ここからはさらに、サンプルから得られるオッズ比を基に、母集団のオッズ比について考えたいと思います。この作業を推定と呼びます。当然ながら、推定ですので必ず正しいとは限りません。ただ、どれくらい正しいの

スライド 8-22

オッズ比の推定

推定 | 関係があるのかないのかだけでなく、
どのくらい関係があるのかを知りたい

- 推定なので必ず正しいとは限らない
- ただし、どのくらい正しいのかという信頼度は欲しい

> 標本から母集団の（対数）オッズ比を
> 推定できないだろうか？

スライド 8-23

母集団オッズ比

母集団（例：ある100人の教室）のオッズ比が知りたい

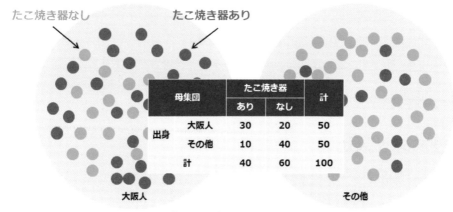

母集団のオッズ比：=30*40/(20*10)=6
母集団の対数オッズ比：=LN(6)=1.792

かという尺度も踏まえて、推定する値を求めていきます。標本から母集団のオッズ比、特にここで使うのは対数オッズ比になりますが、これを推定していきましょう。

▶スライド 8-23

　母集団、例えばある 100 人の教室のオッズ比を知りたいということを考えます。大阪人とその他の地域の人がいて、実家にたこ焼き器がある人と、たこ焼き器がない人の例を思い出してみましょう。大阪人では、「たこ焼き器あり」が多く、その他の地域出身の人で

は、たこ焼き器を持っていない人の方が多かったですね。これを二元分割表に表すと、全体 100 人のうち大阪人が 50 人、その他が 50 人で、大阪人のうちたこ焼き器ありが 30 で、なしが 20 人の一方で、その他は 10 と 40 です。たこ焼き器ありという視点で見ると、持っている人は 40 人で、ない人は 60 人と、これが母集団だと思ってください。

　母集団のオッズ比は、(30×40)/(20×10) で 6 になります。これの対数を取ると 1.792 になります。ただ、この母集団は 100 人なので全員調べられましたが、通常は一部の標本でしか検討できません。その標本で計算されたオッズ比を標本オッズ比と呼びます。

▶スライド 8-24

　今度は標本として、大阪人 10 人、その他の人を 10 人、ランダムに取ってきます。この標本では、たこ焼き器ありの大阪人がいっぱい含まれています。大阪人 10 人、その他 10 人、の合計 20 人の標本で、大阪人でのたこ焼き器あり 8 人と、なし 2 人、その他ではたこ焼き器あり 3 人で、ない人が 7 人という標本でした。標本全体では、たこ焼き器ありは 11 人、なしが 9 人となり、図のようなクロス集計表にまとめられます。この標本のオッズ比は、(8×7)/(2×3) で 9.333 で、対数を取ると 2.234 です。

▶スライド 8-25

　次に、また別の標本を取ってみましょう。先程とはかなり異なる内訳になっていて、スライドのクロス集計表が得られました。このとき、(4×7)/(6×3) で 1.556 がオッズ比で、その対数は 0.441 です。このように、標本を取るたびに得られるオッズ比は変わります。

スライド 8-24

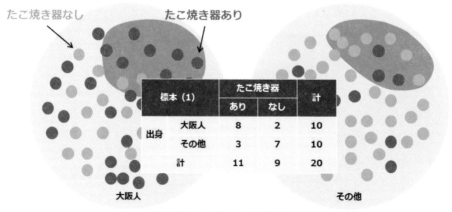

標本オッズ比

調査は集団の一部に対してのみ可能（例：大阪人10人,その他10人）

標本（1）		たこ焼き器		計
		あり	なし	
出身	大阪人	8	2	10
	その他	3	7	10
	計	11	9	20

標本(1)のオッズ比：=8*7/(2*3)=9.333
標本(1)の対数オッズ比：=ln(9.333)=2.234

スライド 8-25

標本オッズ比

調査のたびにオッズ比は変わる・・・

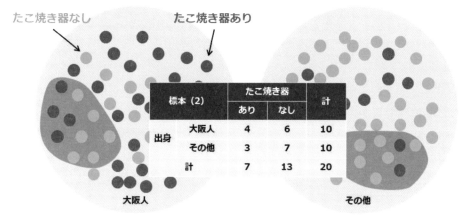

標本（2）	たこ焼き器		計
	あり	なし	
出身　大阪人	4	6	10
その他	3	7	10
計	7	13	20

標本(2)のオッズ比：=4*7/(6*3)=1.556
標本(2)の対数オッズ比：=ln(1.556)=0.441

スライド 8-26

標本オッズ比の分布

標本オッズ比の分布（2回の調査分）

オッズ比　　　　　　　　　　　　　　　　　対数オッズ比

▶スライド 8-26

　得られた結果を表にまとめてみます。左はオッズ比で、右が対数オッズ比です。何度も繰り返し標本をとり出してオッズ比と対数オッズ比を計算します。オッズ比は左に山が寄ったスライドのような分布になっていきます。ただし、対数オッズ比は、標準正規分布に近

づいてきます。

　以前、病院の在院日数の話をしたとき、平均がいまひとつ使いものになりませんよ、という話をしたのを覚えておられるでしょうか。入院する人は1日で帰る人は少なく、4～5日で帰る人が多くて、あとは病状によって長くなる人はいるけども、数は減るという分布でした。今回と同じように、山が左に寄った分布でしたね。対数を取ったら、こういう正規分布に近くなるという話をしましたが、このオッズ比でも同じことが認められるのです。

▶ スライド 8-27

　結果的に、標本対数オッズ比の分布は正規分布で近似できるのです。この講義でも何度かお話ししていますが、統計では正規分布に近似する、という話が多く出てきます。このシミュレーションでは、標本対数オッズ比の分布の統計量は、平均 1.794、分散 0.801 となり正規分布で近似しました。平均は母集団の対数オッズ比、分散は V（標準偏差 S は √V）という正規分布で考えられるので、母集団の平均や分布の推定に用いることができそうです。

▶ スライド 8-28

　また、調査から得られる標本対数オッズ比が、真の値である母集団のオッズ比を中心に、ばらついていると考えられます。そのばらつき方は、先程仮定した正規分布で考えると、平均と分散から分かるはずです。正規分布の場合には平均から標準偏差2個分ずつ前後する範囲の中に全体の約95%が入っているという、これまでに習った知識を推定に使います。

　次に、1回の調査で得られる結果から、母対数オッズ比の範囲を推定します。今回は何回も何回もシミュレーションをしましたが、何回もやるぐらいだったら、最初から全体を調べたらいいわけで、それができないから標本調査をするのですよね。というわけで、1回の標本調査から母対数オッズ比の推定をします。ただし、この1回の調査で得られた標本対数オッズ比は本当に知りたい母集団の対数オッズ比とは必ずしも同じではないはずです。真の値と言える本当の母対数オッズ比というのは、「神のみぞ知る」値としてどこかに存在するはずです。標本から得られた標本対数オッズ比の前後に幅を持った区間で推定すると、求めたい母対数オッズ比が、ある確率で含まれるようになります。この区間内に真値が入るように推定するのが、今回学ぶ方法です。

　次の項でその方法を学んでいきましょう。

スライド 8-27

標本対数オッズ比の分布

標本対数オッズ比の分布は正規分布で近似できる

標本対数オッズ比の分布の統計量

平均	・ **1.794**
	・ 母対数オッズ比（＝1.792）とほぼ同じ
分散	・ **0.801**

正規分布で近似

平均	・ 母集団の対数オッズ比
分散	・ V（標準偏差：$S = \sqrt{V}$）

☺ 調査から得られる標本対数オッズ比が
真の値からどれだけばらつくかが分かる
→区間推定に使える

標本対数オッズ比 **v.s.** 正規分布

スライド 8-28

母対数オッズ比の区間推定

「1回の調査で」母対数オッズ比の範囲を推定したい

- ある調査で標本対数オッズ比が求まったとする
- ただし、母集団の本来の対数オッズ比（母対数オッズ比）からずれる

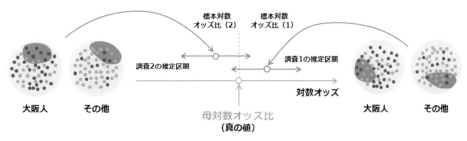

区間内に真値が入るように推定したい

信頼区間と信頼係数

どのくらいの範囲で推定するか？

- 推定区間は狭いほどよい
- あまり広い推定では価値がない

どのくらいの精度が必要か？

- 真の値が推定区間内に含まれる可能性を高くしたい
- あまり外れてほしくない

→ 信頼係数（信頼度）

> 「信頼係数95%の信頼区間」
> 区間内に真値があると95%の確率で言える
> （外れる確率が5%未満の区間）

3. 区間推定

▶スライド 8-29

　まず、信頼区間と信頼係数について説明したいと思います。信頼区間と信頼係数というのは、推定したいものをどれくらいの範囲で推定するかというものです。推定区間は狭いほど意味があります。例えば、男子の平均身長を推定するときに5センチから250センチの間と推定しても、それは全然役に立っていないですね。165から175センチの間と推定するほうが、情報として意味があるということです。つまり、あまり広い推定の範囲では価値がないですよね、ということです。

　さらに、ピンポイントで、例えば170から173センチの間などとしたらかなり意義のあるものなのですが、逆にそこに真の値が含まれていない可能性も高くなります。このように、どれくらいの精度で真の値が推定区間内に含まれるかということも重要です。この精度を信頼係数、信頼度と言います。正確性が高いものが100%、全く当たらないような推定は0%となります。

　ということで、信頼区間と信頼係数は「信頼係数95%の信頼区間」、と表現して使います。厳密には不正確ですが、ニュアンスとしては、「外れる確率が5%未満の区間」と理解してください。

スライド 8-30

信頼区間と信頼係数

どのくらいの範囲で推定するか？

・推定区間は狭いほどよい（あまり広い推定では価値がない）

どのくらいの精度が必要か？「信頼係数」

・真の値が推定区間内に含まれる可能性を高くしたい

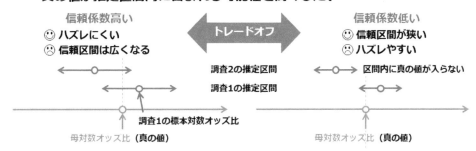

▶スライド 8-30

　この信頼区間の話は分かりにくいテーマの１つですが、これから何度か出てきますので、いろいろな例を見ながらイメージを深めていってください。どれくらいの範囲で推定するのがいいのか？　先程の例でいくと推定区間は狭いほど良さそうです。一方で、逆に精度としては、どの程度確保しないといけないのでしょうか？　真の値が推定区間内に含まれる可能性は高いほど良さそうです。

　先程の対数オッズ比の例で考えてみましょう。左の信頼係数が高い場合は、信頼区間が広くなるので、外れにくくなります。調査１の標本対数オッズ比は、真の値より大きいですが推定区間に真の値を含んでいますし、調査２も推定区間は真の値を含んでいます。このように信頼係数を高くして精度を確保すると、信頼区間が広くなるので、いろいろな標本をとっても真の値をカバーできるケースが多くなります。

　一方、信頼係数が低いと信頼区間は狭くできます。当たらなくてもいいけれども意味のあるものにしようということですね。そうすると、調査２の例のように推定区間内に真の値の母対数オッズ比が含まないこともでてきます。このように、信頼係数の高い・低いと区間の狭さ・広さはトレードオフの関係にあるのだということを認識しておいてください。

スライド 8-31

区間推定

区間推定の手順

1. **先に必要な信頼係数を決める（90, 95, 99%がよく用いられる）**
   信頼係数90%：10回の推定につきに1回の割合で外れるのを許容
2. **1で定めた**信頼係数を達成可能なできるだけ狭い区間を計算する

今解きたい問題

- **標本対数オッズ比** $\ln\hat{\psi}$ **（調査から計算された値）**
- **母対数オッズ比** $\ln\psi$ **（推定したい真の値）**
- **真値** $\ln\psi$ **が含まれると90%の確率で言えるような区間**$[a, b]$**を見つけたい**

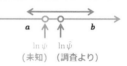

$$P(a \le \ln\psi \le b)=\mathbf{0.9}$$

Question a, bを$\ln\hat{\psi}$を用いて表しなさい

▶ 区間推定

▶ スライド 8-31

　実際には、先に信頼係数を決めます。基本は 95％です。今回は練習というか、イメージのために 90％や 99％でも勉強します。信頼係数 90％とは、10 回の推定につき 1 回の割合で外れるのを許容する、ということです。次の段階として、そのように決めた信頼係数を達成可能な、できるだけ狭い区間を計算していきます。

　標本対数オッズ比 $\ln\hat{\phi}$、ϕ の上の記号はハットと呼びます。ハットとは調査から計算された推定値を意味します。母対数オッズ比は $\ln\phi$ で、推定したい真の値です。今から解きたい問題は、「真値 $\ln\phi$ が含まれる」と 90％の確率で言えるような区間 ［a,b］ を求めることです。つまり、a から b の間に $\ln\phi$ が含まれる確率が 90％になる区間を求めます。

▶ スライド 8-32

　まずは、正規分布に近似した標本対数オッズ比の分布を利用します。平均は母対数オッズ比の $\ln\phi$ で、標準偏差は standard deviation の頭文字 S で考えていきます。正規分布 N（$\ln\hat{\phi}$｜$\ln\phi$、S^2）と表現します。図の青い部分の面積が 0.9 になるように、±c をどう取ったらいいか考えます。

スライド 8-32

区間推定

$P(a \leq \ln \psi \leq b) = 0.9$ の a, b を知りたい

- ここで標本対数オッズ比の分布を利用できる！
- 標本対数オッズ比 $\ln \hat{\psi}$ は正規分布に近似できる
  - 平均：母対数オッズ比 $\ln \psi$
  - 標準偏差：S（後で説明）

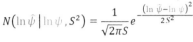

$$N\left(\ln \hat{\psi} \,\middle|\, \ln \psi, S^2\right) = \frac{1}{\sqrt{2\pi}S} e^{-\frac{(\ln \hat{\psi} - \ln \psi)^2}{2S^2}}$$

ばらつきを表現

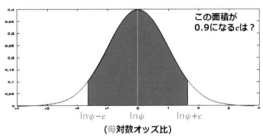

この面積が
0.9になるcは？

$\ln \psi - c$　　$\ln \psi$　　$\ln \psi + c$

（母対数オッズ比）

スライド 8-33

標準正規分布（復習）

確率（面積）から正規分布の積分範囲を知りたい

- $f_X(x) = N(x|\mu, \sigma^2) = \frac{1}{\sqrt{2\pi}\sigma} e^{-\frac{(x-\mu)^2}{2\sigma^2}}$
- $P(\mu - c \leq X \leq \mu + c) = \displaystyle\int_{\mu-c}^{\mu+c} f_X(x)dx$

標準正規分布

- $Z = \frac{X-\mu}{\sigma}$ とおくと　$f_Z(z) = N(z|0,1) = \frac{1}{\sqrt{2\pi}} e^{-\frac{z^2}{2}}$
- $A = P(\mu - c \leq X \leq \mu + c) = P(\mu - c'\sigma \leq X \leq \mu + c'\sigma)$
  $= P(-c' \leq Z \leq c') = \int_{-c'}^{c'} \frac{1}{\sqrt{2\pi}} e^{-\frac{z^2}{2}} dz$

面積Aからc'を調べる

- 大抵の統計テキスト付録に正規分布表が掲載されている
- 最近はコンピュータで計算することも多い

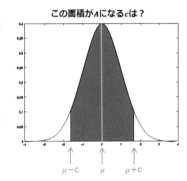

この面積がAになるcは？

$\mu - c$　　μ　　$\mu + c$

▶スライド 8-33

　次に標準正規分布の復習なのですが、確率から正規分布の積分範囲が分かります。平均が 0 で分散が 1 になるように変化させるのを「標準化」といいました。Z＝(X−μ)/σ(μ：平均、σ：標準偏差)とすると、標準化できます。そうすると、平均が 0 で標準偏差が 1 の

正規分布で考えられます。こうすると、±c をどれだけ取るかが考えやすくなります。面積を求めるのに、かつては教科書などの付録にある正規分布表を使ってきたのですが、最近はコンピューターで計算できます。

▶ スライド 8-34

　信頼係数 90% の場合は −1.645 から 1.645 までです。つまり、平均の標準偏差 1.645 個分前後に全体の 90% が含まれます。逆に母対数オッズ比 $\ln\phi$ がこの区間から外れている可能性は 10% で、この値は危険率とも呼ばれます。

▶ スライド 8-35

　信頼係数 95% が一番重要で、−1.96 から 1.96 までです。標準偏差 2 個前後の間では、95.5% になります。1.96 というのは今後皆さんは非常によく目にしますので覚えておいてくださいね。私も留学中に白人高齢髭もじゃの有名な先生が "one point nine six, one point nine six" と何回も絶叫していて、それが耳から離れません。標準偏差 1.96 個分ですから、先ほどの 90% の時の 1.645 個分よりは少し広くなります。精度を高めようとすると、区間はこのように広くなるのでしたね。これはこの章の一番重要なポイントですので、再度確認しておいてください。

スライド 8-34

信頼係数90%の信頼区間

標本対数オッズ比 $\ln\hat{\psi}$ は正規分布に従う　　$\ln\hat{\psi} \sim N(\ln\psi, S^2)$

$$P\left(-1.645 \leq \frac{\ln\hat{\psi} - \ln\psi}{S} \leq 1.645\right) = 0.90$$

標準正規分布表 or コンピュータより

確率90%で次の不等式が成り立つ

$$\ln\psi - 1.645S \leq \ln\hat{\psi} \leq \ln\psi + 1.645S$$

$$\ln\hat{\psi} - 1.645S \leq \ln\psi \leq \ln\hat{\psi} + 1.645S$$

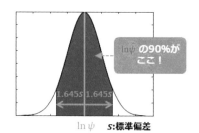

ある標本（1回の調査）で標本対数オッズ比 $\ln\hat{\psi}$ が得られたとき
信頼係数90%の信頼区間は $\left[\ln\hat{\psi} - 1.645S, \ln\hat{\psi} + 1.645S\right]$
（母対数オッズ比 $\ln\psi$ がこの区間から外れる確率は10%（危険率））

スライド 8-35

信頼係数95%の信頼区間

標本対数オッズ比 $\ln\hat{\psi}$ は正規分布に従う　　$\ln\hat{\psi} \sim N(\ln\psi, S^2)$

$$P\left(-1.960 \leq \frac{\ln\hat{\psi} - \ln\psi}{S} \leq 1.660\right) = 0.95$$

標準正規分布表 or コンピュータより

確率95%で次の不等式が成り立つ

$$\ln\psi - 1.960S \leq \ln\hat{\psi} \leq \ln\psi + 1.960S$$

$$\ln\hat{\psi} - 1.960S \leq \ln\psi \leq \ln\hat{\psi} + 1.960S$$

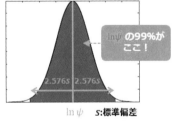

信頼係数95%の信頼区間は $\left[\ln\hat{\psi} - 1.960S, \ln\hat{\psi} + 1.960S\right]$
（母対数オッズ比 $\ln\psi$ がこの区間から外れる確率は5%（危険率））

信頼係数90%の信頼区間 $\left[\ln\hat{\psi} - 1.645S, \ln\hat{\psi} + 1.645S\right]$ より広い

スライド 8-36

信頼係数99%の信頼区間

標本対数オッズ比 $\ln\hat{\psi}$ は正規分布に従う　　$\ln\hat{\psi} \sim N(\ln\psi, S^2)$

$$P\left(-2.576 \leq \frac{\ln\hat{\psi} - \ln\psi}{S} \leq 2.576\right) = 0.99$$

標準正規分布表 or コンピュータより

確率99%で次の不等式が成り立つ

$$\ln\psi - 2.576S \leq \ln\hat{\psi} \leq \ln\psi + 2.576S$$

$$\ln\hat{\psi} - 2.576S \leq \ln\psi \leq \ln\hat{\psi} + 2.576S$$

信頼係数99%の信頼区間は $\left[\ln\hat{\psi} - 2.576S, \ln\hat{\psi} + 2.576S\right]$
（母対数オッズ比 $\ln\psi$ がこの区間から外れる確率は1%（危険率））

信頼係数95%の信頼区間 $\left[\ln\hat{\psi} - 1.960S, \ln\hat{\psi} + 1.960S\right]$ より広い

▶ スライド 8-36

　では、99%まで信頼係数を上げるとどうなるのでしょうか。さらに広がって、標準偏差2.576個分になります。

信頼係数と信頼区間

信頼係数を高く設定すると信頼区間は広くなる

- **信頼係数90%（危険率10%）の信頼区間：** $[\ln\hat{\psi} - 1.645S, \ln\hat{\psi} + 1.645S]$
- **信頼係数95%（危険率5%）の信頼区間：** $[\ln\hat{\psi} - 1.960S, \ln\hat{\psi} + 1.960S]$
- **信頼係数99%（危険率1%）の信頼区間：** $[\ln\hat{\psi} - 2.576S, \ln\hat{\psi} + 2.576S]$

高い信頼係数を求められると区間を広げて安全サイドに振る
（あいまいになる）

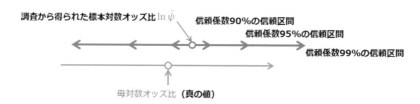

▶ スライド 8-37

　まとめますと、信頼係数を高く設定すると、信頼区間が広くなります。信頼係数が90%のときは標準偏差 1.645 個分前後に信頼区間をとっていたところが、信頼係数が 95% では、標準偏差 1.96 個分、さらに信頼係数 99% では標準偏差 2.576 個分と、信頼区間は広くなります。高い信頼係数を求めると、「ここからここまで広い間にはきっと真の値が含まれるはずです」という感じに、曖昧になってしまうのですね。

　信頼係数 90% だと、10 回の推定で 1 回外れるものが出てくるのです。95% だと、20 回の推定で 1 回外れる程度になるし、99% だと、100 回の推定で 1 回外れるかどうかぐらいになります。精度を高める代償として、信頼区間の幅は広げざるを得なくなるのです。

▶ スライド 8-38

　信頼係数を高く設定すると、信頼区間は広くなるというのは理解していただけたでしょうか？

　さて、標準偏差 S は今まで記号のままで考えてきましたが、実際にはどうやって求めるのでしょうか。ここでは細かい説明を省きますが、対数オッズ比の標準偏差の推定は、クロス集計表のセルの逆数を全部足してルートを取ると求められます。本来の標準偏差は神のみぞ知るで、我々は知りませんので、その代わりにこの推定値 $\hat{S}$ を使います。

▶ スライド 8-39

　スライドの例だと、オッズ比は（8×7）/（2×3）で、対数を取って推定区間の中心にしま

スライド 8-38

標準偏差の求め方

信頼係数を高く設定すると信頼区間は広くなる

- 信頼係数90%（危険率10%）の信頼区間：$[\ln\hat{\psi} - 1.645S, \ln\hat{\psi} + 1.645S]$
- 信頼係数95%（危険率5%）の信頼区間：$[\ln\hat{\psi} - 1.960S, \ln\hat{\psi} + 1.960S]$
- 信頼係数99%（危険率1%）の信頼区間：$[\ln\hat{\psi} - 2.576S, \ln\hat{\psi} + 2.576S]$

対数オッズ比の標準偏差の推定

標本（1）	たこ焼き器		計
	あり	なし	
実家　大阪人	8	2	10
その他	3	7	10
計	11	9	20

標準偏差sは
どうやって測る？

$$\hat{S} = \sqrt{\frac{1}{8} + \frac{1}{2} + \frac{1}{3} + \frac{1}{7}} = 1.049$$

本来のSは不明なので代わりに$\hat{S}$を使う

例：信頼係数90%の信頼区間を $[\ln\hat{\psi} - 1.645\hat{S}, \ln\hat{\psi} + 1.645\hat{S}]$ **とする**

スライド 8-39

標本サイズと信頼区間

標本サイズが大きいと同じ信頼係数でも信頼区間は狭まる

標本（1）	たこ焼き器		計
	あり	なし	
実家　大阪人	8	2	10
その他	3	7	10
計	11	9	20

$$\ln\hat{\psi} = \ln\frac{8 \times 7}{2 \times 3} = 2.23$$

$$\hat{S} = \sqrt{\frac{1}{8} + \frac{1}{2} + \frac{1}{3} + \frac{1}{7}} = 1.049$$

$\ln\hat{\psi}$ の90%が
ここ！

$1.645s$　$1.645s$

$\ln\psi$　　s：標準偏差

90%信頼区間：$[\ln\hat{\psi} - 1.645\hat{S}, \ln\hat{\psi} + 1.645\hat{S}] = [0.51, 3.96]$

標本（3）	たこ焼き器		計
	あり	なし	
実家　大阪人	80	20	100
その他	30	70	100
計	110	90	200

$$\ln\hat{\psi} = \ln\frac{80 \times 70}{20 \times 30} = 2.23$$

$$\hat{S} = \sqrt{\frac{1}{80} + \frac{1}{20} + \frac{1}{30} + \frac{1}{70}} = 0.332$$

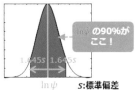

$\ln\hat{\psi}$ の90%が
ここ！

$1.645s$　$1.645s$

$\ln\psi$　　s：標準偏差

90%信頼区間：$[\ln\hat{\psi} - 1.645\hat{S}, \ln\hat{\psi} + 1.645\hat{S}] = [1.69, 2.78]$

す。標準偏差は$\sqrt{}$（1/8＋1/2＋1/3＋1/7）で計算されることが知られていて、信頼区間は90%の場合、1.645 を掛けて、前後の区間にします。信頼区間はこのように括弧で区切って書くことも多いです。90%信頼区間は 0.51 から 3.96 までとなります。

　では、標本サイズが 10 倍大きくなると、どうなるでしょうか。オッズ比は当然比です
から同じです。ところが、標準偏差の推定値は小さくなります。90％信頼区間は 1.69 から
2.78 までになります。20 個の標本から推定するものよりも 10 倍の 200 個の標本で推定し
た方が、同じ 90％信頼係数でも信頼区間の幅が小さくなりますね。サンプルがたくさんあ
るほうが母数を推定するのに高い精度が得られるということです。標準偏差が小さくなる
からなのですが、このこともよく理解しておいてください。

▶スライド 8-40

　今回の講義をまとめます。対数オッズ比の区間推定を学びました。標本対数オッズ比や
標準偏差の推定値は、スライドのような式で求められます。信頼係数 90％の信頼区間は、
標準偏差の 1.645 個分を標本対数オッズ比の前後に足し、一番重要な信頼係数 95％では
1.96 個分を、信頼係数 99％の場合は 2.576 個分の標準偏差を幅として用いるのでした。
　母集団のオッズ比の信頼区間は、対数オッズ比を元にもどせばオッズ比が求まります。

　皆さんがレポートや論文を書くときにも、オッズ比だけではなくて「95％信頼区間は」
と書くと、格式の高い報告になります。
　今回は、皆さんの今までの人生で縁の少なかったリスク比とオッズ比について学びまし
た。次回はリスク差についてもう少し理解を深めましょう。お疲れさまでした。

スライド 8-40

まとめ：対数オッズ比の区間推定

標本対数オッズ比　　　　　　　　　$\ln \hat{\psi} = \ln \left(\dfrac{ad}{bc} \right)$

標本対数オッズ比の標準偏差の推定値　　$\hat{s} = \sqrt{\dfrac{1}{a} + \dfrac{1}{b} + \dfrac{1}{c} + \dfrac{1}{d}}$

母集団の対数オッズ比 $\ln \psi$（母対数オッズ比）の信頼区間

- **信頼係数90％：** $[\ln \hat{\psi} - 1.645S, \ln \hat{\psi} + 1.645S]$
- **信頼係数95％：** $[\ln \hat{\psi} - 1.960S, \ln \hat{\psi} + 1.960S]$
- **信頼係数99％：** $[\ln \hat{\psi} - 2.576S, \ln \hat{\psi} + 2.576S]$

標本		疾病発症	
		あり	なし
要因	有	a	b
	無	c	d

母集団のオッズ比 ψ（母オッズ比）の信頼区間

- $\psi = e^{\ln \psi} = \exp(\ln \psi)$ だから $\exp$（**対数オッズ比**）とすればよい
- **95％信頼区間** $\left[\exp(\ln \hat{\psi} - 1.960\hat{s}), \exp(\ln \hat{\psi} + 1.960\hat{s}) \right]$

第9回

二元分割表における
リスク差の検定・推定

スライド 9-1

目次

二元分割表における母比率の差の検定
- 要因の有無によって、結果の割合に差が生じるかどうかを判定
  - 喫煙の有無でリスク（発症率・死亡率）に有意差はあるか？
  - 投薬の有無で回復率に有意差はあるか？
- 二項分布を用いた二元分割表のモデル
- 母比率の差の検定

母比率の差の推定・信頼区間

それでは、第9回「二元分割表におけるリスク差の検定・推定」を学びましょう。

▶スライド 9-1

リスク差は、二元分割表における母比率の差の検定で主に使われます。要因の有無によって結果の割合に差が生じるかどうか、の判定に使われるのです。例えば、喫煙の有無によってリスク、つまり何かの病気が起こる発症率や何かの病気で死亡する死亡率に、意味のある差である有意差があるかどうかを調べたいときや、投薬の有無で回復率に有意な差があるかどうか、を調べるときが考えられます。二項分布を用いた二元分割表のモデルがベースになり、母比率の差の検定とも呼ばれます。後半では、母比率の差の推定や信頼区間なども学びましょう。

▶スライド 9-2

まず、リスク差の検定からはじめましょう。要因の有無によってリスクに有意な差があるかどうか判定したいという例を考えます。リスクとは、あるイベントが起きる確率のことで、もう少し厳密にいうと、「イベントが起こると想定される集団＝population at risk の中で起こるイベントの確率」になります。疾病 A の発症数と疾病 B の発症数は、たばこを吸っている人・吸っていない人で差があります。たばこを吸っている人では、疾病 A は53％、疾病 B だと83％の発症である一方、吸っていない人では、それぞれ49％、14％の発症という差を確認しました。この絶対差をポイントとして読みましたが、4 ポイントと 69 ポイントの、このポイントの差には意味があるのかどうかというのが次の疑問にな

スライド 9-2

「リスク差 (絶対リスク) の検定

要因の有無によってリスクに有意差があるかを判定したい

リスク あるイベントが起きる確率

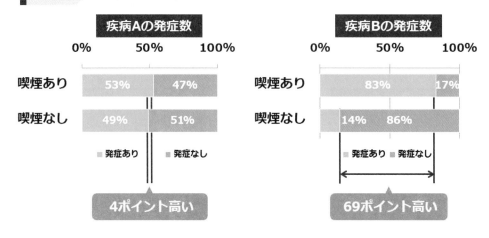

スライド 9-3

「薬の効果はあるか？

薬の投与と風邪症状からの回復の関係を調べたデータから
薬の効果を判定したい

	回復	未回復	対象者数
投与	58	22	80
経過観察	62	38	100
合計	120	60	180

データ収集の際に
まずここを決める

前向き研究 (コホート研究)

対象者
180名

・薬を投与：80名
・経過観察：100名

・それぞれのグループに対して
　風邪症状の回復がみられたかどうかを調査
・このデータから、この薬には風邪症状に対
　して効果があるかどうかを判定したい

ります。

▶ スライド 9-3

　薬の投与と風邪症状からの回復の関係を調べたデータから、薬の効果を判定したいという例もあります。こういうのはコホート研究、前向き研究で行われます。対象としているのは全体で 180 人で、内訳は薬を投与した人が 80 人、経過観察した人が 100 人でした。それぞれのグループに対して回復が見られたかどうかを調査します。このデータから、この薬に風邪症状に対して効果があるかどうかを判定してみましょう。

▶ スライド 9-4

　まず、2 つのグループの回復率は 72.5% と 62.0% と 10.5%（ポイント）の差があります。ということで、回復率の差には違いがありそうだと見られるのですが、この差は統計学的に意味のある差と言えるのでしょうか。リスクや回復率など、要因・条件によって結果の比率に有意差があるかどうか調べたいので、母比率の差の検定という手法を用いて調べてみます。

▶ スライド 9-5

　二元分割表から 2 群の母比率に差があるかどうかを判定します。回復率の差は本当に薬の効果から生まれたものであるか、もしくは、本当は薬の効果はないのだけれども、偶然

スライド 9-4

薬の効果はあるか？

回復率の差から一見効果はありそうな気がするが・・・

二つのグループには回復率に10.5%の差がみられる

- 薬を投与したグループは回復率が72.5%
- 投与しなかったグループの回復率は62.0%

ここから、この薬に効果があると結論してよいか？

	回復	未回復	対象者数
投与	58(72.5%)	22	80
経過観察	62(62.0%)	38	100
合計	120	60	180

リスク（発症率・死亡率）や回復率など、要因・条件によって
結果の比率（割合）に有意差があるか調べたい → 母比率の差の検定

スライド 9-5

母比率（割合）の差の検定

二元分割表から2群の母比率（割合）に差があるかを判定する

以下の二つの場合のどちらかを判定したい

1. 回復率の差は本当に薬の効果から生まれたものである
2. 本当は薬の効果は無いが、偶然このような差が生まれた

	回復	未回復	対象者数
投与	58(72.5%)	22	80
経過観察	62(62.0%)	38	100
合計	120	60	180

検定：「偶然このようなことが起こる確率」を考える

このような差が生まれたのか、2つのどちらにあたるのかを判定します。検定では、偶然このようなことが起こる確率がすごく小さいのだったら「差がある」と考えます。

▶ スライド 9-6

　ですので、この統計的仮説検定における帰無仮説「この薬は効かない」を棄却できるかを判定することになります。検定における仮説の立て方は、まず本当は対立仮説である「この薬には風邪を治す効果がある」ということを言いたいのだけれども直接証明できないので、「この薬には風邪を治す効果はない」という帰無仮説を設定するところから始めます。この帰無仮説の下で、観測されたデータと同じかそれより大きな回復率の差が生起する確率を計算します。薬には効果がないのだとすると、標本のように大きな回復率の差が得られることはほとんどないのなら仮説には無理があるはず、つまり「薬には効果がある」と結論付けます。一方、このくらいの回復率の差はそこそこ起こり得るということなら、帰無仮説は棄却できず、効果があるとも効果がないとも言えない、という結論に至ります。

▶ スライド 9-7

　このような、風邪が治る、治らないという個人にとって2択になるケースは、コイン投げのモデル、つまりベルヌーイ試行で考えます。偏りがあるコイン投げに当てはめて考えます。確率 p で表が出る一方、裏が出る確率は 1－p、当然両者の確率の合計は 1 ですが、このコインの表裏に風邪の回復・未回復を対応させ、表が出る＝風邪が治る、裏が出る＝風邪は治らない、というように考えるのです。

　帰無仮説「薬は効かない」が正しかったとする場合、全体の 180 人中 120 人が治って、

スライド 9-6

検定

帰無仮説「この薬は効かない」を棄却できるか判定

検定における仮説の立て方

 帰無仮説　・この薬には風邪を治す効果はない

 対立仮説　・この薬には風邪を治す効果がある

検定における仮説の立て方

- 帰無仮説のもとで、データが観測される確率を考える
- 薬には効果がないとすると・・・
  - こんなに大きな回復率の差が得られることは　（ほとんど）ない
    → 「効果がある」と結論する
  - このくらいの回復率の差ならそこそこ起こりうる
    → 「効果がある」とも「効果がない」とも言えない

スライド 9-7

コイン投げのモデル

風邪が治る/治らないをコイン投げでモデル化する

（偏りのある）コイン投げを行う

- 確率 p で表が出る
- 確率 $1 - p$ で裏が出る

風邪の回復/未回復に対応させる

- 表が出れば風邪が治る、裏が出れば治らない

帰無仮説「薬は効かない」が正しかったとする場合

- 180人中120人が治って、60人が治らなかった
- $p = \frac{120}{180} = 0.666$ (最尤推定：最尤法による点推定)

60 人が治らなかったので、p は 0.666 です。これは最尤推定、最尤法による点推定という言い方をします。この最尤推定はあまり統計入門で深める必要はないのですが、もっともらしく、いかにも道理にかなっている推定、というふうに考えてください。

▶スライド 9-8

　二項分布を用いた二元分割表のモデルで考えます。二項分布はコインの表が出る回数の分布でした。1回のコイン投げ試行について、100p%の確率で表が出ます。n回コインを投げて表が出る回数は二項分布に従いますから、n人中風邪が治る人の人数も二項分布に

スライド 9-8

二項分布を用いた二元分割表のモデル

二項分布はコインで表が出る回数の分布

1回のコイン投げ試行につき100p%の確率で表が出る

n回コインを投げて表が出る回数は二項分布に従う

・ n人中風邪が治る人の人数は二項分布に従う

二項分布の形は n と p によって決まる

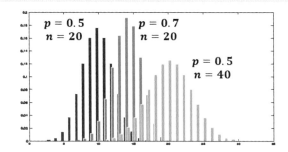

スライド 9-9

（復習）ベルヌーイ分布と二項分布

ベルヌーイ (Bernoulli) 分布：ベルヌーイ試行1回の分布

・ 表が出る確率が $P(X = 1) = p$
・ 裏が出る確率が $P(X = 0) = 1 - p$

| ベルヌーイ試行 | ・コイン投げのように、**毎回2種類いずれかの結果**をとり、かつ それらの起こる**確率がどの回も同じである独立試行** |

二項分布

・ $P(Y = k) = \binom{n}{k} p^k (1-p)^{n-k} \quad (k = 0, 1, \ldots, n)$
　　ただし $\binom{n}{k} = \dfrac{n!}{k!(n-k)!}$
　　・ **平均（Yの期待値）** $E[Y] = np$
　　・ **分散** $V[Y] = np(1-p)$

・ n が大きくなると<u>正規分布に近づく</u>
　　・ $Y \sim N(np, np(1-p))$

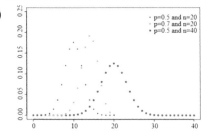

従います。二項分布の形は、この n と p によって決まります。n が 20 で p が 0.5 のときは 10 を中心にした紺色、n が 20 で p が 0.7 のときは 14 を中心にした青色、n が 40 で p が 0.5 のときは 20 を中心にした水色のようになります。

▶ スライド 9-9

　復習になりますが、ベルヌーイ分布はベルヌーイ試行 1 回の分布でした。ベルヌーイ試行とは、コイン投げのように毎回 2 種類いずれかの結果、コインだったら裏・表、病気だったら治る・治らない、かつ、それらの起こる確率がどの回も同じである独立試行です。病気の場合だったら、A さんが治るか治らないかと、B さんが治るか治らないかは、関係ない、つまり独立ですので、ベルヌーイ試行と言えるのです。

　複数回のベルヌーイ試行でコインの表が出る回数だったり、病気が治る人の数だったり、が従う分布が二項分布です。これを用いると、平均や分散も n と k を使って計算できるのです。n 人中 k 人が治る確率は、治る確率の p^k × 治らない確率 $(1-p)^{n-k}$ という確率に、場合の数 ${}_nC_k$ を掛けて求まります。${}_nC_k$ は、皆さんが高校で習ったとおり、n! を k!(n−k)! で割って計算します。平均、つまり期待値は np で求まり、分散は np(1−p) になります。後ほど詳細は学びますが、ここではこういうものだ、とだけ覚えておいてください。また、n が大きくなると二項分布も正規分布に近づくことが知られています。つまり、Y は平均が np、分散が np(1−p) という正規分布に近づくのです。

▶ スライド 9-10

　薬に効果がない場合に、回復する人数が従う二項分布は、薬に効果がないとすると全体

スライド 9-10

二項分布を用いた二元分割表のモデル

薬に効果がない場合に、回復する人数が従う二項分布

薬に効果はないものとすると、単純に180人の患者に対して、120人が回復して、60人が回復しなかった

・約67%が回復した

それぞれの患者が67%で回復するとしたときに、180人中X人が回復する確率を考えると、これは二項分布に従う

	回復	未回復	対象者数
投与	58(72.5%)	22	80
経過観察	62(62.0%)	38	100
合計	120	60	180

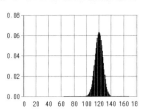

180人の患者に対して120人が回復し、60人が回復しなかったとすると、67%の回復となります。それぞれの患者が67%で回復するとしたときに、180人中X人が回復する分布は二項分布で示されるのです。

▶スライド 9-11

　この二項分布から「標本比率の差」の従う分布を作ってみます。薬が効かないとするならば、母比率pは当然等しくなります。つまり、この投与群の治る・治らないの割合も、経過観察群の治る・治らないの割合も同じになるはずです。独立性の検定と考え方は同じですね。そうすると、薬を飲んだ80人中、回復人数はp＝0.67、n＝80の二項分布に従うはずです。経過観察100人中の回復人数は、同じくp＝0.67、n＝100の二項分布に従うはずです。実際の結果から回復率（標本比率）の差が計算できて、これらを実験的に1,000回繰り返して、回復率の差の分布を書くと、正規分布っぽくなります。これが母比率の差の分布なのです。

スライド 9-11

母比率の差の検定

二項分布から「標本比率の差」の従う分布を作ってみる

薬が効かないとするならば、母比率 p は等しい・・・

- 薬を飲んだ80人中、回復人数 $p = 0.67, n = 80$の二項分布に従う
- 経過観察100人中、回復人数 $p = 0.67, n = 100$の二項分布に従う

実際の結果から回復率（標本比率）の差が計算される

これを実際に1000回くらい行い回復率の差の分布を書いてみると

	回復	未回復	対象者数
投与	58(72.5%)	22	80
経過観察	62(62.0%)	38	100
合計	120	60	180

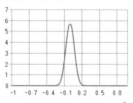

正規分布っぽい

▶ 母比率の差の検定・推定

▶ スライド 9-12

　まず復習なのですが、正規変数の和や差が従う確率分布というのがありました。正規分布に従う 2 つの独立な確率変数 X_A、X_B があった場合、$X_A + X_B$ は平均も分散も正規分布になることを学びました。

　一方、確率変数の差 $X_A - X_B$ は、平均は元の 2 つの X_A、X_B の平均の差になるのですが、分散は和である正規分布に従うことも学びました。ですから、同じ正規分布に従う n 個の独立変数を足すと、平均は n 倍、分散も足し算なので n 倍の正規分布に従います。これが正規分布の再生性という考え方でした。

▶ スライド 9-13

　標本サイズ中で一方が出た回数 Y を標本サイズ n で割った標本比率 R は正規分布に従うことが分かります。n 回のベルヌーイ試行で一方が出る回数 Y は、平均が np・分散が np$(1-p)$ の二項分布に従うのですが、n が大きいときに、近似的には（np, np$(1-p)$）の正規分布に従うことになります。二項分布では、n が大きくなると正規分布に近似できるからです。従って、R = Y/n なので、両辺を n で割ると、平均は np/n で p となり、分散は n^2 で割ることになるので、分母に n が 1 つ残って、p$(1-p)$/n となります。つまり、この標本比率 R は平均が p、分散が p$(1-p)$/n の正規分布に近似的に従うのです。

スライド 9-12

（復習）正規変数の和や差が従う確率分布

正規分布に従う二つの独立な確率変数

- $X_A \sim N(\mu_A, \sigma_A^2)$
- $X_B \sim N(\mu_B, \sigma_B^2)$

再生性 (reproductive property)
同じ種類の（正確には同じ族の）分布に従う二つの独立な確率変数に対して、その和もまた同じ種類の分布に従う性質
（正規分布・二項分布などは再生性を持つ）

正規分布に従う確率変数の和は正規分布に従う

- $X_A + X_B \sim N(\mu_A + \mu_B, \sigma_A^2 + \sigma_B^2)$
- **足しても正規分布！（正規分布の再生性より）**

正規分布に従う確率変数の差は正規分布に従う

- $X_A - X_B \sim N(\mu_A - \mu_B, \sigma_A^2 + \sigma_B^2)$

同じ正規分布に従う独立変数 $X_i \sim N(\mu, \sigma^2)$ の和

- n 個の確率変数を足すと $X_1 + X_2 + \cdots + X_n \sim N(n\mu, n\sigma^2)$

スライド 9-13

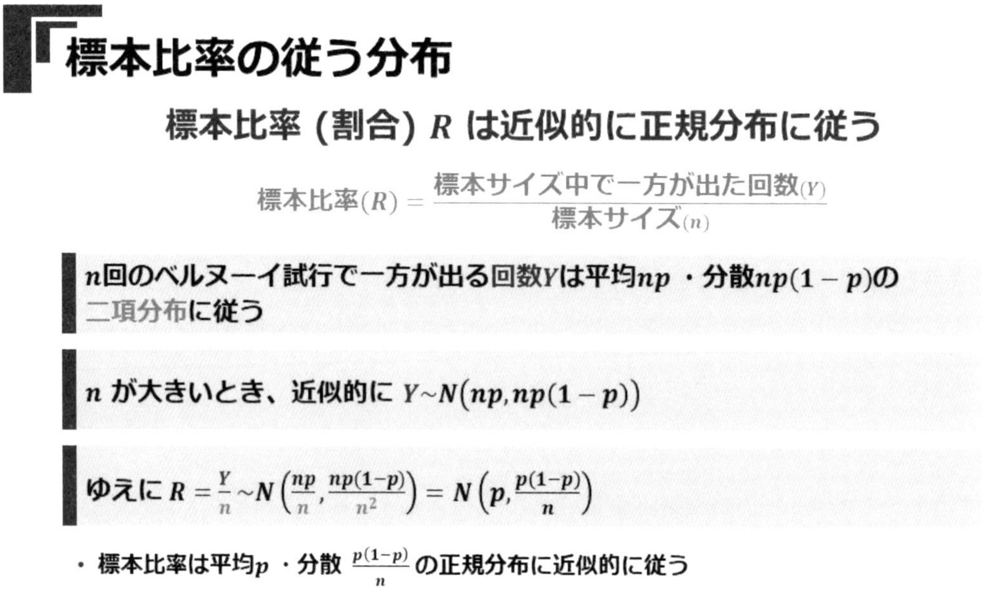

標本比率の従う分布

標本比率（割合）R は近似的に正規分布に従う

$$標本比率(R) = \frac{標本サイズ中で一方が出た回数(Y)}{標本サイズ(n)}$$

n回のベルヌーイ試行で一方が出る回数Yは平均np・分散$np(1-p)$の二項分布に従う

n が大きいとき、近似的に $Y \sim N(np, np(1-p))$

ゆえに $R = \frac{Y}{n} \sim N\left(\frac{np}{n}, \frac{np(1-p)}{n^2}\right) = N\left(p, \frac{p(1-p)}{n}\right)$

・標本比率は平均p・分散 $\frac{p(1-p)}{n}$ の正規分布に近似的に従う

▶スライド 9-14

このように、標本比率も近似的に正規分布に従うことが分かりました。それぞれサイズが n_A、n_B の場合、同じ母比率 p を用いて、R_A は平均が p、分散が $p(1-p)/n_A$、R_B は平均が p で分散が $p(1-p)/n_B$ の正規分布に従い、この差は、平均が p−p で 0、分散が $p(1-p)$ に $(1/n_A+1/n_B)$ を掛けたものになります。この 2 つの確率変数の比率の差 R_A-R_B をこの分散のルートである標準偏差で割って標準化した Z は標準正規分布、平均 0・分散 1 に従うことになります。

ただし、p は母集団の母比率になりますので、「神のみぞ知る」で、私たちには分かりません。ですから、代わりにクロス表全体の数から全体の回復を割った最尤推定値を用います。

▶スライド 9-15

次に、観測されたデータから帰無仮説が棄却できるかどうかを考えていきます。帰無仮説は「母比率に差がない」ですから、2 群の母比率 p は等しいということです。この帰無仮説の下で母比率の差の分布はどうなるのでしょうか。標準化された標本比率の差 Z は図のように表され、平均が 0・分散が 1 の正規分布に従うことまでは分かりました。

得られた標本からは、観測された標本比率の差 Z*（スター）が計算できます。この Z* が非常にまれなのかどうかが、この帰無仮説を棄却できるかどうかの判断の分かれ目になります。Z は正規分布ですので、Z* が分かれば、教科書の後ろの表を見たり、コンピューターに計算させたりして、p 値を求めることができます。

スライド 9-14

標本比率の差の従う分布

標本比率 (割合) の差も近似的に正規分布に従う

同じ母比率 p をもつ母集団からそれぞれ十分大きなサイズ n_A, n_B の標本をとると、各標本比率は近似的 $R_A \sim N\left(p, \frac{p(1-p)}{n_A}\right)$, $R_B \sim N\left(p, \frac{p(1-p)}{n_B}\right)$

正規分布の再生性より $R_A - R_B \sim N\left(0,\ p(1-p)\left(\frac{1}{n_A} + \frac{1}{n_B}\right)\right)$

標準化した比率の差 $z = \dfrac{R_A - R_B}{\sqrt{p(1-p)\left(\frac{1}{n_A}+\frac{1}{n_B}\right)}}$ は標準正規分布 $N(0,1)$ に従う

- ただし p は一般に不明. 代わりにクロス表から計算できる $\bar{p} = \dfrac{k_A + k_B}{n_A + n_B}$ を用いる

p の最尤推定値

	回復	未回復	計
A群	k_A	$n_A - k_A$	n_A
B群	k_B	$n_B - k_B$	n_B
計	$k_A + k_B$		$n_A + n_B$

スライド 9-15

母比率の差の検定

観測されたデータから帰無仮説が棄却できるか？

帰無仮説「母比率に差がない」(二群の母比率 p は等しい) の下での、標本比率の差の分布は？

- 標準化された標本比率の差 $Z = \dfrac{R_A - R_B}{\sqrt{p(1-p)\left(\frac{1}{n_A}+\frac{1}{n_B}\right)}}\ \sim\ N(0,1)$

観測された標本比率の差 Z^* は非常に稀か？

- 帰無仮説を棄却して差があると判断する

Z の分布 $N(0,1)$

p 値 (面積)

標本から計算した Z^* →

各セル:人数

	回復	未回復	計
A群	k_A	$n_A - k_A$	n_A
B群	k_B	$n_B - k_B$	n_B
計	$k_A + k_B$		$n_A + n_B$

$Z^* = \dfrac{\dfrac{k_A}{n_A} - \dfrac{k_B}{n_B}}{\sqrt{\bar{p}(1-\bar{p})\left(\frac{1}{n_A}+\frac{1}{n_B}\right)}}$　ただし $\bar{p} = \dfrac{k_A + k_B}{n_A + n_B}$

スライド 9-16

母比率の差の検定

例：有意水準5%での片側検定

調査結果よりZの値を計算

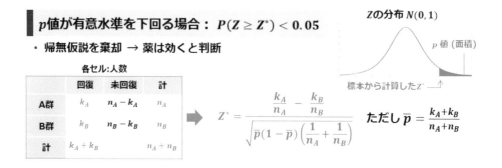

$p値 = P(Z \geq Z^*)$ ・帰無仮説が正しいときに Z が観測値Z^* 以上の値をとる確率

p値が有意水準を下回る場合： $P(Z \geq Z^*) < 0.05$

・帰無仮説を棄却 → 薬は効くと判断

各セル:人数

	回復	未回復	計
A群	k_A	$n_A - k_A$	n_A
B群	k_B	$n_B - k_B$	n_B
計	$k_A + k_B$		$n_A + n_B$

$$Z^* = \frac{\dfrac{k_A}{n_A} - \dfrac{k_B}{n_B}}{\sqrt{\bar{p}(1-\bar{p})\left(\dfrac{1}{n_A} + \dfrac{1}{n_B}\right)}}$$

ただし $\bar{p} = \dfrac{k_A + k_B}{n_A + n_B}$

Zの分布 $N(0, 1)$

p 値（面積）

標本から計算したZ^* ↑

▶スライド 9-16

　ここでは分かりやすくするために、あまり使わない片側検定を使って、有意水準5%で片側検定をします。調査結果より Z* の値が計算できます。p 値は、帰無仮説が正しいときに Z が Z* よりも大きくなる確率です。図の面積の部分が相当します。p 値が有意水準を下回っている場合は帰無仮説を棄却して、薬は効くと判断できます。

▶スライド 9-17

　母比率の推定値は、回復者の合計を対象者数全体で割った 120/180 でした。Z の観測式に得られた標本の数字を代入して計算すると 1.485 になります。1.485 で p 値を求めると 0.069 になります。これは有意水準 0.05 より大きいので、帰無仮説が棄却できず、差があるとは言えないという結論になります。

▶スライド 9-18

　さらに、母比率の区間推定も考えてみましょう。標本比率 R は、平均 p の周りを分散 p(1−p)/n でばらつくことが分かりました。n が大きければ、近似的に平均 p・分散 p(1−p)/n の正規分布に従うということでしたので、標準化すると図のようになります。標準正規分布ですので、この値は前後標準偏差 1.96 個分の中に 95%の確率であるはず、ということが分かります。何度も繰り返しますが、この 1.96 はぜひ覚えておいてください。95%の場合は 1.96 です。これを変形すると、図の次の行のように表されます。n が大きい

スライド 9-17

母比率の差の検定（例）

例　有意水準5%での片側検定

・ 母比率の推定値 $\bar{p} = \frac{k_A + k_B}{n_A + n_B} = \frac{120}{180}$

・ Zの観測値 $Z^* = \dfrac{\frac{k_A}{n_A} - \frac{k_B}{n_B}}{\sqrt{\bar{p}(1-\bar{p})\left(\frac{1}{n_A} + \frac{1}{n_B}\right)}} = \dfrac{0.725 - 0.620}{\sqrt{\frac{2}{3} \times \frac{1}{3} \times \left(\frac{1}{80} + \frac{1}{100}\right)}} = 1.485$

p値 $P(Z \geq Z^*) = P(Z \geq 1.485) = 0.069 > 0.05$

・ 有意水準5%では帰無仮説は棄却できない

	回復	未回復	対象者数
投与	58(72.5%)	22	80
経過観察	62(62.0%)	38	100
合計	120	60	180

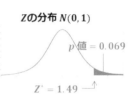

Zの分布 $N(0,1)$

p値 = 0.069

$Z^* = 1.49$

スライド 9-18

母比率の区間推定

標本比率Rは平均p のまわりで分散 $\frac{p(1-p)}{n}$ でばらつく

・ n が大きければ近似的に $R = \frac{Y}{n} \sim N\left(\frac{np}{n}, \frac{np(1-p)}{n^2}\right) = N\left(p, \frac{p(1-p)}{n}\right)$

・ 標準化すると $\dfrac{R-p}{\sqrt{\frac{p(1-p)}{n}}} \sim N(0,1)$

標準正規分布では$P\left(-1.96 \leq \dfrac{R-p}{\sqrt{\frac{p(1-p)}{n}}} \leq 1.96\right) = 0.95$

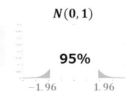

$N(0,1)$

95%

-1.96　　1.96

・ $P\left(R - 1.96\sqrt{\frac{p(1-p)}{n}} \leq p \leq R + 1.96\sqrt{\frac{p(1-p)}{n}}\right) = 0.95$

n が大きいならば$\sqrt{p(1-p)}$のpを標本比率Rの観測値 $\frac{k}{n}$で近似できる

・ 信頼係数95% の信頼区間は $\left[\dfrac{k}{n} - 1.96\sqrt{\dfrac{\frac{k}{n}\left(1-\frac{k}{n}\right)}{n}}, \ \dfrac{k}{n} + 1.96\sqrt{\dfrac{\frac{k}{n}\left(1-\frac{k}{n}\right)}{n}}\right]$

ならば、$\sqrt{(p(1-p))}$ の p を標本比率 R の観測値 k/n で近似できるはずなので、信頼係数 95％の信頼区間は k/n を p に代入したスライドのような形で表現できます。

▶スライド 9-19

　今回は、n＝180、k＝120で標本比率は2/3でした。信頼係数95％の信頼区間はここで示すように計算ができて、66.7％ ±6.9％となります。信頼区間の幅は、標準サイズ n が大きくなると 1/√n に比例して狭くなることは後に確認していくことになりますが、ここでも確認しておいてください。

▶スライド 9-20

　今度は母比率の差を区間推定しましょう。母比率 p_A の母集団から抽出されたサイズ n_A の標本は、標本比率 R_A がここで示す正規分布に従います。同じく母比率 p_B、サイズ n_B の標本比率 R_B も、図のような正規分布に従います。この標本比率の差 $R_A - R_B$ は、これまでに学んだように平均はそれぞれの差、分散はそれぞれの和である正規分布に従います。

▶スライド 9-21

　そうすると、この標本比率の差は図のような正規分布に従うので、95％の信頼区間は「観測された比率の差 ±1.96× 標準偏差」で求められますね。観測された比率の差というのは、スライドの中段に示すようなものになりますから、標本比率の推定値はその下の式を使って計算できます。

スライド 9-19

母比率の区間推定（例）

（例）$n = 180$, $k = 120$ のとき標本比率は 2/3

信頼係数95％ の信頼区間

- 標準 $\sqrt{\dfrac{\frac{k}{n}\left(1 - \frac{k}{n}\right)}{n}} = \sqrt{\dfrac{\frac{2}{3} \times \frac{1}{3}}{180}} = 0.035$

- $1.96 \times$ 標準偏差の推定値 $= 0.069$

- $\left[\dfrac{k}{n} - 1.96\sqrt{\dfrac{\frac{k}{n}\left(1 - \frac{k}{n}\right)}{n}}, \ \dfrac{k}{n} + 1.96\sqrt{\dfrac{\frac{k}{n}\left(1 - \frac{k}{n}\right)}{n}}\right] = [0.598, 0.736]$

- つまり $66.7\% \pm 6.9\%$

信頼区間の幅は標本サイズnが大きくなると$\frac{1}{\sqrt{n}}$に比例して狭くなる

スライド 9-20

母比率の差の推定・信頼区間

今度は母比率の差を区間推定する

母比率 p_A の母集団から抽出したサイズ n_A の標本

・標本比率 $R_A \sim N\left(p_A, \dfrac{p_A(1-p_A)}{n_A}\right)$：平均 p_A・$\dfrac{p_A(1-p_A)}{n_A}$ の正規分布

母比率 p_B の母集団から抽出したサイズ n_B の標本

・標本比率 $R_B \sim N\left(p_B, \dfrac{p_B(1-p_B)}{n_B}\right)$：平均 p_B・分散 $\dfrac{p_B(1-p_B)}{n_B}$ の正規分布

標本比率の差 $R_A - R_B \sim N\left(p_A - p_B, \dfrac{p_A(1-p_A)}{n_A} + \dfrac{p_B(1-p_B)}{n_B}\right)$

スライド 9-21

母比率の差の推定・信頼区間

標本比率の $R_A - R_B \sim N\left(p_A - p_B, \dfrac{p_A(1-p_A)}{n_A} + \dfrac{p_B(1-p_B)}{n_B}\right)$

95%信頼区間は「観測された比率の差±1.96×標準偏差」

・観測された比率の差：$\dfrac{k_A}{n_A} - \dfrac{k_B}{n_B}$

・標準偏差の推定値：$\sqrt{\dfrac{\frac{k_A}{n_A}\left(1-\frac{k_A}{n_A}\right)}{n_A} + \dfrac{\frac{k_B}{n_B}\left(1-\frac{k_B}{n_B}\right)}{n_B}}$

	回復	未回復	計
A群	k_A	$n_A - k_A$	n_A
B群	k_B	$n_B - k_B$	n_B
計	$k_A + k_B$		$n_A + n_B$

k_A, k_B は回復者数

$\dfrac{k_A}{n_A}, \dfrac{k_B}{n_B}$ はそれぞれ p_A, p_B の推定値

スライド 9-22

母比率の差の推定・信頼区間（例）

$$標本比率の\ R_A - R_B \sim N\left(p_A - p_B, \frac{p_A(1-p_A)}{n_A} + \frac{p_B(1-p_B)}{n_B}\right)$$

95％信頼区間は「観測された比率の差±1.96×標準偏差」

・観測された比率の差： $0.725 - 0.620 = 0.105$

・標準偏差の推定値： $\sqrt{\dfrac{\frac{58}{80} \times \frac{22}{80}}{80} + \dfrac{\frac{62}{100} \times \frac{38}{100}}{100}} = 0.0696$

・ $1.96 \times$ 標準偏差の推定値 $= 0.136$

・母比率の差の95％信頼区間： $10.5\% \pm 13.6\%$

	回復	未回復	対象者数
投与	58 (72.5%)	22	80
経過観察	62 (62.0%)	38	100
合計	120	60	180

▶スライド 9-22

　それでは、式に実際の数字を入れてみましょう。観測された比率の差は、$0.725 - 0.62$ $= 0.105$ ですね。標準偏差の推定値は、同じく先ほどの式に数字を代入して 0.0696 と分かります。標準偏差を 1.96 倍すると 0.136 ですので、母比率の差の95％信頼区間は 10.5% $\pm 13.6\%$ となります。

▶ 母比率の差補足

▶スライド 9-23

　ところで、この二元分割表で既に学んだカイ二乗検定をしたらどうなるのでしょうか。実際にカイ二乗検定をやってみます。そうすると、上が観測度数です。期待度数を計算した上で、Excel の CHISQ.TEST という関数を使ってカイ二乗検定で得られる p 値を計算してみると、$0.137\cdots$ というような感じになります。

▶スライド 9-24

　今回の講義の中で出てきた p 値は片側検定で 0.069 でした。両側検定なら 0.138 ということで、一致しているのです。実は、一般化して計算しても、両者が同じであることは確認できます。皆さんも、レポート課題で体験してもらう予定です。今回は以上です。

スライド 9-23

ところで、この2元分割表でカイ2乗検定をしたら・・・？

	回復	未回復	対象者数
投与	58(72.5%)	22	80
経過観察	62(62.0%)	38	100
合計	120	60	180

58	22	80
62	38	100
120	60	180

53.33333	26.66667
66.66667	33.33333

期待度数

0.137564

カイ2乗検定で得られるp値

スライド 9-24

母比率の差の検定（例）

例：有意水準5%での片側検定

・ 母比率の $\bar{p} = \dfrac{k_A + k_B}{n_A + n_B} = \dfrac{120}{180}$

・ Zの$Z^* = \dfrac{\dfrac{k_A}{n_A} - \dfrac{k_B}{n_B}}{\sqrt{\bar{p}(1-\bar{p})\left(\dfrac{1}{n_A} + \dfrac{1}{n_B}\right)}} = \dfrac{0.725 - 0.620}{\sqrt{\dfrac{2}{3} \times \dfrac{1}{3} \times \left(\dfrac{1}{80} + \dfrac{1}{100}\right)}} = 1.485$

> 両側検定なら、0.138？
> カイ2乗検定で同じ？

p値 $P(Z \geq Z^*) = \mathrm{P}(Z \geq 1.485) = \boxed{0.069} > 0.05$

・ 有意水準5%では帰無仮説は棄却できない

	回復	未回復	対象者数
投与	58(72.5%)	22	80
経過観察	62(62.0%)	38	100
合計	120	60	180

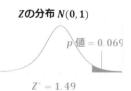

Zの分布 $N(0, 1)$

p値 $= 0.069$

$Z^* = 1.49$

第 **10** 回

区間推定の
考え方・中心極限定理

目次

区間推定の考え方
- 信頼区間、信頼係数

母平均の区間推定（正規母集団）
- 母集団が正規分布に従う場合（今回は母分散σ^2が既知とする）

中心極限定理
- 不偏性、一致性、中心極限定理

母平均の区間推定（標本サイズ大）
- 母集団が一般の分布に従う場合

統計入門の第10回は「区間推定の考え方・中心極限定理」です。

▶スライド 10-1

今回の目次がこちらです。まず区間推定の考え方、続いて母平均の区間推定、正規母集団の場合について説明します。それから、今後の講義に大きく関係してくる「中心極限定理」、さらに標本サイズが大きい場合の母平均の区間推定、について学びましょう。

▶ 区間推定の考え方

▶スライド 10-2

まずは、区間推定の考え方のおさらいをしましょう。

▶スライド 10-3

ゴルファー、リョウ君の例で考えます。ホールインワンを狙ってボールを打ちます。ところが、当然ながら同じ所を狙っても、ばらつきが出ます。

268

スライド 10-3

区間推定の考え方

ホールインワンを狙うリョウ君

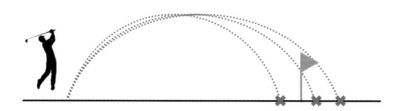

▶スライド 10-4

そこで、1,000回打ったときの到達点の分布を考えてみると、スライドに示すような正規分布に近い分布が得られます。ピンから±7［m］の範囲よりもはみ出すのは、手前には5%、反対側にも5%というような分布になっています。逆に言うと、90%はこのピンから±7［m］以内に入ってくることになります。

スライド 10-4

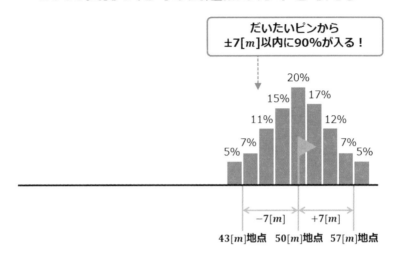

スライド 10-5

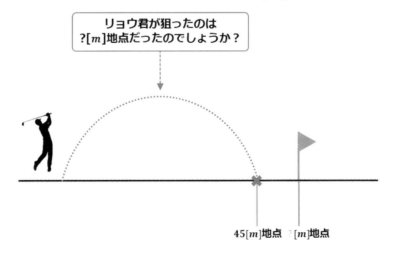

▶ スライド 10-5

　このリョウ君が別のコースで 1 回ボールを打ったときに、45 [m] 地点にボールが落ちた
としましょう。さて、リョウ君は一体何 [m] 地点を狙ったのでしょうか。その狙った場所
を？[m] 地点だとすると、？はどうやって推測すればいいのでしょうか。

スライド 10-6

区間推定の考え方 ($n = 1$の場合)

別のコースで1回打ったところ45[m]地点に落ちた

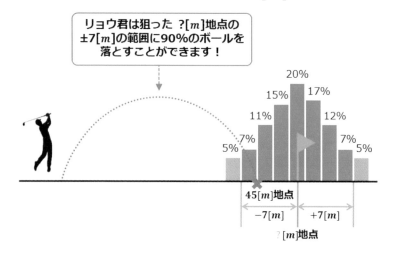

▶スライド 10-6

　この時にもちろん参考になるのは、先ほど出てきた分布です。リョウ君が、ある？[m]地点を狙うと、その ±7 [m] の範囲に 90%の確率で入ってくるということでした。今、標本として得られた45 [m] 地点という結果は、？[m] 地点を狙ったときにどのような確率で得られる結果なのかについて議論しましょう、というのが、今回の「区間推定の考え方」の基本になります。

▶スライド 10-7

　45 [m] 地点と言っているのですが、この到達地点を確率変数として扱えるように、一般化としてリョウ君の打ったボールが到達した地点を X [m] とします。そうすると、到達した地点 X は、狙った所から 7 [m] 引いた地点と、狙った所から 7 [m] 足した地点の間に 90%の確率で含まれるはずです。

▶スライド 10-8

　90%の確率ですから、外れていることもあって、具体的には狙った地点から大きく外れて手前に落ちている可能性も 5%の確率で考えないといけません。

スライド 10-7

区間推定の考え方 ($n = 1$の場合)

リョウ君が落とした地点を$X[m]$だとすると・・・

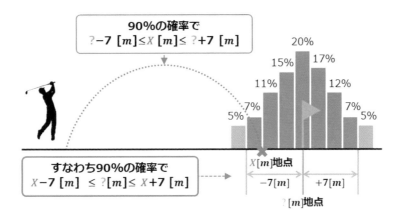

スライド 10-8

区間推定の考え方 ($n = 1$の場合)

$-7[\mathrm{m}]$より手前に落ちることもある

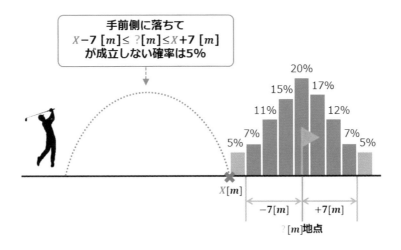

スライド 10-9

区間推定の考え方 ($n = 1$の場合)

+7[m]より向こうに落ちることもある

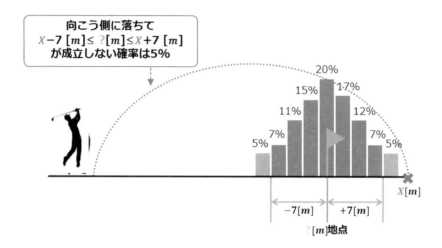

向こう側に落ちて
$X-7\,[m] \leq\ ?[m] \leq X+7\,[m]$
が成立しない確率は5%

5% 7% 11% 15% 20% 17% 12% 7% 5%

$X[m]$

$-7[m]$ $+7[m]$

?[m]地点

▶スライド 10-9

　逆に、狙った地点から遠い側に大きく外れる結果である可能性も 5％あり得るということを意識しておく必要があります。

▶スライド 10-10

　こういうことを考えた上で、得られた結果の X は 90％の確率で？－7 と？＋7 の間に含まれているはずだと考えます。ところが、我々は得られる結果の X ではなく？の方に興味がありますので、この不等式を書き直して、？を挟んだ形にしてみると、スライドのような不等式が得られます。

　つまり、この？[m] という狙った地点は 90％の確率で到達した X から 7 を引いたものと 7 を足したものの間に入っているということが言えるのです。ということで、仮に X[m]地点に到達したことが観測されたとするならば、実際に狙った？の地点は 90％の確率でこの式の範囲に入っていると言えるのです。

▶スライド 10-11

　では、X に今回観測された特定の値 45 [m] を入れてみましょう。45 から 7 [m] を引いた 38、45 に 7 [m] を足した 52 で、［38 [m],52 [m]］という形で表現されるのが信頼係数 90％の信頼区間になります。これが区間推定の考え方です。

スライド 10-10

区間推定の考え方 ($n = 1$の場合)

X [m]地点が観察された場合は・・・

狙いたい ?[m] 地点を $X-7\,[m] \leq ?[m] \leq X+7\,[m]$ の範囲と推定
90%の $X\,[m]$ について ?[m] 地点を含む範囲を当てることができる

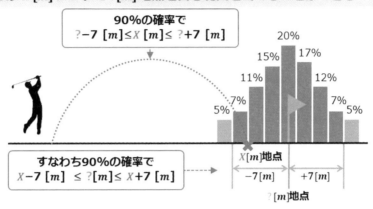

90%の確率で
$?-7\,[m] \leq X\,[m] \leq ?+7\,[m]$

すなわち90%の確率で
$X-7\,[m] \leq ?[m] \leq X+7\,[m]$

スライド 10-11

区間推定の考え方 ($n = 1$の場合)

特定の値 $X = 45\,[m]$ の場合は・・・

狙いたい ?[m] 地点を $45-7\,[m] \leq ?[m] \leq 45+7\,[m]$ の範囲と推定
確信は持てない → 信頼係数90%の信頼区間は$[38[m],\ 52[m]]$と表現

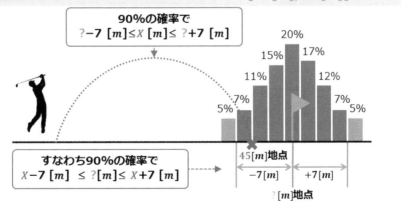

90%の確率で
$?-7\,[m] \leq X\,[m] \leq ?+7\,[m]$

すなわち90%の確率で
$X-7\,[m] \leq ?[m] \leq X+7\,[m]$

スライド 10-12

区間推定の考え方 ($n = 1$の場合)

真の値 x が分からないとき標本 X でこれを推定する

標本Xが真の値 x のまわりに以下の確率でばらつくと考える

- $P(x - c_1 \leq X \leq x + c_2) = 0.9$ （Xの分布を知っていれば c_1, c_2は分かる）

したがって以下の等式が成り立つ

- $P(X - c_2 \leq x \leq X + c_1) = 0.9$

仮に標本 X が何度も得られ、そのたびにc_1, c_2を計算し直したとき、以下の不等式が成立する可能性は90%

- $X - c_2 \leq x \leq X + c_1$

この不等式で示される範囲が、真の値 x に対する信頼係数90%の信頼区間

- $X - c_2 \leq x \leq X + c_1$

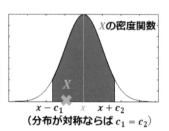

（分布が対称ならば $c_1 = c_2$）

スライド 10-13

区間推定の考え方 ($n = 1$の場合)

実際に100回打たせてみて、1回ずつ信頼区間を求めてみた

・ 100通りの信頼区間が推定できる (下の図)

落下地点と信頼係数90%の信頼区間

真の値$49[m]$ →

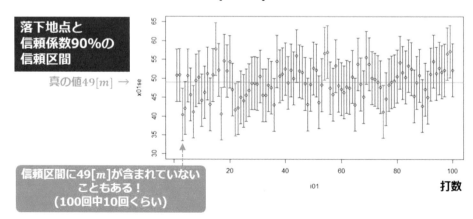

信頼区間に$49[m]$が含まれていないこともある！
(100回中10回くらい)

▶ スライド 10-12

　まとめると、真の値、先ほどで言うところの？ [m] が分からないときに、標本 X から推定します。基本的な発想は、この標本を確率変数として考えて、真の値の周りにばらついて出現すると考えるのです。例えば 90%、0.9 という確率で考えるなら、この確率変数 X が真の値から c_1 を引いた値、c_2 を足した値で挟まれる区間にある確率が 0.9 と考えます。

　X の分布を知っているならば、この c_1、c_2 は計算で求めることができるはずです。そこで、先ほどと同じように、小文字の x を挟む不等式に置き換えて、この不等式が成立する確率は 0.9 であると考えます。

▶ スライド 10-13

　先ほどのゴルフの例で、真の値として 49 [m] 地点を狙ったシミュレーションを 100 回繰り返してみましょう。図の丸い点が、実際に到達した点に対応します。それに対して信頼区間を毎回計算してみると、100 回打ったので 100 回分信頼区間ができますね。先ほどの信頼係数 90% では、100 回求めた信頼区間のうちの 90% の 90 回くらいは、この信頼区間が真の値 49 [m] を含んでいる、これが信頼区間の本質になります。

　逆に言うと、90% の信頼区間では 10 回ぐらいが真の値を含まない区間になります。図で見ると、赤い線で書いているところが外れたものに対応します。この例ではちょうど 10 回分になっていますね。

▶ 母平均の区間推定（正規母集団）

▶ スライド 10-14

　それでは次に、母平均の区間推定（正規母集団）について説明したいと思います。

▶ スライド 10-15

　内容に入る前に、用語について改めて復習しておきたいと思います。推測統計では母集団のことを知りたいわけですが、標本を通して知りたいということでした。ここで標本とは何かというと、母集団から取り出した一部分、部分集合のことで、それを取り出すことを標本抽出と呼びました。

　標本から母集団のことを知りたいのですが、現実的には母数と言われるような母集団の分布を記述する数値のことが知りたいのです。より具体的には、例えば平均あるいは標準偏差といった量になります。これらは母集団の平均・標準偏差ということで、特に母平均あるいは母標準偏差といった言い方をしました。こういったものを推測する・推定するときに、統計量を用います。これは一般に、標本の分布を記述する指標です。そういった統計量の中でも、特に母数を推定するためのものを推定量と呼びます。標本の実現値として具体的に得られた値を代入して計算されるものは、推定値と呼ばれます。この辺りの用語

の使い方はよく確認しておいてください。

スライド 10-14

目次

区間推定の考え方
- 信頼区間、信頼係数

母平均の区間推定（正規母集団）
- **母集団が正規分布に従う場合（今回は母分散σ^2が既知とする）**

中心極限定理
- 不偏性、一致性、中心極限定理

母平均の区間推定（標本サイズ大）
- 母集団が一般の分布に従う場合

スライド 10-15

母集団と標本

標本から母集団を知りたい

| 標本 | ・母集団から取り出した一部分 |
| 標本抽出 | ・母集団から標本を取り出すこと |

標本をもって母集団を知りたい

母数 (parameter)	統計量 (statistic)
・母集団の分布を記述する指標 　例：平均・標準偏差 → 　　　母平均・母標準偏差と呼ぶ	・標本の分布を記述する指標 　例：平均・標準偏差 → 　　　標本平均・標本標準偏差と呼ぶ

推測
（検定/
推定）

推定量 (estimator)

- 母数を推定するための統計量
  例：標本平均は母平均の推定量
- 標本の具体的な観測値から計算される値は「推定値 (estimate)」

母集団

推測　　標本抽出

分析　　標本

スライド 10-16

母平均の推定

標本とは複数のデータの集合

- **リョウ君の例は標本サイズ** $n=1$
- **通常は標本サイズ** $n \gg 1$
- **（例）高校生の平均身長を推定したい（母平均** μ**）**
  - **そこで100人の高校生の身長を調査**（$n = 100;\ X_1, X_2, \ldots, X_{100}$）

母平均の推定を考える

標本 $X_1, X_2, \ldots, X_n$ **（標本抽出で値が決まる確率変数）**

点推定 **標本平均** $\overline{X} = \dfrac{X_1 + X_2 + \cdots + X_n}{n}$ **（これも確率変数）**

▶ スライド 10-16

　それでは、母平均の区間推定に進みましょう。先ほどのゴルフの例で続けて考えます。リョウ君の例は、ゴルフボールを1回打って、到達したその結果だけに基づいて、どこを狙っていたのかを考えるので、標本サイズ1の例になります。

　通常は、標本サイズは1よりも大きくて、例えば高校生の平均身長を推定したいと思ったときに、高校生全員の身長を調べるのは非常に大変ですので、100人の高校生を標本として選んできて身長を調査します。その結果得られる標本サイズ n は100で、ここから母平均 μ を推定します。

　一般化すると、標本は確率変数で表され、一番下の式で表現されるような標本平均も確率変数となります。1点を推定する点推定では、この標本平均を点推定量とします。

▶ スライド 10-17

　点推定では真の母平均と異なる可能性が高いので、一定の信頼度で幅を持たせた区間推定を行います。母平均 μ が分からないので、標本平均で推定していくのですね。

　これは先ほどのゴルフの例に出てきたのと基本的には全く同じです。異なっているのは、ゴルフのときには1回打ったボールの到達点の結果から区間推定をするという話だったのですが、ここでは母平均 μ が分からないときに標本平均 $\overline{X}$ で推定するという点です。

　ですので、標本平均 $\overline{X}$ がスライドに示す確率で母平均 μ の周りにばらつくと考えます。この $\overline{X}$ は母平均 μ より、c_1 小さいところから c_2 多いところまでの範囲の中に95%の確率で出現すると考えるのです。$\overline{X}$ の分布を知っていれば、この c_1 と c_2 は計算で求まるはずで、図の不等式が得られます。その上で先ほどと同じく、この μ と $\overline{X}$ を入れ替えて、μ を中心とした不等式に書き直すと、一番下の不等式が成立する確率もやはり95%になります。

スライド 10-17

母平均の区間推定

母平均 μ が分からないとき標本平均 $\bar{X}$ でこれを推定する

標本平均 $\bar{X}$ が母平均 μ のまわりに以下の確率でばらつくと考える

- $P(\mu - c_1 \leq \bar{X} \leq \mu + c_2) = 0.95$ （$\bar{X}$ の分布を知っていれば c_1, c_2 は分かる）

したがって以下の等式が成り立つ

- $P(\bar{X} - c_2 \leq \mu \leq \bar{X} + c_1) = 0.95$

仮に標本 $X_1, \ldots, X_n$ が何度も得られ、そのたびに標本平均 $\bar{X}$ の値と c_1, c_2 を計算し直したとき、以下の不等式が成立する可能性は95%

- $\bar{X} - c_2 \leq \mu \leq \bar{X} + c_1$

この不等式で示される範囲が、母平均 μ に対する信頼係数95%の信頼区間

- $[\bar{X} - c_2, \bar{X} + c_1]$

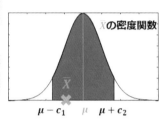

▶スライド 10-18

　そこで思い出してほしいのですが、標本平均 $\bar{X}$ は母平均 μ の周りで分散 σ^2/n でばらつくのでしたね。ここで μ はもともとの母平均ですし、σ^2 は母集団の分散で、我々が知りたいものそのものですが、我々が直接知ることはできません。スライドでは存在するはずのものとして記号で示しています。特に母集団が正規分布に従う場合には、標本平均 $\bar{X}$ は平均が μ・分散が σ^2/n の正規分布に従うことになります。ですので、さらに標準化して、$\bar{X}$ からその平均値 μ を引き、分散のルートを取った標準偏差で割り算すると、これは標準正規分布に従うことになるので、95%の確率に対応する区間は ±1.96 の区間となります。

　この不等式を整理し直すと、μ を挟むような不等式を得ることができます。これが信頼区間に対応します。

▶スライド 10-19

　正規分布や母平均の区間推定の話に限らず、一般の区間推定でも同じことが言えて、例えば標本サイズが n であったときに、そこから未知の母数 θ の推定量 $\hat{\theta}$ を計算します。それが終わると、今度は標本から未知の母数 θ がこの範囲に入る確率が95%になるという区間 [a,b] を求めます。これは点推定量の $\hat{\theta}$、あるいは、$\hat{\theta}$ を変換した統計量が従う分布を利用することで求めます。

　具体的には、例えばオッズ比の例です。母オッズ比を推定したいのですね。標本オッズ比は対数（log）を取ると、それが正規分布に近似的に従うという性質を使って、母対数

スライド 10-18

母平均の区間推定

標本平均 $\bar{X}$ は母平均 μ のまわりで分散 $\frac{\sigma^2}{n}$ でばらつく

- $\bar{X} \sim N\left(\mu, \frac{\sigma^2}{n}\right)$

標準正規分布では $P\left(-1.96 \leq \dfrac{\bar{X} - \mu}{\sqrt{\frac{\sigma^2}{n}}} \leq 1.96\right) = 0.95$

- $P\left(\bar{X} - 1.96\sqrt{\dfrac{\sigma^2}{n}} \leq \mu \leq \bar{X} + 1.96\sqrt{\dfrac{\sigma^2}{n}}\right) = 0.95$

標本平均の観測値 $\bar{X}$ が得られたとすると

- 信頼係数95% の信頼区間は $\left[\bar{X} - 1.96\sqrt{\dfrac{\sigma^2}{n}}, \quad \bar{X} + 1.96\sqrt{\dfrac{\sigma^2}{n}}\right]$

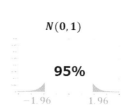

$N(0, 1)$

95%

$-1.96 \qquad 1.96$

スライド 10-19

より一般の区間推定

点推定

- **信頼係数標本** $X_1, \ldots, X_n$ **から未知の母数 θ の推定量 $\hat{\theta}$ を計算する**

区間推定 （信頼係数95%）

- **標本 $X_1, \ldots, X_n$ から $P(a \leq \theta \leq b) = 0.95$ を満たす区間 $[a, b]$ を求める**
  - **点推定量 $\hat{\theta}$ もしくはこれを変換した統計量が従う分布を利用する**
- **（例）母オッズ比 ψ**
  - **標本対数オッズ比 $\ln\hat{\psi}$ は正規分布に近似できる:** $\ln\hat{\psi} \sim N(\ln\psi, S^2)$
  - **母対数オッズ比 $\ln\psi$ の95%信頼区間:** $\left[\ln\hat{\psi} - 1.96\hat{S}, \ln\hat{\psi} + 1.96\hat{S}\right]$
    （$\hat{S}$ には標本対数オッズ比の標準偏差の推定値を代入する）

オッズ比の 95%信頼区間をスライドのような形で求められるのです。

　少し細かい話ですが、ここでももともとの正規分布の分散が S^2、つまり標準偏差 S と書いていますが、この信頼区間の中では $\hat{S}$ が使われています。これは、我々には S が直接分からないので、推定値 $\hat{S}$ で置き換えていることを意味しています。ですが、基本的な流れ、考え方は今までしてきたものと同じ形になっていることに注意してください。

様々な疑問

点推定 $\overline{X} = \dfrac{X_1 + X_2 + \cdots + X_{100}}{n}$ （標本平均）

- 標本平均 $\overline{X}$ は母平均 μ の良い推定か？（推定量 $\hat{\theta}$ は母数 θ の良い推定か？）
- Q1: 推定量が満たすべき性質は？

区間推定 $P(\overline{X} - c_2 \le \mu \le \overline{X} + c_1) = 0.95$

- 標本平均 $\overline{X}$ の分布を知っていれば信頼係数（＝面積）から c_1, c_2 が定まる
  - $P(\mu - c_1 \le \overline{X} \le \mu + c_2) = 0.95$
- Q2: 標本平均 $\overline{X}$ はどのような分布に従うか？
  - 母集団が正規分布 $N(\mu, \sigma^2)$ → $\overline{X} \sim N\left(\mu, \dfrac{\sigma^2}{n}\right)$
  - $c_1 = c_2 = 1.96 \dfrac{\sigma}{\sqrt{n}}$

一般の母集団では？

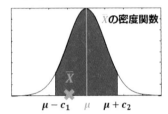

▶スライド 10-20

　ここまでが区間推定の基本的な考え方ですが、少し疑問になる点もありますね。1つは点推定に関して、標本平均 $\overline{X}$ を母平均 μ の推定量として使ってきましたが、そもそも $\overline{X}$ は μ の良い推定量になっているのかということです。あるいは、もっと一般に、母数 θ の推定量 $\hat{\theta}$ があったときに、それは良い推定量なのでしょうか。言い方を変えると、良い推定量とは一体どういう性質を満足すべきなのでしょうか。これが1つ目の問題です。

　それから、2つ目が区間推定に関してです。先ほどから標本平均 $\overline{X}$ を使って、真の母平均 μ が入る区間は、$\overline{X}$ が確率変数でこの $\overline{X}$ の分布を知っていたらこの不等式が成立する確率は95％であり、信頼係数から c_1、c_2 が求まる、という話をしました。では、標本平均 $\overline{X}$ の分布は一体どのような分布なのでしょうか。もちろん、先ほどのように、母集団が正規分布に従うのであれば、$\overline{X}$ もやはり正規分布に従って、平均は同じ、分散は 1/n になると分かりますが、一般の母集団の場合では、標本平均 $\overline{X}$ はどのような分布に従うのでしょうか。後半では、このような点について考えていきましょう。

スライド 10-21

┏目次

区間推定の考え方
・ 信頼区間、信頼係数

母平均の区間推定（正規母集団）
・ 母集団が正規分布に従う場合（今回は母分散σ^2が既知とする）

中心極限定理
・ **不偏性、一致性、中心極限定理**

母平均の区間推定（標本サイズ大）
・ 母集団が一般の分布に従う場合

▶ 不偏性、一致性、中心極限定理

▶**スライド 10-21**

　それでは、次に不偏性、一致性、それから中心極限定理と呼ばれる性質について学びます。

▶**スライド 10-22**

　ここでは、代表的な母数と統計量ということで、母数としては母平均と母分散を、それに対応する統計量に関しては、標本平均と不偏分散という量について考えていきます。母平均、母分散については、例えば大きさが N の有限の母集団では図上のように示せますが、サイズが無限大である場合や、より一般的に表現する場合には、以前勉強した期待値の記号を使って図下のように示します。

　これに対して標本は、大きさ n という有限のサイズですから、標本平均はやはり図のような形で表現します。分散は標本分散ではなく不偏分散で、図のように、分母が n ではなく n−1 を使います。これから説明する不偏性という性質をもつ分散の推定量になります。

▶**スライド 10-23**

　まずは標本平均、不偏分散の確率的な振る舞いを知りたいところですね。これらは統計量なので確率変数ですから、さまざまな値をとり得ます。つまり、母集団の一部を取り出す標本抽出を行って計算するたびに、標本平均や不偏分散の値は変わる、ということで

母平均・母分散と標本平均・不偏分散

代表的な母数と統計量

母集団	標本

大きさ N の母集団：$x_1, x_2, \ldots, x_N$

母平均 $\dfrac{x_1+x_2+\cdots+x_N}{N} = \mu$

母分散 $\dfrac{(x_1-\mu)^2+\cdots+(x_N-\mu)^2}{N} = \sigma^2$

（より一般には

母平均：$\mu = E[X]$

母分散：$\sigma^2 = E[(X-\mu)^2]$ ）

大きさ n の標本：$X_1, X_2, \ldots, X_n$

標本平均 $\dfrac{X_1+X_2+\cdots+X_n}{n} = \bar{X}$

不偏分散 $\dfrac{(X_1-\bar{X})^2+\cdots+(X_n-\bar{X})^2}{n-1} = s^2$

・標本抽出に依存してばらつく

（注）単に「標本分散」といった場合，nで割った分散を指すこともあるため，ここでは区別を明確にするために「不偏分散」という用語を用いる．（不偏標本分散と呼ぶこともある．）

標本平均・不偏分散

標本平均・不偏分散の確率的振る舞いを知りたい

調査（標本抽出）は母集団の一部に対してのみ行う

標本抽出のたびに標本平均・不偏分散は変わる

標本抽出を仮に繰り返したならば「標本平均」はどのように分布する？

・ 「標本平均」の平均・分散・分布**を考察**

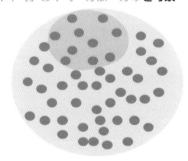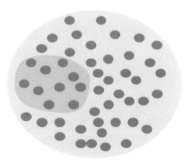

す。ですから、通常は 1 回のみの標本抽出を仮に繰り返すなら、標本平均の分布が見えてくるはずです。まず、ここでは標本平均の平均、分散、分布について考えてみましょう。

▶ スライド 10-24

　まず、母集団が正規分布のときの標本平均はどうなっているのでしょうか。母集団が正規分布に従うということで、母平均が μ、母分散が σ^2 という状況で考えてみましょう。例えば 17 歳男子の身長の分布はおそらく正規分布で、スライド左下のような分布と考えられます。これを母集団として、ランダムに n 人の身長を標本として取り出して調べると、X_1 から X_n と n 個の確率変数が得られます。これを全部足して n で割ると標本平均になります。これを何度も繰り返して、どんな分布になるのか確認してみましょう。

　既に学んだ通り、正規分布に従う確率変数の和はやはり正規分布に従うので、n で割ったこの標本平均も、平均が μ、分散が σ^2/n の正規分布に従うことが分かります。この標本平均が正規分布に従うという性質は、標本サイズには依存しません。

　ということで、母平均は、実はこの標本平均の平均と一致すると分かります。これは非常に大切ですので、しっかり確認してください。次に、標本平均の分散に関しては、σ^2/n なので、n を増やしていくと小さくなることが分かります。分散が小さくなると、当然、分布の頂点の高さが高くなって、鋭くとがった形になっていくということが分かります。

スライド 10-24

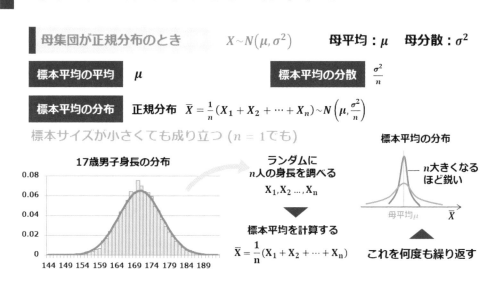

スライド 10-25

正規変数の平均が従う確率分布

同じ正規分布に従う二つの確率変数

- $X_1 \sim N(\mu, \sigma^2)$
- $X_2 \sim N(\mu, \sigma^2)$

再生性 (reproductive property)
（復習）
同じ種類の（正確には同じ族の）分布に従う二つの独立な確率変数に対して、その和もまた同じ種類の分布に従う性質（正規分布・二項分布などは再生性を持つ）

正規分布に従う確率変数の和は正規分布に従う

- $X_1 + X_2 \sim N(\mu + \mu, \sigma^2 + \sigma^2) = N(2\mu, 2\sigma^2)$
- 足しても正規分布！（正規分布の再生性より）
- n 個の確率変数の和は $X_1 + X_2 + \cdots + X_n \sim N(n\mu, n\sigma^2)$

標本の取り方による統計量の
ばらつき（標準偏差）は
標準誤差
(SE; standard error)
と呼ぶことが多い

標本平均 $\bar{X}$ も正規分布に従う

- $\bar{X} = \frac{1}{n}(X_1 + X_2 + \cdots + X_n) \sim N\left(\frac{n\mu}{n}, \frac{n\sigma^2}{n^2}\right) = N\left(\mu, \frac{\sigma^2}{n}\right)$
- 標本平均 $\bar{X}$ は母平均 μ の周りでばらつくが、その標準偏差は $\frac{\sigma}{\sqrt{n}}$

▶ スライド 10-25

　この標本平均も、平均が μ、分散が σ^2/n の正規分布に従うということを理解するために、正規確率変数の和に関する性質を少し復習しておきましょう。平均が μ、分散が σ^2 の正規分布に従う確率変数が 2 つあって、これらが独立なとき、その和が従う分布は再生性という性質によって、平均はその足し算で 2 倍に、分散も足し算で 2 倍の正規分布に従うのでした。これを発展させて、n 個の正規確率変数の和は、平均が n 倍・分散も n 倍の正規分布となります。標本平均 $\bar{X}$ はこの合計を n で割る、つまり 1/n をかけることになります。期待値の性質も思い出してもらうと、平均は 1/n 倍になって、分散については $(1/n)^2$ 倍になります。平均に関しては、この n と 1/n が打ち消し合って μ に、分散は分母の n が 1 個だけ相殺されて、σ^2/n になるのでした。

　つまり、この標本平均 $\bar{X}$ は母平均 μ と同じ μ の周りで、標準偏差は $\sigma/\sqrt{n}$ に小さくなってばらつく、ということです。これも非常に重要な性質です。

▶ スライド 10-26

　ここまでは母集団が正規分布の場合で考えてきましたが、母集団が正規分布とは限らない一般の場合でも、実は同じことが言えるのです。例えばスライドのような、正規分布とは言えない分布をする母集団からからランダムに n 個、標本として取り出します。そこで標本平均を計算することを繰り返して得られる分布はどうなっているのでしょうか。母平均は 6.053，母分散が 11.36 の例で試してみます。

スライド 10-26

母集団が一般の分布のときの標本平均

母集団が一般の分布のとき (ただし母平均 μ 母分散 σ^2)

| 標本平均の平均 | μ | 平均と分散の加法性！ |
| 標本平均の分散 | $\dfrac{\sigma^2}{n}$ | **(標本抽出は独立と仮定する)** |

標本平均の分布：色々．ただし，標本サイズnが十分大きいときは正規分布 (中心極限定理)

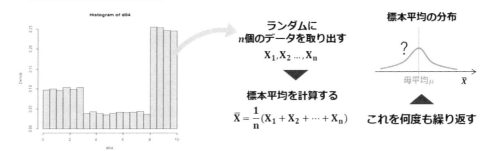

スライド 10-27

標本平均の不偏性

任意の分布から得られた標本平均のヒストグラムを考える

ここでは正規分布とは程遠い形の分布から標本抽出してみる

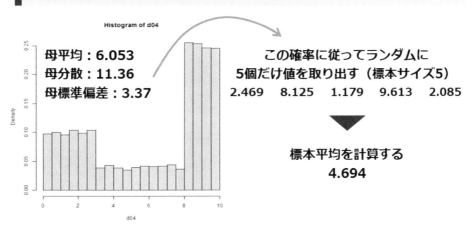

母平均：6.053
母分散：11.36
母標準偏差：3.37

この確率に従ってランダムに
5個だけ値を取り出す（標本サイズ5）
2.469　8.125　1.179　9.613　2.085

標本平均を計算する
4.694

▶ スライド 10-27

標本サイズ 5 の抽出を繰り返します。1 つ目の標本は平均が 4.694 でした。

▶スライド 10-28

2つ目の標本は平均が 5.388 でした。

▶スライド 10-29

3つ目の標本は平均が 5.672 でした。

スライド 10-28

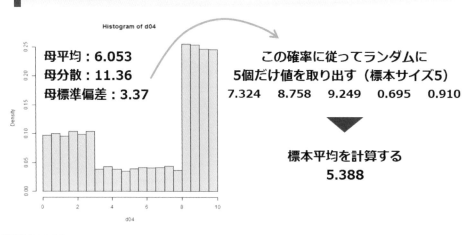

スライド 10-29

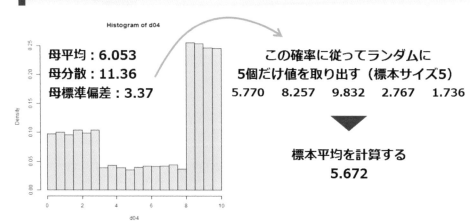

▶スライド 10-30

当然ながら 3 回だけでは傾向は見えてきません。もっと繰り返していきましょう。

▶スライド 10-31

50 回繰り返すと、何かの分布らしくなってきました。

スライド 10-30

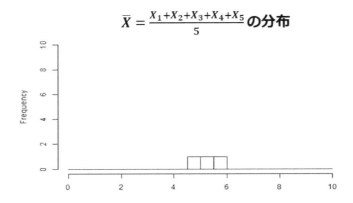

スライド 10-31

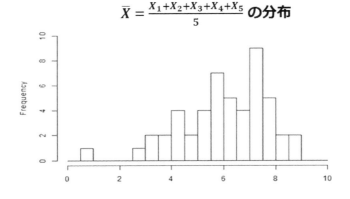

不偏推定量

標本から計算される統計量の期待値が母数と等しくなるとき、
その統計量は母数の不偏推定量であるという

- **例**：標本平均 $\bar{X}$ は母平均 μ の不偏推定量（$E[\bar{X}] = \mu$ を満たす）
- **標本サイズが小さくてもいえる点に注意**

母集団の分布

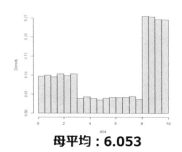

母平均：**6.053**

$\bar{X} = \dfrac{X_1 + X_2 + X_3 + X_4 + X_5}{5}$ の分布

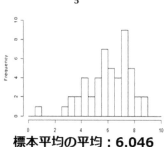

標本平均の平均：**6.046**

不偏推定量

標本から計算される統計量の期待値が母数と等しくなるとき、
その統計量は母数の不偏推定量であるという

- **例**：標本平均 $\bar{X}$ は母平均 μ の不偏推定量（$E[\bar{X}] = \mu$ を満たす）
- **標本サイズが小さくてもいえる点に注意**

▶スライド 10-32

　特に、標本平均の平均に関しては 6.046 と、母平均 6.053 に近い値になってきていることに注目です。このように、標本平均等の統計量の期待値が母集団の母数に等しい時、その統計量は母数 θ の不偏推定量である、と言います。

▶スライド 10-33

　今回分かったことは、標本平均は母平均 μ の不偏推定量になっているということです。このことは次回再度確認しますが、標本サイズが小さくても言えることを覚えておいてください。

▶スライド 10-34

　ちなみに、標本分散と不偏分散の違いも確認してみましょう。

スライド 10-34

標本分散と不偏分散

実際に不偏分散の分布を調べてみる

■ なぜ $n-1$ で割るのか適切なのかを理解する

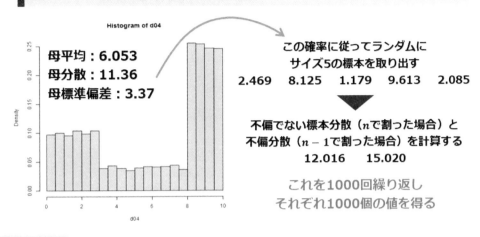

母平均：6.053
母分散：11.36
母標準偏差：3.37

この確率に従ってランダムに
サイズ5の標本を取り出す

2.469　　8.125　　1.179　　9.613　　2.085

▼

不偏でない標本分散（nで割った場合）と
不偏分散（$n-1$で割った場合）を計算する
12.016　　　15.020

これを1000回繰り返し
それぞれ1000個の値を得る

スライド 10-35

不偏分散の不偏性

nで割った場合と$n-1$で割った場合を比較してみる

n で割って求めた不偏でない標本分散

$$\frac{(X_1 - \bar{X})^2 + \cdots + (X_5 - \bar{X})^2}{5}$$

$n-1$ で割って求めた不偏(標本)分散

$$s^2 = \frac{(X_1 - \bar{X})^2 + \cdots + (X_5 - \bar{X})^2}{5-1}$$

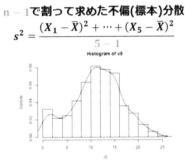

この分布の平均は
9.032で母分散を過小評価！

ただし一致性はあることに注意
（標本サイズnが十分大きい場合）

この分布の平均は$11.33 \approx$ 母分散11.36

$$E[s^2] = \sigma^2$$

$n-1$ で割って求めた標本分散は不偏

分母が n の標本分散と、分母を n−1 で計算した不偏分散を 1,000 回繰り返してみます。

▶スライド 10-35

そうすると標本分散の平均では母分散より小さくなっていることが分かります。標本分

散を使って母分散を推定すると過小評価してしまうのですね。信頼区間や検定では不偏分散が多く登場するので、しっかり覚えておいてください。

▶スライド 10-36

　次に、推定量の性質である、一致性についても確認してみましょう。標本サイズを大きくしていったときに、標本平均の分布がどう変わるか見てみましょう。サイズが 5 の標本抽出と平均計算を 1,000 回繰り返して分布をスライドに示してみました。なだらかな分布になっています。

▶スライド 10-37

　サイズを 20 に大きくしてみると図のように少し立ち上がってきました。

▶スライド 10-38

　さらに大きくしてサイズを 50 にしてみると、さらに立ち上がってきました。

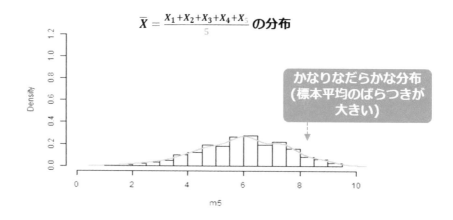

スライド 10-36

標本平均の一致性

今度は標本サイズを増やすとどうなるか見てみる

サイズ5の標本に対する**標本平均 X̄ を1000回計算してみる**

$$\overline{X} = \frac{X_1 + X_2 + X_3 + X_4 + X_5}{5} \text{ の分布}$$

かなりなだらかな分布
(標本平均のばらつきが
大きい)

スライド 10-37

標本平均の一致性

今度は標本サイズを増やすとどうなるか見てみる

サイズ20の標本に対する**標本平均 x̄ を1000回計算してみる**

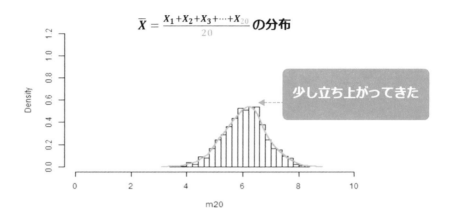

$\bar{X} = \dfrac{X_1+X_2+X_3+\cdots+X_{20}}{20}$ **の分布**

少し立ち上がってきた

スライド 10-38

標本平均の一致性

今度は標本サイズを増やすとどうなるか見てみる

サイズ50の標本に対する**標本平均 x̄ を1000回計算してみる**

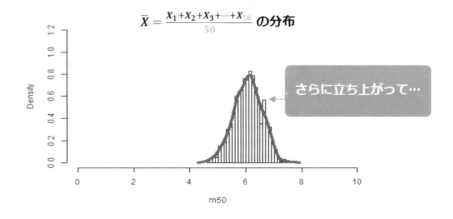

$\bar{X} = \dfrac{X_1+X_2+X_3+\cdots+X_{50}}{50}$ **の分布**

さらに立ち上がって…

▶スライド 10-39

サイズを 100 にすると、かなり急峻になってきました。

▶スライド 10-40

このように標本サイズを大きくすると、標本平均の分布が母平均の所にぎゅっと集まってきます。重ねて描くと分かりやすいです。標本平均の分散が、母分散を n で割ったもの、つまり標準偏差では √n で割ったものになっているので、n が大きくなればなるほど分散や標準偏差が小さくなっていくという性質を持っていることが確認できます。

▶スライド 10-41

このように、標本サイズが大きくなると、分散は小さくなって、ばらつきが小さくなる、つまり標本平均が母平均から外れる確率が下がる性質のことを一致性といいます。一般化すると、標本サイズが大きくなるにつれて、母集団の母数 θ から外れるような値を取る確率が 0 に近づく推定統計量 $\hat{\theta}$ のことを一致推定量と呼びます。なお、標本分散も不偏分散も母分散の一致推定量です。

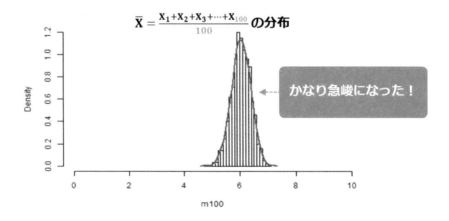

スライド 10-40

標本平均の一致性

標本サイズ大 → 標本平均の分布が母平均に集まる

標本サイズ5, 20, 50, 100の標本平均の分布を重ね描きしてみる

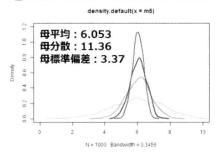

母平均：6.053
母分散：11.36
母標準偏差：3.37

標本サイズ	標本平均の平均	標本平均の分散
5	5.972	2.2715
20	6.071	0.5679
50	6.064	0.2272
100	6.043	0.1136

**標本平均の分布の分散は
母分散÷標本サイズ**

$$V[\bar{X}] = \frac{\sigma^2}{n}$$

◀ **標本サイズが大きくなると
標本平均の分布は
母平均に収束する！**

スライド 10-41

一致推定量

**標本サイズが大きくなるにつれ母集団の母数 θ から外れる値をとる確率が
0 に近づく標本の統計量 $\hat{\theta}$ を一致推定量と呼ぶ**

・標本から観測される統計量 $\hat{\theta} \overset{P}{\to}$ 母集団の母数 θ ($\to$は確率収束)

　・例：標本平均 $\bar{X}$ は母平均 μ の一致推定量 (標本サイズ大で $\bar{X} \overset{P}{\to} \mu$)

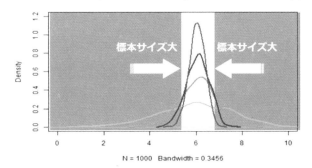

▶スライド 10-42

　不偏性、一致性ときて、3つ目は中心極限定理と呼ばれるもので、これも非常に大切な性質です。まず、標本平均と母平均の差を不偏分散のルートで割った分布について考えます。この変換は標準化と同じものです。同じく正規分布とは限らない一般の分布の母集団から標本を繰り返し抽出します。標本サイズ5からはじめましょう。

▶スライド 10-43

　標本サイズ20でも同じように分布が描けます。

スライド 10-42

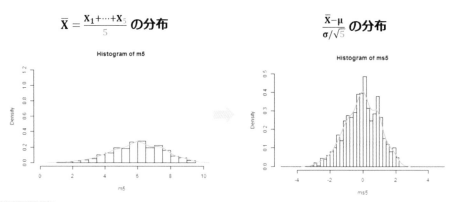

スライド 10-43

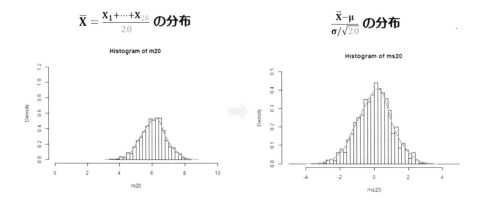

▶スライド 10-44

標本サイズ 50 でも同じように分布が描けます。

▶スライド 10-45

標本サイズ 100 でも同じように分布が描けます。

スライド 10-44

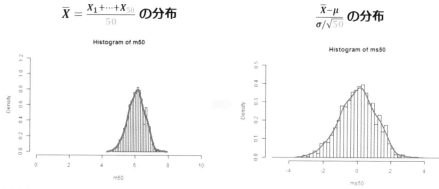

スライド 10-45

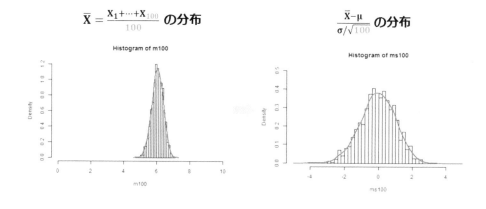

▶スライド 10-46

　この４つを並べてみると基本的には同じ分布のようですね。標準正規分布になっている
のです。このように、実は母集団の分布が正規分布ではなくても、ある程度標本サイズを
大きく確保すると標本平均の分布は正規分布で近似できることが知られています。しかも、
この標本平均の分布は平均 μ で標準偏差が σ^2/n の正規分布です。この性質が、中心極限
定理と呼ばれるものなのです。これも非常に大切な性質ですので覚えておいてください。

　ということで、信頼区間を求めるときに標本平均を使って「分布が分かる場合は」とい
う少し他人事な感じで話を始めましたが、標本サイズが確保されている場合には、標本平
均を標準化すると標準正規分布という、有力な性質を使えるので、分布が分からない場合
も同じ手法が使えるのです。

▶スライド 10-47

　ということで、ここまでの内容をまとめると、標本平均は不偏性、一致性と呼ばれるよ
うな性質を持ちます。不偏性は、標本平均に代表される推定量がその期待値、つまり標本
平均の平均、が母平均に一致するという性質です。一致性は、標本サイズが大きくなると、
標本平均の値が母平均に収束する、つまり標本平均の分散が小さくなっていくという性質
です。こちらは大数の法則とも呼ばれます。最後の中心極限定理も重要な性質です。もと
もとの母集団の分布が正規分布でなくても、サイズが大きくなると標本平均は正規分布に
従うという性質です。繰り返しますが、この性質は標本を取り出す元の母集団の分布を問
わないので、非常に便利な性質なのです。例外としてコーシー分布等があるのですが、統
計入門では不要ですので、将来必要に応じて学んでください。

スライド 10-46

中心極限定理

標準化した標本平均は標準正規分布に従う

標本規模5, 20, 50, 100の場合の標準化した標本平均の分布を重ねる

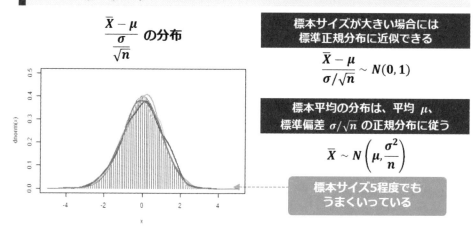

$\dfrac{\overline{X} - \mu}{\dfrac{\sigma}{\sqrt{n}}}$ の分布

標本サイズが大きい場合には
標準正規分布に近似できる

$$\frac{\overline{X} - \mu}{\sigma/\sqrt{n}} \sim N(0, 1)$$

標本平均の分布は、平均 μ、
標準偏差 $\sigma/\sqrt{n}$ の正規分布に従う

$$\overline{X} \sim N\left(\mu, \frac{\sigma^2}{n}\right)$$

標本サイズ5程度でも
うまくいっている

スライド 10-47

まとめ

標本平均は以下のような性質をもつ

| 不偏性 | ・標本平均の期待値は母平均に一致する($E[\overline{X}] = \mu$) |

一致性（大数の法則）・標本平均は標本サイズが大きくなると母平均に一致する
$(\overline{X} \xrightarrow{P} \mu)$

中心極限定理・標本平均は標本サイズが大きくなると

正規分布 $N\left(\mu, \dfrac{\sigma^2}{n}\right)$ に従う

標本を取り出す元の母集団がどのような分布かによらない！

（ただし例外が存在することに注意 / 例：コーシー分布）

▶ 母平均の区間推定（一般の分布、標本サイズ大）

▶スライド 10-48

　それでは、最後に母平均の区間推定で、母集団が正規分布とは限らない一般の分布に従う場合について考えます。ただし、標本サイズが大きい場合になります。

▶スライド 10-49

　母平均の区間推定では、母平均μが分からないので標本平均$\overline{X}$で推定するのでした。この標本平均$\overline{X}$は不偏性や一致性と言われるような、推定量として望ましい性質を持っているので、この先の議論につながります。まず、この標本平均$\overline{X}$は母平均μの周りにばらつきます。そのときに、母平均の値よりもあるc_1だけ小さい値、それからc_2だけ大きい値、この間に入り込む確率が95%になるようにc_1とc_2を設定します。標本平均$\overline{X}$の分布を知っていればc_1とc_2が求まるということで、標本平均$\overline{X}$の分布についていろいろなことを学びました。ここではこの不等式のところを並べ替えて、μを真ん中に持ってくる形に変形します。そうすると、ここに標本平均$\overline{X}$を入れて示される区間が95%信頼区間ということになります。

▶スライド 10-50

　我々は標本平均$\overline{X}$の分布を知っていますので、中心極限定理、つまり母集団がどんな分布であっても、標本平均は正規分布に従うという性質を利用して区間推定ができます。具

スライド 10-49

母平均の区間推定

母平均μが分からないとき標本平均$\bar{X}$でこれを推定する

標本平均$\bar{X}$が母平均μのまわりに以下の確率でばらつくと考える

- $P(\mu - c_1 \leq \bar{X} \leq \mu + c_2) = 0.95$（$\bar{X}$の分布を知っていれば c_1, c_2 は分かる）

したがって以下の等式が成り立つ

- $P(\bar{X} - c_2 \leq \mu \leq \bar{X} + c_1) = 0.95$

仮に標本$X_1, \ldots, X_n$が何度も得られ、そのたびに標本平均$\bar{X}$の値とc_1, c_2を計算し直したとき、以下の不等式が成立する可能性は95%

- $\bar{X} - c_2 \leq \mu \leq \bar{X} + c_1$

この不等式で示される範囲が、母平均μに対する信頼係数95%の信頼区間

- $[\bar{X} - c_2, \bar{X} + c_1]$

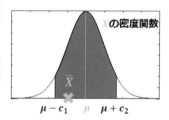

スライド 10-50

区間推定（母集団が一般の分布の場合）

中心極限定理を利用

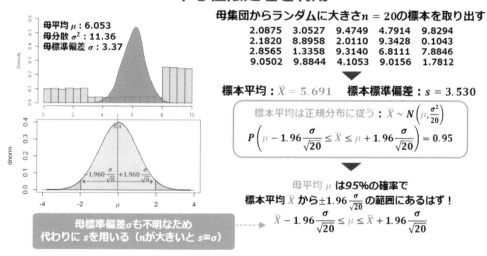

母平均 μ : 6.053
母分散 σ^2 : 11.36
母標準偏差 σ : 3.37

母集団からランダムに大きさ$n = 20$の標本を取り出す

2.0875	3.0527	9.4749	4.7914	9.8294
2.1820	8.8958	2.0110	9.3428	0.1043
2.8565	1.3358	9.3140	6.8111	7.8846
9.0502	9.8844	4.1053	9.0156	1.7812

標本平均：$\bar{X} = 5.691$　　　**標本標準偏差：$s = 3.530$**

標本平均は正規分布に従う：$\bar{X} \sim N\left(\mu, \dfrac{\sigma^2}{20}\right)$

$$P\left(\mu - 1.96\frac{\sigma}{\sqrt{20}} \leq \bar{X} \leq \mu + 1.96\frac{\sigma}{\sqrt{20}}\right) = 0.95$$

母平均 μ は95%の確率で
標本平均 $\bar{X}$ から$\pm 1.96\frac{\sigma}{\sqrt{20}}$の範囲にあるはず！

$$\bar{X} - 1.96\frac{\sigma}{\sqrt{20}} \leq \mu \leq \bar{X} + 1.96\frac{\sigma}{\sqrt{20}}$$

母標準偏差σも不明なため代わりにsを用いる（nが大きいと $s \cong \sigma$）

体的には、標本平均の分散は母集団の分散 σ^2 を n で割ったものであることを使います。その上で、標準化すると標準正規分布に従うという性質もあるので、標準偏差 1.96 個分前後に区間を取ると 95%信頼区間が求まるのです。以上になります。今回もお疲れさまでした。

第11回

検定・推定と標本規模
— t検定

スライド 11-1

目次

第一種、第二種過誤と標本サイズ
- χ^2値，フィッシャーの直接確率と標本サイズ
- 第一種過誤と標本サイズ
- 第二種過誤と標本サイズ

信頼区間と標本サイズ

母平均の推定・検定と標本サイズ
- 母平均の推定・検定
- t分布とt検定

第 11 回は「検定・推定と標本規模 —— t 検定」です。

▶ スライド 11-1

　第一種・第二種過誤と標本サイズ、それから信頼区間と標本サイズ、母平均の推定・検定と標本サイズということで、これまでに学んできた内容に対して、標本サイズがどのように影響するのかを確認していきましょう。

▶ カイ二乗値、フィッシャーの直接確率と標本サイズ

▶ スライド 11-2

　まずは、カイ二乗値（χ^2値）、フィッシャーの直接確率が標本サイズとどう関係するのかを見てみましょう。

▶ スライド 11-3

　久しぶりに登場するクロス表ですね。実家が大阪であるかどうか、たこ焼き器を有しているかどうかという 2 つの要素をまとめた、何度も出てきたクロス表です。スライドの上は観測度数を集計した実際のクロス表、現実とも言えるものに対して、下は 2 つの要素が独立であると仮定した場合に期待されるクロス表になります。上の観測度数に対して、下は期待度数が書かれています。これは、独立を仮定した場合の理想ですが、この 2 つの表の差が十分に大きいなら、上の表のような現実が起こる可能性は低いので、独立という仮

スライド 11-2

目次

スライド 11-3

独立性の検定の考え方

クロス表の「現実」と「理想」の差が非独立性の大きさ

・実際のクロス表

実家 ＼ たこ焼き器	有り	無し	計
大阪人	8	2	10
その他	11	14	25
計	19	16	35

・独立と仮定した場合に期待されるクロス表

差が十分大きいなら
独立ではなさそう

実家 ＼ たこ焼き器	有り	無し	計
大阪人	5.43	4.57	10
その他	13.57	11.43	25
計	19	16	35

定は否定できる、という考え方でした。このときには、χ^2値を「差」として使うということを学んできました。

▶スライド 11-4

2つのクロス表の対応するセルの差の2乗を期待度数で割ったもの全てを足し合わせた値をχ^2値と呼びました。この値が大きくなればなるほど、独立ではないと判断するという

スライド 11-4

独立性の検定の考え方

クロス表の差を「カイ二乗値(χ^2）」ではかる

▌χ^2値　　期待される値と実際の値の差

$$\chi^2 = \frac{(8-5.43)^2}{5.43} + \frac{(2-4.57)^2}{4.57} + \frac{(11-13.57)^2}{13.57} + \frac{(14-11.43)^2}{11.43} = 3.7$$

▌差が大きいほど独立ではないと判断

実家＼たこ焼き器	有り	無し	計
大阪人	8	2	10
その他	11	14	25
計	19	16	35

実家＼たこ焼き器	有り	無し	計
大阪人	5.43	4.57	10
その他	13.57	11.43	25
計	19	16	35

スライド 11-5

χ^2値と標本サイズ

各セルの標本サイズが倍になるとχ^2値も倍に

▌観測度数表は倍になると期待度数表も倍になる

実家＼たこ焼き器	有り	無し	計
大阪人	16	4	20
その他	22	28	50
計	38	32	70

実家＼たこ焼き器	有り	無し	計
大阪人	10.86	9.14	20
その他	27.14	22.86	50
計	38	32	70

$$\chi^2 = \frac{(2 \times 8 - 2 \times 5.43)^2}{2 \times 5.43} + \frac{(2 \times 2 - 2 \times 4.57)^2}{2 \times 4.57}$$

$$+ \frac{(2 \times 11 - 2 \times 13.57)^2}{2 \times 13.57} + \frac{(2 \times 14 - 2 \times 11.43)^2}{2 \times 11.43} = 2 \times 3.73$$

使い方をしました。

▶スライド 11-5

　では、標本サイズの影響を確認するために、全体をそのまま 2 倍にした標本で考えてみ

ましょう。先ほどと同じ観測度数表、期待度数を書いていますが、どちらも値が2倍になっています。当然ながら、各比率は維持されたままです。スライドの左の観察度数表に対して、独立を仮定した右の期待度数表もそれぞれ元の値の2倍になっています。

このときのχ^2値を計算すると、それぞれ分子が2倍になったものの2乗で4倍になっている一方、分母は2倍になるだけなので、全体のχ^2値は2倍になります。

▶スライド 11-6

カイ二乗検定では、より珍しい事象が起こる確率ということで上側確率を評価するので、確率密度関数の右側の面積を参照します。スライドの図の青線が自由度1のχ^2分布の確率密度関数になっていて、検定ではある値よりも大きな上側確率を計算しますので、それをこの黒い線でプロットしています。ある値よりも右側に来る確率をプロットしていますので、例えばこれが0のとき負の値を取りませんので、0のときにはその確率は当然1になります。右の方に行けば行くほど値が下がってくるという単調減少のグラフになります。

ここに示すExcelの関数はχ^2分布の上側確率の値を計算してくれます。それを使うと3.73よりも大きなχ^2値を取る確率は0.053で、2倍になった7.46よりも右側にあたる確率は0.00631と、1桁小さい値となります。つまり、χ^2値が倍になると、上側確率も一気に小さくなるのです。これがχ^2値と標本サイズの関係の一例です。

▶スライド 11-7

標本サイズが十分大きくないときは、フィッシャーの直接確率で評価するということも学びました。今度は標本サイズがフィッシャーの直接確率に与える影響についてもみてみましょう。スライド下に観測度数表を元のサイズと2倍にしたものを書いています。それぞれ直接確率を計算する右上側に書かれているように計算できます。同様に、2倍になったクロス表でも計算して比較すると、標本サイズが2倍になるとやはり1桁程度確率が小さくなることが確認できます。

スライド 11-6

χ^2値と標本サイズ

χ^2値が倍になると上側確率も一気に小さくなる

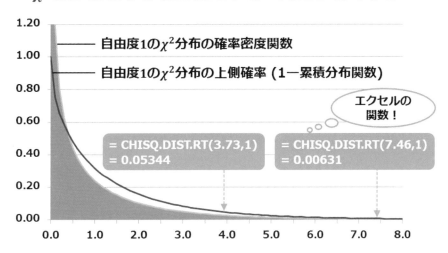

スライド 11-7

フィッシャーの直接確率と標本サイズ

各セルの標本サイズが倍になると確率は小さくなる

「大阪人」で「たこ焼き器有り」の人が8人以上となる確率

実家 \ たこ焼き器	有り	無し	計
大阪人	8	2	10
その他	11	14	25
計	19	16	35

$$Pr(X \geq 8) = \sum_{i=8}^{10} \frac{\binom{10}{i}\binom{35-10}{19-i}}{\binom{35}{19}}$$
$$= 0.05796$$

「大阪人」で「たこ焼き器有り」の人が16人以上となる確率

実家 \ たこ焼き器	有り	無し	計
大阪人	16	4	20
その他	22	28	50
計	38	32	70

$$Pr(X \geq 16) = \sum_{i=16}^{20} \frac{\binom{20}{i}\binom{70-20}{38-i}}{\binom{70}{38}}$$
$$= 0.00593$$

フィッシャーの直接確率と標本サイズ

各セルの標本サイズが倍になると確率は小さくなる

男3人・女2人で、当たりがくじ2つのとき
2つとも男が当たりくじを引く確率は？

		くじ		計
		当たり	はずれ	
性別	男	2	1	3
	女	0	2	2
計		2	3	5

$$\frac{\binom{3}{2} \times \binom{5-3}{2-2}}{\binom{5}{2}} = 0.3$$

男6人・女4人で、当たりくじが4つのとき
4つとも男が当たりくじを引く確率は？

		くじ		計
		当たり	はずれ	
性別	男	4	2	6
	女	0	4	4
計		4	6	10

$$\frac{\binom{6}{4} \times \binom{10-6}{4-4}}{\binom{10}{4}} = 0.07143$$

> **標本サイズが増えても分布の偏りが維持されるということは**
> **もともと偏っていると考えた方が自然？**

▶スライド 11-8

　ほぼ同じ別の例として、男3・女2でくじを引く例で考えてみましょう。2つの当たりくじの2つとも男が当たりを引くのは観測度数表で書くとスライド左のような形になり、直接確率は 0.3 と計算できます。

　一方、標本サイズが倍の男6・女4、当たりくじが4で、4つとも男が当たりを引く確率を右側で計算しています。比率は先ほどと同じで、サイズは2倍になっています。観測度数表としては右のクロス表のようになり、直接確率は 0.07143 と小さくなることが確認できますね。直感的な解釈としては、標本サイズが増えても分布の偏りの程度が維持されるというのは、確率が非常に小さいことなので、もともと偏っていたのではないかと考えることにしましょう、というイメージになります。

スライド 11-9

目次

▶ 第一種過誤、第二種過誤と標本サイズ

▶スライド 11-9

　それでは、続いて「第一種過誤、第二種過誤と標本サイズ」についてです。

▶スライド 11-10

　まず、第一種過誤と第二種過誤について、簡単に復習してきましょう。まず第一種過誤、type-I エラーともいいましたが、いわゆる「あわて者の誤り」という比喩で理解してもらいました。つまり、帰無仮説が正しいにもかかわらず、あわてて棄却してしまう誤りのことです。その確率 α は危険率とも呼ばれます。

　これに対して第二種過誤、type-II エラーは、帰無仮説が正しくないにもかかわらず棄却しない誤りで、確率 β という形で表現することが多いものです。$1-\beta$ は帰無仮説が正しくないときにきちんと棄却できる確率になり、検出力と呼びます。第一種過誤については、あらかじめ定めた、十分小さい有意水準 α によって規定されます。一方、第二種過誤の β はなるべく小さくしたいというのが我々の希望になります。

　当然ながらこの α と β はどちらも小さいほどよいのですが、両者の間にはトレードオフの関係があって、α をどんどん小さくして第一種過誤を減らそうとすると、β が大きくなり第二種過誤が大きくなりますし、逆も言えます。つまり、両方を同時に小さくするには限界があることが知られているのです。

（復習）第一種過誤と第二種過誤

あわて者の
誤り

第一種過誤 (type-I error)　　確率α

- 帰無仮説が正しいにもかかわらず
  棄却してしまう誤り
- αは危険率とも呼ばれる

ぼんやり者の
誤り

第二種過誤 (type-II error)　　確率β

- 帰無仮説が正しくないにもかかわらず
  棄却しない誤り
- $1-\beta$ を検出力（正しくない帰無仮説を棄却できる
  確率)とよぶ

あらかじめ定めた十分小さい有意水準αに対して
βをなるべく小さくしたい

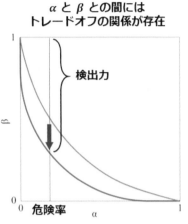

α と β との間には
トレードオフの関係が存在

過誤の起こり方をシミュレート

ある母集団に対して標本抽出と検定を繰り返してみる

ある母集団を適当に決める

あるサイズの標本を抽出する

有意水準10%で検定を行う

スライド 11-12

第一種過誤：標本サイズ小

母集団が独立である場合

・母集団のたこ焼き器所持の割合は同じ

たこ焼き器 実家	有り	無し	計
大阪人	5428	4572	10000
その他	13571	11429	25000
計	18999	16901	35000

たこ焼き器 実家	有り	無し	計
大阪人	3	5	8
その他	5	7	12
計	8	12	20

標本サイズ20

	あり	なし
大阪府 (N=10000)	54.30%	45.70%
その他 (N=25000)	54.30%	45.70%
計 (N=35000)	54.30%	45.70%

■あり　■なし

	あり	なし
大阪府 (N=8)	37.50%	62.50%
その他 (N=12)	41.70%	58.30%
計 (N=20)	40.00%	60.00%

■あり　■なし

▶スライド 11-11

　このような過誤の起こり方を、条件を変えながらシミュレートして確認してみます。特に標本サイズが変わったときの影響に注目しましょう。具体的には、ある母集団に対して標本抽出と検定を繰り返してみます。独立の場合と独立でない場合の両方の母集団に対して、さまざまなサイズの標本抽出を行い、有意水準 10％で検定を行います。

▶スライド 11-12

　まず、独立な母集団から小規模な標本を抽出してくる場合を考えましょう。たこ焼き器の例ですが、実家が大阪かそうではないかによって、たこ焼き器の所持率が変わらず、同じ 54.3％が保有する例で考えます。この母集団からランダムに標本サイズ 20 で抽出します。1 つ目の標本では、スライドに示す観測度数表が結果として得られました。

▶スライド 11-13

　通常は標本を 1 回だけ取って検定し、議論をするわけですが、ここでは学習のために抽出作業を繰り返します。標本サイズ 20 の標本抽出による χ^2 値の計算を 1,000 回繰り返してヒストグラムで表示してみました。この青で囲まれている部分は有意水準 10％で棄却されてしまう標本にあたります。実際には、独立の母集団から取ってきた標本ですから、たまたま大きめな値が出て帰無仮説の独立性が間違って棄却された標本ということになりま

スライド 11-13

第一種過誤：標本サイズ小

大きさ20の標本抽出とχ²値計算を1000回繰り返したところ

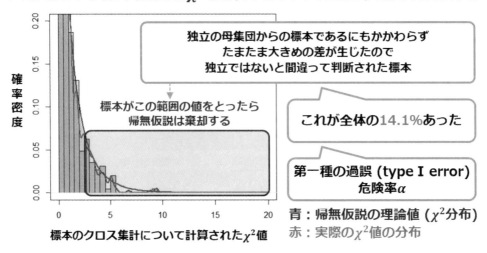

標本のクロス集計について計算されたχ²値

青：帰無仮説の理論値（χ²分布）
赤：実際のχ²値の分布

す。この例では、全体の 14.1％あったということです。これがいわゆる第一種の過誤：危険率 α に対応します。有意水準 10％で判定することにしたので、理論的には第一種過誤も 10％になるはずなのですが、皆さんも課題として体験してもらったように実際には揺らぎが存在するのです。

▶スライド 11-14

次に、標本サイズを 100 に大きくしたときはどうでしょうか。それ以外の割合等は全く一緒です。

▶スライド 11-15

先ほどと同じようにヒストグラムにまとめてみます。先ほどと同じで青で囲まれている部分は、独立の母集団からの標本であるにもかかわらず、たまたま大きめの値が出たので、帰無仮説の独立性を間違って棄却すると判断された標本です。今回は 10.1％で有意水準（危険率 α）で設定した値と近い結果になりました。

赤の χ² 値の結果の分布と青の理論的 χ² 値分布の差が小さくなっていることも、有意水準 10％に近づいてきた理由の 1 つと考えられます。

スライド 11-14

第一種過誤：標本サイズ大

母集団が独立である場合

・母集団のたこ焼き器所持の割合は同じ

実家 たこ焼き器	有り	無し	計
大阪人	5428	4572	10000
その他	13571	11429	25000
計	18999	16901	35000

実家 たこ焼き器	有り	無し	計
大阪人	15	25	40
その他	25	35	60
計	40	60	100

標本サイズ100

	あり	なし
大阪府 (N=10000)	54.30%	45.70%
その他 (N=25000)	54.30%	45.70%
計 (N=35000)	54.30%	45.70%

■ あり　■ なし

	あり	なし
大阪府 (N=8)	37.50%	62.50%
その他 (N=12)	41.70%	58.30%
計 (N=20)	40.00%	60.00%

■ あり　■ なし

スライド 11-15

第一種過誤：標本サイズ大

大きさ100の標本抽出とχ^2値計算を1000回繰り返したところ

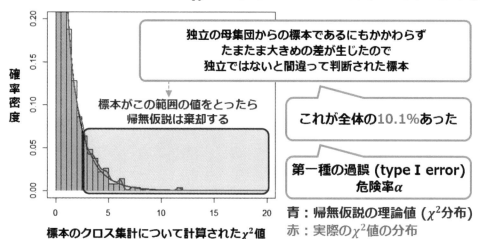

独立の母集団からの標本であるにもかかわらず
たまたま大きめの差が生じたので
独立ではないと間違って判断された標本

標本がこの範囲の値をとったら
帰無仮説は棄却する

これが全体の10.1%あった

第一種の過誤 (type I error)
危険率α

青：帰無仮説の理論値 (χ^2分布)
赤：実際のχ^2値の分布

確率密度

標本のクロス集計について計算されたχ^2値

▶スライド 11-16

　このような形で、第一種の過誤というのは、サイズが小さいときは分布から計算される確率とずれたりすることもありますが、基本的には設定した有意水準10%付近になります。標本サイズが大きくなっても、どんどん小さくなったりする等ということはなく、事前に設定した有意水準の付近をばらつくというのが大事な点です。

▶スライド 11-17

　では、これに対して、第二種過誤はどのように影響を受けるのでしょうか。

　今度は独立でない母集団から標本を抽出してみます。絶対リスク差が40ポイントと、2群間の差が大きい母集団で、標本サイズが小さい場合から見てみましょう。具体的には、大阪人のたこ焼き器保有割合が80%、その他の人の保有割合が40%、とその差40ポイントの母集団から、標本サイズ20より小さめの標本抽出を繰り返してみます。

▶スライド 11-18

　大きさ20の標本抽出とχ^2値計算を1,000回繰り返したときの分布をヒストグラムで表現しています。母集団は独立ではないですが、帰無仮説としては先ほどと同じく独立性を仮定し、有意水準10%で判断します。この赤い部分の標本では帰無仮説は棄却されないことになりますが、独立ではない母集団からの標本ですので、たまたまこのように帰無仮説が棄却できず非独立の判断ができない、第二種過誤（確率β）にあたります。今回の例で言うと、これが46.4%ということです。

スライド 11-16

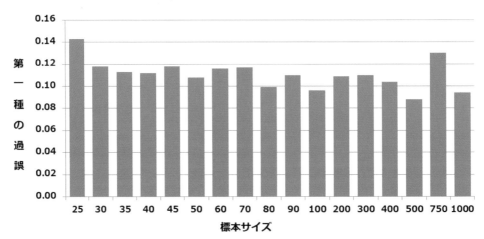

スライド 11-17

第二種過誤：標本サイズ小

母集団が独立でない場合（絶対リスク差40ポイント）

・母集団のたこ焼き器所持の割合は異なる

実家 \ たこ焼き器	有り	無し	計
大阪人	8000	2000	10000
その他	10000	15000	25000
計	18000	17000	35000

実家 \ たこ焼き器	有り	無し	計
大阪人	4	2	6
その他	4	10	14
計	8	12	20

標本サイズ20

大阪府 (N=10000)　80.00%　20.00%
その他 (N=25000)　40.00%　60.00%
計 (N=35000)　51.40%　48.60%

■あり　■なし

大阪府 (N=6)　66.70%　33.30%
その他 (N=14)　28.60%　71.40%
計 (N=20)　40.00%　60.00%

■あり　■なし

スライド 11-18

第二種過誤：標本サイズ小

大きさ20の標本抽出とχ^2値計算を1000回繰り返したところ

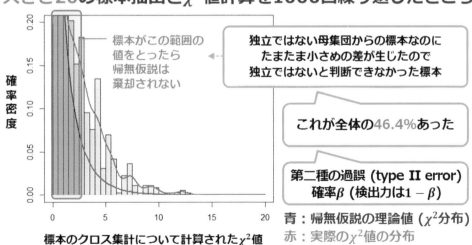

標本がこの範囲の値をとったら帰無仮説は棄却されない

独立ではない母集団からの標本なのにたまたま小さめの差が生じたので独立ではないと判断できなかった標本

これが全体の46.4%あった

第二種の過誤 (type II error)
確率β（検出力は$1 - \beta$）

青：帰無仮説の理論値（χ^2分布）
赤：実際のχ^2値の分布

確率密度

標本のクロス集計について計算されたχ^2値

スライド 11-19

第二種過誤：標本サイズ大

母集団が独立でない場合（絶対リスク差40ポイント）

- 母集団のたこ焼き器所持の割合は異なる

たこ焼き器 実家	有り	無し	計
大阪人	8000	2000	10000
その他	10000	15000	25000
計	18000	17000	35000

たこ焼き器 実家	有り	無し	計
大阪人	30	12	42
その他	32	26	58
計	62	38	100

標本サイズ100

	あり	なし
大阪府 (N=10000)	80.00%	20.00%
その他 (N=25000)	40.00%	60.00%
計 (N=35000)	51.40%	48.60%

	あり	なし
大阪府 (N=6)	71.40%	28.60%
その他 (N=14)	55.20%	44.80%
計 (N=20)	62.00%	38.00%

■あり ■なし　　■あり ■なし

▶スライド 11-19

では、次に標本サイズを 100 に大きくしてみましょう。

▶スライド 11-20

大きさ 100 の標本抽出と χ^2 値計算を 1,000 回繰り返したときの分布です。先ほどとはかなり分布形状が異なっています。赤で囲まれた有意水準 10％より下側の割合は 2.1％まで縮小しています。

▶スライド 11-21

他の標本サイズでも見てみると、このような具合で、第二種過誤の確率は標本サイズを大きくしていくとだんだん小さくなっていくのが確認できます。

スライド 11-20

第二種過誤：標本サイズ大

大きさ100の標本抽出とχ²値計算を1000回繰り返したところ

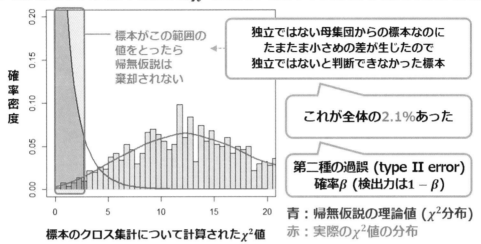

独立ではない母集団からの標本なのに
たまたま小さめの差が生じたので
独立ではないと判断できなかった標本

標本がこの範囲の
値をとったら
帰無仮説は
棄却されない

これが全体の**2.1%**あった

第二種の過誤 (type II error)
確率β (検出力は1 − β)

青：帰無仮説の理論値 (χ²分布)
赤：実際のχ²値の分布

確率密度

標本のクロス集計について計算されたχ²値

スライド 11-21

第二種過誤と標本サイズ

標本サイズが大きくなると第二種の過誤は減る

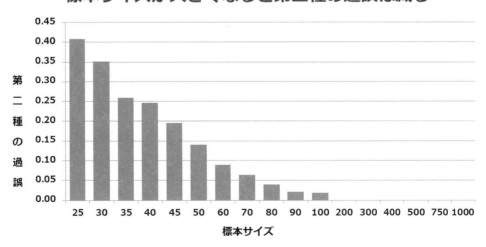

第二種の過誤

標本サイズ

第二種過誤：標本サイズ小

母集団の絶対リスク差が10ポイントの場合

・母集団ではたこ焼き器所持の割合は異なる

たこ焼き器 実家	有り	無し	計
大阪人	6000	4000	10000
その他	12500	12500	25000
計	18500	16500	35000

たこ焼き器 実家	有り	無し	計
大阪人	4	3	7
その他	8	5	13
計	12	8	20

標本サイズ20

	あり	なし
大阪府 (N=10000)	60.00%	40.00%
その他 (N=25000)	50.00%	50.00%
計 (N=35000)	52.90%	47.10%

	あり	なし
大阪府 (N=6)	57.10%	42.90%
その他 (N=14)	61.50%	38.50%
計 (N=20)	60.00%	40.00%

▶スライド 11-22

　今度は、絶対リスク差が 10 ポイントと 2 群間の差が先ほどよりも小さい非独立母集団からの標本抽出です。具体的には、大阪人のたこ焼き器保有割合は 60%、その他の人の保有割合が 50%という母集団になります。同じように、まず標本サイズ 20 から見てみましょう。

▶スライド 11-23

　大きさ 20 の標本抽出と χ^2 値計算を 1,000 回繰り返したときの分布を示しています。赤で囲われた第二種過誤は 77.7%に増えています。

▶スライド 11-24

　標本サイズ 100 も調べてみましょう。

スライド 11-23

第二種過誤：標本サイズ小

大きさ20の標本抽出とχ^2値計算を1000回繰り返したところ

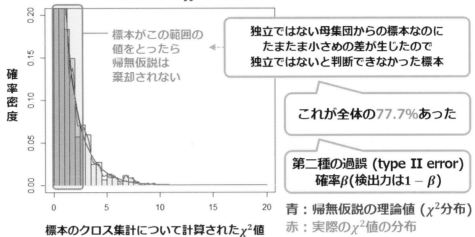

確率密度

標本がこの範囲の
値をとったら
帰無仮説は
棄却されない

独立ではない母集団からの標本なのに
たまたま小さめの差が生じたので
独立ではないと判断できなかった標本

これが全体の77.7%あった

第二種の過誤 (type II error)
確率β(検出力は$1 - \beta$)

標本のクロス集計について計算されたχ^2値

青：帰無仮説の理論値 (χ^2分布)
赤：実際のχ^2値の分布

スライド 11-24

第二種過誤：標本サイズ大

母集団の絶対リスク差が10ポイントの場合

・母集団ではたこ焼き器所持の割合は異なる

実家 ＼ たこ焼き器	有り	無し	計
大阪人	6000	4000	10000
その他	12500	12500	25000
計	18500	16500	35000

実家 ＼ たこ焼き器	有り	無し	計
大阪人	25	20	45
その他	30	25	55
計	55	45	100

標本サイズ100

大阪府 (N=10000)　60.00%　40.00%
その他 (N=25000)　50.00%　50.00%
計 (N=35000)　52.90%　47.10%

■ あり　■ なし

大阪府 (N=6)　55.60%　44.40%
その他 (N=14)　54.50%　45.50%
計 (N=20)　55.00%　45.00%

■ あり　■ なし

スライド 11-25

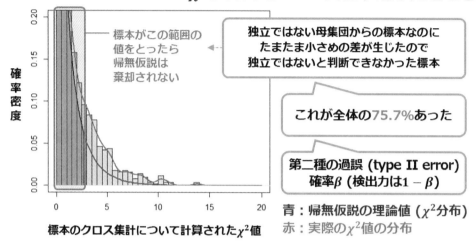

第二種過誤：標本サイズ大

大きさ100の標本抽出とχ^2値計算を1000回繰り返したところ

▶ スライド 11-25

　大きさ 100 の標本抽出と χ^2 値計算を 1,000 回繰り返したときの分布の赤で囲まれた第二種過誤の割合は 75.7%と、あまり減りませんでした。

▶ スライド 11-26

　他の標本サイズも調べてみましょう。サイズを大きくしていくと、第二種過誤は最終的には減ってくるのですが、先ほどの例に比べるとサイズをかなり大きくするところまではあまり変化がなく、200 辺りから漸く減っていく感じになっています。つまり、母集団の絶対リスク差が小さいと、標本サイズをかなり大きくしないと第二種過誤は減りにくいことが分かります。これは、考えてみれば当たり前とも言えますね。微妙な差を検出するためには、かなりの標本サイズを確保する必要があるということです。

▶ スライド 11-27

　以上、第一種過誤・第二種過誤と標本サイズの関係をまとめます。標本サイズを大きくしていっても、第一種過誤は減りません。第一種過誤は、帰無仮説が正しいにもかかわらず棄却してしまう誤りで、「あわて者の誤り」と呼んでいたものですが、そもそも検定を設計するときに調査者が事前に設定する水準なので、標本規模には影響されません。

　それに対して、第二種過誤は標本サイズが大きくなると減らすことができます。帰無仮

スライド 11-26

第二種過誤と標本サイズ

母集団の絶対リスク差が小さいと第二種過誤は減りにくい

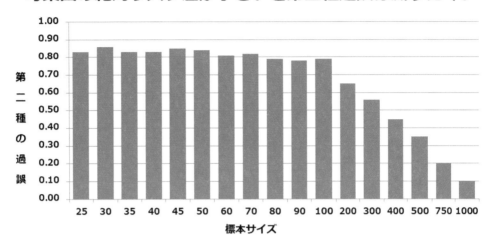

スライド 11-27

第一種、第二種過誤と標本サイズ

過誤と標本サイズの関係性を正しく理解すること

標本サイズを大きくすると

- 第一種過誤は減らない
  - 帰無仮説が正しいにもかかわらず棄却してしまう誤り
  - あわてものの誤り

- 第二種過誤は減る
  - 帰無仮説が正しくないにもかかわらず棄却しない誤り
  - ぼんやり者の誤り

説が正しくないときに棄却しない誤り、「ぼんやり者の誤り」も標本サイズでカバーでき得るということになります。

322

目次

▶ 信頼区間と標本サイズ

▶ スライド 11-28

　次に、「信頼区間と標本サイズ」について考えてみましょう。

▶ スライド 11-29

　まず、正規母集団からの標本平均が従う分布に関して復習しておきましょう。

　同じ正規分布（平均μ、分散σ^2）に従う2つの確率変数X_1とX_2を考えます。このX_1とX_2の和も正規分布の再生性で正規分布に従いました。その正規分布の平均は2倍の2μ、分散も$2\sigma^2$とります。n個あった場合は、平均も分散もn倍の正規分布に従う確率変数に従います。

　標本平均$\bar{X}$はこのn個の和を個数nで割ることになります。平均は1/n倍なのでμになります。一方、分散については、a倍するとa²倍になりましたので、1/n倍すると1/n²倍になります。分子のnと分母のnの1つが相殺されて、結果的には$\dfrac{\sigma^2}{n}$となります。つまり、標本平均$\bar{X}$は、平均は母平均と同じμ、分散は$\dfrac{\sigma^2}{n}$、標準偏差にすると$\dfrac{\sigma}{\sqrt{n}}$という正規分布に従うのでしたね。

▶ スライド 11-30

　信頼係数が95％の母平均の区間推定では、この標本平均が正規分布に従うことから、平均から標準偏差1.96個分前後を含む区間で考えます。

　観測Xが得られたとき、標本サイズ1の場合は、Xは95％の確率で平均値μの前後

スライド 11-29

（復習）正規変数の平均が従う確率分布

同じ正規分布に従う二つの確率変数

- $X_1 \sim N(\mu, \sigma^2)$
- $X_2 \sim N(\mu, \sigma^2)$

> **再生性**（reproductive property）（復習）
> 同じ種類の（正確には同じ族の）分布に従う二つの独立な確率変数に対して、その和もまた同じ種類の分布に従う性質
> （正規分布・二項分布などは再生性を持つ）

正規分布に従う確率変数の和は正規分布に従う

- $X_1 + X_2 \sim N(\mu + \mu, \sigma^2 + \sigma^2) = N(2\mu, 2\sigma^2)$
- **足しても正規分布！（正規分布の再生性より）**
- n個の確率変数の和は $X_1 + X_2 + \cdots + X_n \sim N(n\mu, n\sigma^2)$

> 標本の取り方による統計量のばらつき（標準偏差）は標準誤差（SE;standarderror）と呼ぶことが多い

標本平均 $\bar{X}$ も正規分布に従う

- $\bar{X} = \frac{1}{n}(X_1 + X_2 + \cdots + X_n) \sim N\left(\frac{n\mu}{n}, \frac{n\sigma^2}{n^2}\right) = N\left(\mu, \frac{\sigma^2}{n}\right)$
- 標本平均 $\bar{X}$ は母平均 μ の周りでばらつくが、その標準偏差は $\frac{\sigma}{\sqrt{n}}$

スライド 11-30

母平均の区間推定（信頼係数95%）

確率変数 X が $N(\mu, \sigma^2)$ に従うとき確率95%を与える区間

- 密度関数：$f(x) = \frac{1}{\sqrt{2\pi}\sigma} e^{-\frac{(x-\mu)^2}{2\sigma^2}}$

> $Z = \frac{x-\mu}{\sigma}$とおいた標準正規分布$N(0,1)$の表（もしくはコンピュータ）で区間を見つける

- $0.95 = P\left(-1.96 \leq \frac{X-\mu}{\sigma} \leq 1.96\right) = \int_{-1.96}^{1.96} \frac{1}{\sqrt{2\pi}} e^{-\frac{z^2}{2}} dz$

観測Xが得られたときに母平均μを区間推定

- **標本サイズ1のとき：** $X \sim N(\mu, \sigma^2)$
- $\mu - 1.96\sigma \leq X \leq \mu + 1.96\sigma$ が95%で成り立つ
- $X - 1.96\sigma \leq \mu \leq X + 1.96\sigma$ が95%で成り立つ

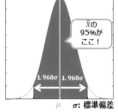

$\bar{X}$の95%がここ！

1.960σ　1.960σ

μ　σ: 標準偏差

観測$X_1, \ldots, X_n$が得られたときに母平均μを区間推定

- **標本サイズnのとき：** $\bar{X} \sim N\left(\mu, \frac{\sigma^2}{n}\right)$　　**標本平均** $\bar{X} = \frac{1}{n}(X_1 + \cdots + X_n)$
- $\bar{X} - 1.96\frac{\sigma}{\sqrt{n}} \leq \mu \leq \bar{X} + 1.96\frac{\sigma}{\sqrt{n}}$ が95%で成り立つ

1.96σ で挟まれた区間にあるので、不等式を変更して、X の前後 1.96σ で挟まれたところに母平均 μ が存在する確率が 95％ということで母平均 μ を区間推定しました。

　一般化した標本サイズ n の場合には、標本平均 $\bar{X}$ は平均が母平均と同じ μ、標準偏差が $\frac{\sigma}{\sqrt{n}}$ の正規分布に従うことを活用して、平均の前後 $1.96\frac{\sigma}{\sqrt{n}}$ で挟まれる区間を 95％信頼区

間として推定できます。

　ポイントは、信頼区間が n に依存して小さくなるということです。これが非常に重要です。

▶スライド 11-31

　先ほど確認したように、元の母数を統計量で推定する場合は、標本によって統計量の実現値は変わってきます。さまざまな標本の取り方に対する統計量の分布が正規分布である場合、母数の 95%信頼区間は「推定量 ±1.96× 標準誤差」で表現できます。標準誤差は統計量の標準偏差に対応します。95%の確率で ±1.96× 標準誤差の区間内に収まることを確認しましたが、標準誤差が標本平均の標準偏差に対応して $\frac{\sigma}{\sqrt{n}}$ なので、標本サイズ n を増やしていくと、区間が狭くなるのです。

　これを発展させて誤差の許容幅を ε とすると、$1.96 \times \frac{\sigma}{\sqrt{n}} = \varepsilon$ なので、式を変形することにより必要となるサンプル（標本）サイズ n が計算できるのです。

▶スライド 11-32

　標準偏差が σ であるような正規分布に従う母集団の平均の区間推定を標本サイズ n で行うときには、標本平均を推定値とします。標本平均は標準偏差が $\frac{\sigma}{\sqrt{n}}$ の正規分布に従うので、標準誤差が $\frac{\sigma}{\sqrt{n}}$ です。

　ですから、先ほどの式で計算された n 個分のデータを集めると、95%の確率でこの許容幅を達成できることになります。

スライド 11-31

区間推定と標本サイズ

所望の精度で推定するのに必要な標本サイズを逆算する

元の母数を標本統計量で推定する場合、標本によって統計量は変わる

様々な標本の取り方に対する統計量の分布が正規分布である場合、母数の95%信頼区間は「推定値±1.96×標準誤差（統計量の標準偏差）」

・95%の確率で±1.96×標準誤差の区間内に収まる

標準誤差が $\frac{\sigma}{\sqrt{n}}$ であるとする → **標本サイズ n が増加すると小さくなる**

誤差の許容幅を ε として $1.96 \times \frac{\sigma}{\sqrt{n}} = \varepsilon$ を解くと $n^* = \left(\frac{1.96\sigma}{\varepsilon}\right)^2$

・n^*個データを集めると95%の確率で許容幅εを達成できる

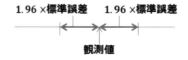

スライド 11-32

区間推定と標本サイズ

母平均の区間推定での例

正規分布 (標準偏差 σ)する母集団の平均の区間推定

- サイズ n の標本の平均を推定値とする
- サイズ n の標本の平均は標準偏差 $\frac{\sigma}{\sqrt{n}}$ の正規分布に従う
  - つまり標準誤差 (標本に関する統計量の標準偏差) は $\frac{\sigma}{\sqrt{n}}$

前頁の結果より$n^* = \left(\frac{1.96\sigma}{\epsilon}\right)^2$ 個データを集めると 95%の確率で許容幅ϵを達成できる

スライド 11-33

区間推定と標本サイズ

リスク (母比率) の区間推定での例

第10回後半の復習

真のリスク (母比率) p の母集団からサイズnの標本を抽出する場合 標本から計算されるpの推定値 (統計量) は標準偏差 $\sqrt{\frac{p(1-p)}{n}}$の正規分布に従う

- つまり標準誤差 (標本から計算される統計量の標準偏差) は $\sqrt{\frac{p(1-p)}{n}}$

前頁の結果より、$n^* = \left(\frac{1.96\sqrt{p(1-p)}}{\epsilon}\right)^2$ 個データを集めると 95% の確率で許容幅ϵを達成できる

$\sqrt{p(1-p)}$の最大値は $\frac{1}{2}$ $\left(p = \frac{1}{2}$のとき$\right)$

- 許容幅$\epsilon = 0.1$ (10ポイント) を達成するには
  $n^* \fallingdotseq 100$個程度の標本があればよい (95% の確率)

pはわからないので
ばらつきを最も大きく
見積もっておく

▶ スライド 11-33

　母比率の区間推定も同じことです。真のリスク (母比率) p の母集団からサイズ n の標本を抽出することを考えると、標本から計算される p の推定値は、標準偏差が $\sqrt{\frac{p(1-p)}{n}}$ というような正規分布に従うことを確認しました。これは標準誤差に該当します。

　ですので、先ほどの式と同じところに標準誤差として代入すると、必要な標本数が計算できます。p は 0 から 1 の間をとるので、p に関する 2 次関数で考えると、最大値を取る

のは p が 1/2 のときです。保守的に 1/2 という最大値を使って見積ると、例えば ε として 0.1、10%を達成すると仮定するならば、必要な標本サイズ n* は 100 程度になります。

▶ 母平均の推定・検定と標本サイズ

▶ スライド 11-34

最後に「母平均の推定・検定と標本サイズ」について学びましょう。

▶ スライド 11-35

1 群の標本に対する検定の復習から始めます。まず、正規母集団の平均 μ が特定のある値 μ_0 と等しいかどうかを検定します。母平均 μ、母分散 σ^2 がそれぞれ 5.78、6.12 という母集団から標本を抽出します。実際にわれわれが手にできるデータは標本のデータです。そこで標本平均や不偏分散といった量を計算して、自分で決めた標本サイズも用いて、母平均や母分散について推測します。

▶ スライド 11-36

1 群の標本に対する検定では、観測可能な標本や標本平均から母集団の平均 μ が特定の値 μ_0 と等しいかどうかの判定をします。

スライド 11-34

目次

第一種、第二種過誤と標本サイズ
・χ^2値，フィッシャーの直接確率と標本サイズ
・第一種過誤と標本サイズ
・第二種過誤と標本サイズ

信頼区間と標本サイズ

母平均の推定・検定と標本サイズ
・母平均の推定・検定
・t分布とt検定

スライド 11-35

(復習)1群の標本に対する検定

正規母集団の平均 μ が特定の値 μ_0 と等しいか否かを検定

・ 標本平均と標本分散から母平均について知りたい

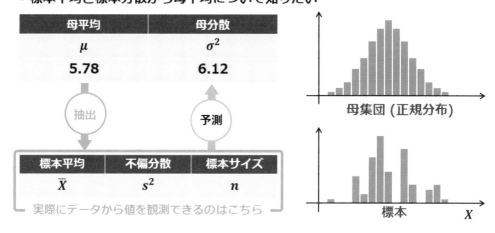

スライド 11-36

(復習) 1群の標本に対する検定

観測可能なもの (標本 or 標本平均) から母集団の平均 μ が特定の値 μ_0 と等しいかどうか

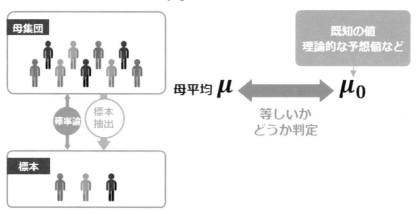

▶スライド 11-37

　まず、標本サイズが大きい場合に、母平均の推定や検定はどうなるのでしょうか。観測 X_1 から X_n の n 個の標本が得られたときに、この標本平均は平均が μ、分散が $\frac{\sigma^2}{n}$ の正規分布に従いました。この標本平均 $\bar{x}$ から μ を引いて標準偏差 $\sqrt{\frac{\sigma^2}{n}}$ で割り算して標準化すると、標準正規分布に従います。

　その上で、母平均 μ は、実際に得られた標本平均 $\bar{x}$ から前後 $1.96 \times \sqrt{\frac{\sigma^2}{n}}$ で挟まれる区間に含まれる確率が 95% である、ということを使って区間推定をしました。

　母平均 μ と μ_0 は等しいかどうかの両側検定では、帰無仮説 μ と μ_0 が等しい場合、Z 統計量は標準正規分布に従うことが成り立ちますので、Z の絶対値が 1.96 よりも大きければ帰無仮説を棄却します。

　ここまでは母分散 σ^2 が既知の場合を考えてきました。一般的には母分散は未知ということになります。この場合には、標本サイズが大きければ、不偏分散 s^2 が σ^2 とは一致するということで、近似的に σ^2 の代わりに不偏分散 s^2 を使って議論します。

▶スライド 11-38

　一方、標本サイズが小さい場合はどうしたらいいのでしょうか。統計量 Z が標準正規分布に従うというのはいいとして、不偏分散 s^2 が σ^2 と等しいのかと言われると怪しくなってきます。実際には σ^2 の周りでばらつくような確率変数になるので、先ほどの議論が難

スライド 11-37

標本サイズ大での母平均の推定・検定

観測 $X_1, \ldots, X_n$ が得られたとき $\quad \bar{X} \sim N\left(\mu, \frac{\sigma^2}{n}\right) \quad \left(\frac{\bar{X} - \mu}{\sqrt{\frac{\sigma^2}{n}}} \sim N(0,1)\right)$

■ 母平均 μ を区間推定

- $\frac{\bar{X} - \mu}{\sqrt{\frac{\sigma^2}{n}}} \sim N(0,1)$ より $P\left(-1.96 \leq \frac{\bar{X} - \mu}{\sqrt{\frac{\sigma^2}{n}}} \leq 1.96\right) = 0.95$

- ゆえに $\bar{X} - 1.96\sqrt{\frac{\sigma^2}{n}} \leq \mu \leq \bar{X} + 1.96\sqrt{\frac{\sigma^2}{n}}$ は確率95%で成立

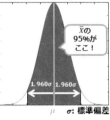

$\bar{X}$ の 95% が ここ！

1.960σ 1.960σ

μ　　σ: 標準偏差

■ 母平均 $\mu \neq \mu_0$ を両側検定

- 帰無仮説: $\mu = \mu_0$ が真なら $Z = \frac{\bar{X} - \mu_0}{\sqrt{\frac{\sigma^2}{n}}} \sim N(0,1)$ が成り立つ $\quad \bar{X} = \frac{X_1 + \cdots + X_n}{n}$

- Z の観測値 $|Z^*| \geq 1.96$ ならば帰無仮説を棄却

■ 母分散 σ^2 が未知のとき

- 標本サイズが大きければ、不偏分散 $s^2 \approx \sigma^2$ より近似的に $\frac{\bar{X} - \mu}{\sqrt{\frac{s^2}{n}}} \sim N(0,1)$

しくなります。そこで登場するのが、ゴセットが提案した、自由度が n−1 の t 分布です。正規分布よりもすそ野が広い分布で、n が大きくなるとほぼ正規分布になるものです。

▶ スライド 11-39

実はこれ以前は、標本が小さいところでは、正しくないということが分かりながら、先ほ

スライド 11-38

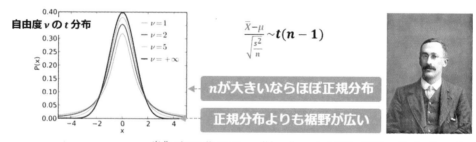

標本サイズ小での母平均の推定・検定

観測 $X_1, \ldots, X_n$ が得られたとき $\bar{X} \sim N\left(\mu, \dfrac{\sigma^2}{n}\right)$　$\left(\dfrac{\bar{X}-\mu}{\sqrt{\frac{\sigma^2}{n}}} \sim N(0, 1)\right)$

- 標本サイズ n が小さいと不偏分散 s^2 は σ^2 のまわりでばらつく

- つまり s^2 を σ^2 の代用として使うと、$\dfrac{\bar{X}-\mu}{\sqrt{\frac{s^2}{n}}} \sim N(0, 1)$ とはいえない

- 実際には標準正規分布からずれる…自由度 $n-1$ の t 分布に従う！

自由度 ν の t 分布

$$\frac{\bar{X}-\mu}{\sqrt{\frac{s^2}{n}}} \sim t(n-1)$$

n が大きいならほぼ正規分布

正規分布よりも裾野が広い

出典：https://commons.wikimedia.org/wiki/File:William_Sealy_Gosset.jpg

スライド 11-39

ステューデントの t 分布

統計学上極めて重要な発見 (小標本の問題)

ギネスビール社ダブリン醸造所 (アイルランド) の社員であった ゴセットによる貢献

- 同社では当時社員の論文発表を禁止していたため、Student というペンネームで論文を発表 (1908)

フィッシャーが研究の重要性を見出し、統計量に t という記号をあてたため、この統計量の従う分布はスチューデントの t 分布と呼ばれる

- 当時は大標本を測定することに重きが置かれていたが醸造技術者らの現場では小さな標本サイズを利用せざるを得ない場合も多かった

それ以前は正規分布を用いていたため、リスクを過小に見積もっていたことになる

- 現実には外れ値 (outlier) は結構起こりうる

どの正規分布を使っていたというのが実情で、それに問題意識を持ったゴセットが t 分布を使ったほうがいいのではないかと提案したのです。以前は正規分布を用いていたのでリスクを過小に見積もっていたことになりますが、それを改善することができるようになったのです。

▶スライド 11-40

1 群の標本に対する平均の検定で、母分散未知の場合をまとめてみます。まず仮説を設

スライド 11-40

1群の標本に対する平均の検定 (母分散未知)

仮説を設定

帰無仮説 ・母平均 μ はある値 μ_0 と等しい ($\mu = \mu_0$)

対立仮説 ・母平均 μ はある値 μ_0 より大きい ($\mu > \mu_0$)

t 統計量を計算

・標本サイズ n の標本の母平均 μ がある値 μ_0 と等しければ
標準化した標本平均は自由度 $n - 1$ の t 分布に従う

$$t = \frac{\bar{X} - \mu_0}{\sqrt{\dfrac{s^2}{n}}} \sim t(n - 1)$$

実際に標本から計算(観測)した
t の値(実現値)を t^* とする

p 値を計算

・帰無仮説が正しいときに t が標本での実現値 t^* 以上となる確率を求める

$$P(t \geq t^*; n - 1)$$

両側検定なら $P(|t| \geq |t^*|)$

スライド 11-41

t 検定の実行例

母集団の平均 μ がある値 μ_0 と差があるか検定したい

例 牛乳をたくさん飲むと身長が伸びるか?

・被験者5人の1年間の身長の伸びは以下の通り
  ・$\{X_1, X_2, X_3, X_4, X_5\} = \{1cm, 2cm, 3cm, 3cm, 4cm\}$

標本平均 ・$\bar{X} = 2.6cm$ **不偏分散** ・$s^2 = 1.3cm^2$

・母平均:μ(未知 / 検定の対象)

・全国の中学生の平均身長の伸びは既知: $\mu_0 = 2cm$
・仮説検定

帰無仮説 ・牛乳を大量に飲んでも背は伸びない ($\mu = \mu_0$)

対立仮説 ・牛乳を大量に飲んだら背が伸びる ($\mu > \mu_0$)

定します。帰無仮説は「母平均 μ がある値 μ_0 と等しい」で、対立仮説は「ある値と等しくない」なのですが、ここでは「より大きい」で考えてみましょう。

　次に、t 統計量を計算します。この標本平均から仮説の μ_0 を引いて、不偏分散を使った $\sqrt{\dfrac{\sigma^2}{n}}$ で割ります。帰無仮説が正しければ自由度 n−1 の t 分布に従うので、p 値を計算して棄却するかどうかの判断をします。ここでは「より大きい」としているので、実際に観測値を使って計算した t の値の実現値を t* としたときに、t* がこの t 分布に従う確率変数のこの値より大きな値を取るような t 分布に従う確率変数が出る確率を評価します。これが p 値です。両側検定なら、絶対値で棄却する・しないという判断をします。

▶ スライド 11-41

　次に、母集団の平均 μ がある値 μ_0 と差があるかどうかの t 検定の実行例で確認してみましょう。牛乳をたくさん飲むと身長が伸びるか被験者 5 名の 1 年間の身長の伸びの評価です。被験者 5 名の 1 年間の身長の伸びの標本平均は 2.6 センチでした。不偏分散は 1.3cm^2 です。

　全国の中学生の平均身長の伸びは既知で、これが $\mu_0 = 2$cm になります。帰無仮説は「牛乳を大量に飲んでも背は伸びない」、つまり、「μ と μ_0 は等しい」で、対立仮説は「牛乳を大量に飲んだら背が伸びる」「μ は μ_0 よりも大きい」です。

▶ スライド 11-42

　帰無仮説が正しければ、検定統計量 t は自由度が 4 の t 分布に従うということで、有意

スライド 11-42

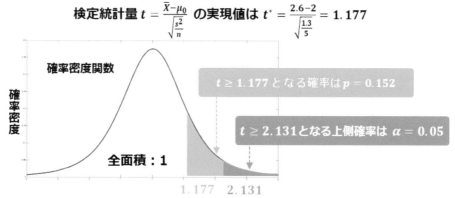

水準 5%で検定してみます。標本平均 $\bar{x}$ が 2.6 で、不偏分散 s^2 が 1.3 の標本において検定統計量 t を計算すると、実現値は 1.177 になります。1.177 よりも大きな値をとる確率、p 値が 0.152 となります。

有意水準は 5%と比較すると大きいので、帰無仮説は棄却できません（上側確率 0.05 に対応する 2.131 よりも小さい）。

▶ スライド 11-43

まとめると、母分散が未知の場合の母集団の平均の検定では、母分散 σ^2 の代わりに不偏分散 s^2 を使って、標本平均を標準化した t 統計量を用います。これは自由度 n−1 の t 分布に従うので、自由度 n−1 の t 分布を使った t 検定を行いました。標本サイズが小さいときに当てはまります。標本サイズ n が大きければ、不偏分散 s^2 はほぼ母分散 σ^2 と等しいと考えられて、t 統計量は近似的に標準正規分布に従うので、標準正規分布による検定が可能になります。ただ、正規母集団を仮定できるのだったら、標本サイズが大きいときも小さいときと同様に t 検定を行うことが一般的です。

今回は以上です。次回も t 検定について学びをすすめます。お疲れさまでした。

スライド 11-43

まとめ (母分散が未知の場合)

母集団の平均の検定をする場合、母分散も未知の場合が多い

- 母分散 σ^2 の代わりに不偏分散 s^2 を用いて標本平均を標準化 (t 統計量)

標本サイズ n が小さいとき

- t 統計量は自由度 $n-1$ の t 分布に従う (母集団は正規分布を仮定)
  - $t(n-1)$ を利用した t 検定を行う

標本サイズ n が大きいとき

- 不偏分散 $s^2 \approx$ 母分散 σ^2
- t 統計量は $N(0,1)$に従う
  - $N(0,1)$ による検定が可能 (母集団が一般の分布でも近似的にOK)
  - 正規母集団を仮定できるときは通常 t 検定を行う (t分布 $\approx N(0,1)$)

第 12 回

平均の差の検定

スライド 12-1

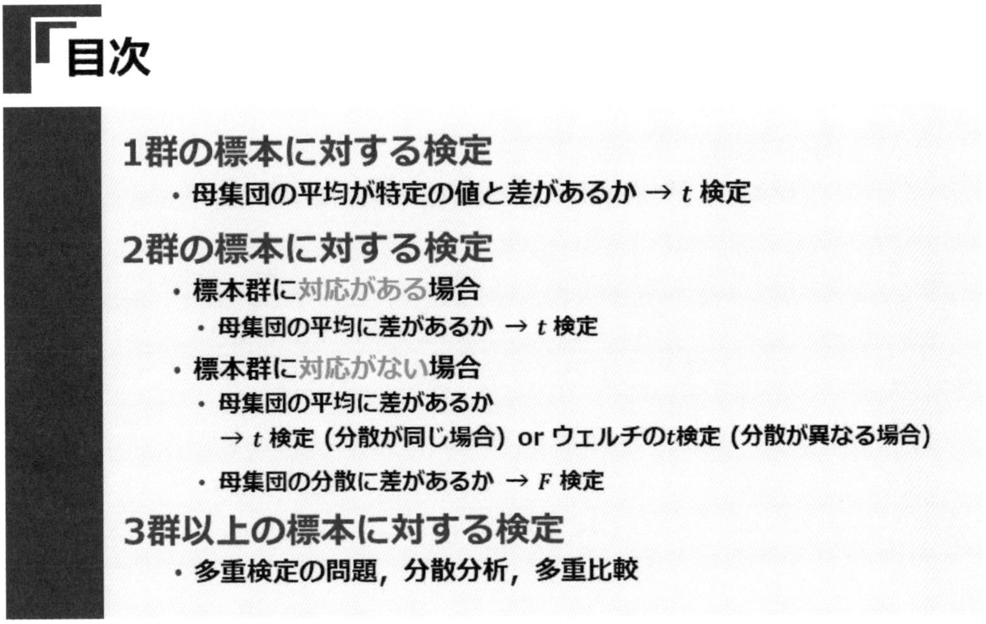

目次

1群の標本に対する検定
- 母集団の平均が特定の値と差があるか → t 検定

2群の標本に対する検定
- 標本群に対応がある場合
  - 母集団の平均に差があるか → t 検定
- 標本群に対応がない場合
  - 母集団の平均に差があるか
    → t 検定 (分散が同じ場合) or ウェルチのt検定 (分散が異なる場合)
  - 母集団の分散に差があるか → F 検定

3群以上の標本に対する検定
- 多重検定の問題, 分散分析, 多重比較

統計入門第 12 回では「平均の差の検定」を学びましょう。

▶スライド 12-1

こちらは目次です。最初の、1 群の標本に対する検定は復習です。その上で、2 群の標本に対する検定、さらには 3 群以上の標本に対する検定が今回の目標です。

▶ 1群の標本・対応のある2群の標本に対する検定

▶スライド 12-2

まずは、1 群の標本に対する検定について少しおさらいしましょう。

▶スライド 12-3

ここでは、観測可能な標本、あるいはそれから計算される標本平均から、実際の母集団の母平均が、既知の値や理論的な予測値等である特定の値 μ_0 と等しいかどうかを判断しました。

336

スライド 12-2

目次

1群の標本に対する検定
- **母集団の平均が特定の値と差があるか → t 検定**

2群の標本に対する検定
- 標本群に対応がある場合
  - 母集団の平均に差があるか → t 検定
- 標本群に対応がない場合
  - 母集団の平均に差があるか
    → t 検定 (分散が同じ場合) or ウェルチのt検定 (分散が異なる場合)
  - 母集団の分散に差があるか → F 検定

3群以上の標本に対する検定
- 多重検定の問題, 分散分析, 多重比較

スライド 12-3

1群の標本に対する検定

観測可能なもの (標本 or 標本平均) から母集団の平均 μ が特定の値 μ_0 と等しいかどうか

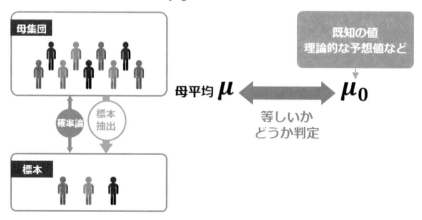

スライド 12-4

1群の標本に対する平均の検定 (母分散未知)

仮説を設定

| 帰無仮説 | ・母平均 μ はある値 μ_0 と等しい ($\mu = \mu_0$) |

| 対立仮説 | ・母平均 μ はある値 μ_0 より大きい $(\mu > \mu_0)$ |

t 統計量を計算

・標本サイズ n の標本の母平均 μ がある値 μ_0 と等しければ
標準化した標本平均は自由度 $n-1$ の t 分布に従う

s^2は対応する各値の差の不偏分散 $\cdots\blacktriangleright$ $t = \dfrac{\bar{X} - \mu_0}{\sqrt{\dfrac{s^2}{n}}} \sim t(n-1)$　実際に標本から計算（観測）した t の値（実現値）を t^* とする

p 値を計算

・帰無仮説が正しいときに t が標本での実現値 t^* 以上となる確率を求める
$$P(t \geq t^* ; n-1)\qquad 両側検定なら\ P(|t| \geq |t^*|)$$

▶ スライド 12-4

　具体的には、本当に言いたいことである対立仮説「母平均 μ はある値 μ_0 より大きい」が直接説明しにくいので、反対の帰無仮説「母平均 μ はある値 μ_0 と等しい」を設定して議論を始めました。もちろん、問題によっては、「大きい」ではなくて「等しくない」とする場合もあります。むしろ、実際にはその方が多いです。

　その次に統計量を計算します。この場合では、t 統計量が該当します。帰無仮説が正しい場合には、t 統計量が自由度n−1の t 分布に従うので、実際にこの標本から計算した t の値（実現値）t* 以上に珍しい事象が起こる確率を p 値として求め、事前に設定した有意水準と比較します。これが 1 群の標本に対する平均の検定でした。

▶ スライド 12-5

　次に、2 群の標本に対する検定に入っていきましょう。2 群の比較では、標本群に対応がある場合とない場合という 2 つに分けて考える必要があります。まずは、対応がある場合について見てみましょう。

338

スライド 12-5

目次

スライド 12-6

2群の標本に対する検定

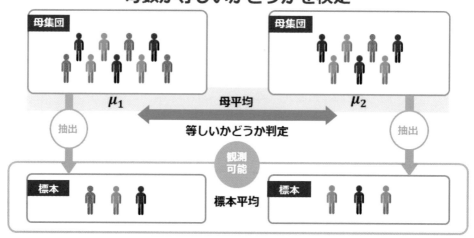

▶ スライド 12-6

　2つの標本が得られる元の母集団について考えますが、それぞれの母集団の母平均を μ_1、μ_2 として、これが等しいかどうかを調べます。実際に観測可能なものはやはり標本で、そこから計算される標本平均が我々の道具です。

スライド 12-7

対応のある2群の標本

母集団の平均 μ_1, μ_2 に差があるかどうかを検定したい

例　牛乳をたくさん飲むと身長が伸びるか？

- 5名の被験者の1年間の身長の伸び（母平均 μ_1 は未知）

$$\{X_{11}, X_{12}, X_{13}, X_{14}, X_{15}\} = \{0.5cm, 1cm, 2cm, 3cm, 3cm\}$$

↕ **各標本に対応がある（同じ被験者のデータ）**

- 牛乳を飲み続けたときの1年間の身長の伸び（母平均 μ_2 は未知）

$$\{X_{21}, X_{22}, X_{23}, X_{24}, X_{25}\} = \{1cm, 2cm, 3cm, 3cm, 4cm\}$$

- それぞれの差を $X_i = X_{2i} - X_{1i}$ とすると

$$\{X_1, X_2, X_3, X_4, X_5\} = \{0.5cm, 1cm, 1cm, 0cm, 1cm\}$$

> **標本群に対応があれば1群の標本に対する t 検定が適用可能**

▶スライド 12-7

　今回は対応のある2群の標本を考えます。対応があるというのは、同じ個体からのデータの比較ということで、治療前後とか、同じ人の左右の握力の比較等が該当します。ここでは、牛乳をたくさん飲むと身長が伸びるのかについて、牛乳を飲む前と1年後の身長の比較する例で考えてみましょう。5名の被験者について、特に牛乳を飲まない人の通常生活での1年間の身長の伸びと、牛乳を1年間飲んだ後の身長の伸びの比較になります。標本となった5名の背景には母集団があり、一般生活での1年間の身長の伸びの母平均 μ_1 も、牛乳を飲み続けた1年間の身長の伸びの母平均 μ_2 も未知です。

　次に、同じ被験者に対して、牛乳を飲んだ1年と、飲んでいない1年の身長の伸びの差を評価します。それぞれの差をとると被験者の数と同じだけの差のデータが得られます。結局、2つの標本を得た形ですが、対応があることによって同じ人同士で引き算ができて、結果的に身長の伸びの差という観点では、1個の母集団から取ってきた標本とみることができ、1群の標本に対するt検定を使うことができるのです。

　ここで注意してほしいのは、5人の同じ被験者の一般生活と牛乳を飲み続けた1年間の身長の伸びの比較になっていることです。全然無関係の別の5名に対して、牛乳を飲むか飲まないかの2群のデータを入手して、1人目と1人目、2人目と2人目などの伸びの差を取るということをしても、これは全く意味がないのですね。個体としての対応が取れておらず、個人差を考慮できていないからです。同一個体からのデータである場合には、その差を使うことで1群の標本と考えられる、というのが重要な点です。

スライド 12-8

対応のある2群の標本に対する平均の差の検定

仮説を設定

| 帰無仮説 | ・母平均は等しい（$\mu_1 = \mu_2$） |
| 対立仮説 | ・片方の母平均の方が大きい（$\mu_1 < \mu_2$） |

t 統計量を計算

・標本サイズ n である2群の標本の母平均 μ_1, μ_2 が等しければ
　対応する標本間の差の平均は自由度 $n-1$ の t 分布に従う

$$t = \frac{\overline{X}_2 - \overline{X}_1}{\sqrt{\dfrac{s^2}{n}}} \sim t(n-1)$$

s^2は対応する各値の差の不偏分散

p 値を計算

・帰無仮説が正しいときに t が標本での実現値 t^* 以上となる確率を求める

$$P(t \geq t^*; n-1)$$

▶スライド 12-8

　このように、対応のある2群の標本に対する平均の差の検定というというのは、結果的に1群の話になりますので、先ほどおさらいした $\mu_0 = 0$ とした1群の標本に対する平均の差の検定がそのまま使えることになります。

　ここでは、「牛乳を飲んだ方が身長は伸びる」が証明したい対立仮説で、「牛乳を飲んでも飲まなくても伸び方の平均は同じだ」という帰無仮説が棄却できるかどうかを考えているのです。これが、対応のある2群の標本に対する平均の差の検定です。

▶ 対応のない2群に対する平均の差の検定

▶スライド 12-9

　続いて、標本群に対応がない2群の標本に対する検定について考えてみたいと思います。

▶スライド 12-10

　例えばAクラスとBクラスと2つの別のクラスの成績の比較が該当します。2つのクラスの個人は別の個人なので対応がない2群ということになります。一般には、各クラスで、人数も違うことが多いですね。ここではそのような例で考えてみましょう。

　AとBと2つのクラスでは、標本のサイズが9と7ですが、成績の標本平均、標準偏差、不偏分散はそれぞれ標本から計算して求められますね。スライドの右の表にはそれら

スライド 12-9

目次

スライド 12-10

対応のない2群の標本に対する検定

母集団の平均に差があるかどうかを検定したい

例　　AクラスとBクラスの成績に差があるか？

Aクラス	Bクラス
69	49
52	40
68	52
46	37
72	55
40	38
45	45
62	
53	

	Aクラス	Bクラス
標本サイズ n	$n_1 = 9$	$n_2 = 7$
標本平均 $\bar{X}$	$\bar{X}_1 = 56.33$	$\bar{X}_2 = 45.14$
標準偏差 s	$s_1 = 11.76$	$s_2 = 7.105$
不偏分散 s^2	$s_1^2 = 138.3$	$s_2^2 = 50.48$
母平均	?	?
母分散	?	?

差があるか？

がまとめてあります。ところが、母平均や母分散はわからないので、これらに差があるか
どうかを知りたいのです。

対応のない2群の標本に対する検定

■ 母集団の平均の検定方法は

分散が同じ場合　→ t 検定

分散が異なる場合　→ウェルチの t 検定

■ そもそも母集団の分散に差があるか　　　F 検定

▶スライド 12-11

　対応がない2群の平均の比較では、2群で分散が同じ場合とそうではない場合で少し手法が変わってきます。分散が同じ場合は、t 検定をそのまま使うことができますが、分散が異なる場合は、少し補正を加えたウェルチの t 検定を用いることになります。どちらも分布としては t 分布を使用します。とはいうものの、そもそも分母集団の分散が分からないので、母集団の分散に差があるのかないのかを調べる必要もあり、そのときは F 検定というのが使われます。この後、これらについて説明します。

▶スライド 12-12

　まずは、対応のない2群の標本に対する平均の差の検定のうち、等分散性が仮定できる場合について考えてみましょう。仮説検定の設定としては、対立仮説は「片方の母平均の方が大きい」で、議論を進める帰無仮説が「母平均は等しい」、つまり μ_1 と μ_2 が等しい、となります。

　まず、t 統計量を計算するのですが、標本サイズ n_1 と n_2 の2群の標本それぞれの母平均 μ_1、μ_2 が等しいならば、標本平均の差 $\overline{X}_1 - \overline{X}_2$ は自由度が $n_1 + n_2 - 2$ の t 分布に従うことが知られています。

　さらに、2つの標本の不偏分散 $s_1{}^2$、$s_2{}^2$ をそれぞれの標本サイズ n_1 と n_2 で重み付けして、プーリングされた不偏分散 s^2 を t 統計量の計算に用います。こういう形で不偏分散を併せて計算することをプーリングと言い、「プールした分散」という言い方をすることもあります。あとは、帰無仮説が正しいときにこの確率変数 t が実現値 t* 以上となる確率を求めることで p 値を計算します。その p 値と、事前に設定した有意水準を比較して、帰無仮説を棄却できるか否かを判断します。

スライド 12-12

対応のない2群の標本に対する平均の差の検定

仮説を設定　　　　　　　　　　　　　　　　　　　　**等分散性が仮定できる場合**

帰無仮説　・母平均は等しい $(\mu_1 = \mu_2)$

対立仮説　・片方の母平均の方が大きい $(\mu_1 > \mu_2)$

t 統計量を計算

・標本サイズ n_1, n_2 の2群の標本の母平均 μ_1, μ_2 が等しければ
　標本平均の差は自由度 $n_1 + n_2 - 2$ の t 分布に従う

**2標本を合併
(pooling)**　　$s^2 = \dfrac{(n_1 - 1)s_1^2 + (n_2 - 1)s_2^2}{n_1 + n_2 - 2}$　　$t = \dfrac{\bar{X}_1 - \bar{X}_2}{\sqrt{s^2\left(\dfrac{1}{n_1} + \dfrac{1}{n_2}\right)}} \sim t(n_1 + n_2 - 2)$

p 値を計算

・帰無仮説が正しいときに t が標本での実現値 t^* 以上となる確率を求める
$$P(t \geq t^*; n_1 + n_2 - 2)$$

スライド 12-13

補足：t 統計量について

母分散が既知のとき

・2つの母集団からの標本 $x_1, \ldots, x_{n_1}$ と $y_1, \ldots, y_{n_2}$ が $x_i \sim N(\mu_1, \sigma^2)$
　$y_i \sim N(\mu_2, \sigma^2)$ のとき $\bar{x} \sim N(\mu_1, \sigma^2/n_1)$, $\bar{y} \sim N(\mu_2, \sigma^2/n_2)$

・$\bar{x} - \bar{y} \sim N(\mu_1 - \mu_2, \sigma^2(1/n_1 + 1/n_2))$　　$\boxed{\begin{array}{c} \mu_1 = \mu_2 \text{ のとき} \\ \dfrac{\bar{x} - \bar{y}}{\sqrt{\sigma^2\left(\frac{1}{n_1} + \frac{1}{n_2}\right)}} \sim N(0, 1) \end{array}}$

母分散が既知のとき

・$\mu_1 = \mu_2$ のとき $t = \dfrac{\bar{x} - \bar{y}}{\sqrt{s^2\left(\dfrac{1}{n_1} + \dfrac{1}{n_2}\right)}} \sim t(n_1 + n_2 - 2)$

ただし、$s^2 = \dfrac{(n_1 - 1)\hat{s}_1^2 + (n_2 - 1)\hat{s}_2^2}{(n_1 - 1) + (n_2 - 1)} = \dfrac{\sum(x_i - \bar{x})^2 + \sum(y_i - \bar{y})^2}{n_1 + n_2 - 2}$

▶ **スライド 12-13**

　分かりにくいところを少し補足します。まずは母分散が既知の場合、その統計量がどう
なっているかを見てみましょう。例えば、2つの母集団から標本を取ってきます。片方が

x_1 から x_{n1} まで、標本としては n_1 個、もう片方は y_1 から y_{n2} まで n_2 個の標本があります。それぞれ平均が μ_1、μ_2 で、分散は等分散と仮定したのでいずれも σ^2 の正規分布に従う変数とします。

この標本平均、例えば x_1 から x_{n1} までの標本平均も正規分布に従い、平均は μ_1 で分散が σ^2/n_1 になります。一方、y の方も、平均はそのまま μ_2、分散が σ^2/n_2 になります。この 2 つの標本平均 $\bar{x}$ と $\bar{y}$ の差も正規分布に従って、平均はこの 2 つの平均の差になります。分散は独立を仮定していますので、2 つの分散の和になります。

スライドの、帰無仮説にあるように、この 2 つの平均が等しい場合には、この $\bar{x}$ から $\bar{y}$ を引いて標準偏差で正規化したものは、標準正規分布に従います。さらに、真の分散を不偏分散に置き換えると、t 統計量と呼ばれるものになり t 分布に従うことになります。

さらに、データ全体としては n_1+n_2 個ありますが、それぞれ不偏分散を求めるときに自由度を 1 つずつ減じるので、全体としての自由度は n_1+n_2-2 になります。

▶ スライド 12-14

t 検定を実行する例です。先ほどの A と B の 2 つのクラスの成績の例では、それぞれの不偏分散までは計算しましたね。それを使って、重み付けのプールした分散が計算できるので、式に代入して t 統計量の値を計算します。標本サイズが 9 と 7 で 16 ですから、2 を引いて、自由度は 14 になります。ということで、自由度 14 の t 分布の密度関数を使って p 値を計算します。得られた p 値は 0.022 ですから設定した有意水準 5% よりも小さく、帰無仮説が棄却されます。

▶ スライド 12-15

次は等分散性が仮定できない場合です。この場合は、ウェルチの t 検定という、補正が入った t 検定を用いるというお話をしました。基本的には先ほどとほぼ同じで、t 統計量の計算方法が少し違うだけです。対立仮説「片方の母平均の方が大きい」が直接証明できないので、帰無仮説「母平均が等しい」で同じように議論を始めます。t 統計量の計算のところで母分散が等しいという仮定ができないので、正規化するときの標準偏差の計算方法が少し異なります。具体的には、それぞれの不偏分散をサンプル数で割り算したものを足します。

しかし、正確には t 分布に従わず、近似的に t 分布に従うということになります。というのも、t 分布の自由度は、スライドで示すようにかなり複雑な計算方法をするのですが、必ずしも整数にならないのです。自由度が大きいときには、1 個ぐらいずれても、t 分布の値は実はほとんど変わらないので、計算して自由度に近い整数の t 分布を使います。自由度が小さいときには、整数の大きい方と小さい方の 2 つの t 分布の補完をするように求めたりします。皆さんは統計ソフトに任せてもらって結構です。

スライド 12-14

t 検定の実行例

自由度14の t 分布を用いて有意水準5%で検定

$$s^2 = \frac{(9-1)*138.3 + (7-1)*50.48}{9+7-2} = 100.7 \qquad t^* = \frac{56.3 - 45.1}{\sqrt{100.7 * \left(\frac{1}{9} + \frac{1}{7}\right)}} = 2.213$$

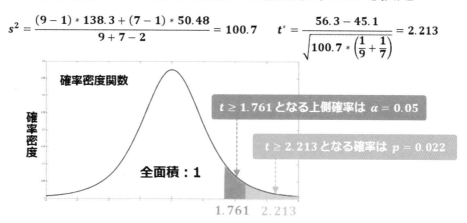

確率密度関数

確率密度

$t \geq 1.761$ となる上側確率は $\alpha = 0.05$

$t \geq 2.213$ となる確率は $p = 0.022$

全面積：1

1.761　2.213

「t検定の結果、有意差は認められた $(p = 0.022 > 0.05)$」

スライド 12-15

対応のない2群の標本に対する平均の差の検定

仮説を設定

等分散性が仮定できない場合（ウェルチのt検定）

帰無仮説 ・母平均は等しい $(\mu_1 = \mu_2)$

対立仮説 ・片方の母平均の方が大きい $(\mu_1 < \mu_2)$

t 統計量を計算

・標本サイズ n_1, n_2 の2群の標本の母平均 μ_1, μ_2 が等しければ標本平均の差は自由度 ν の t 分布に従う

$$\nu = \frac{\left(\frac{s_1^2}{n_1} + \frac{s_2^2}{n_2}\right)^2}{\frac{s_1^4}{n_1^2(n_1-1)} + \frac{s_2^4}{n_2^2(n_2-1)}} \qquad t = \frac{\overline{X}_1 - \overline{X}_2}{\sqrt{\frac{s_1^2}{n_1} + \frac{s_2^2}{n_2}}} \sim t(\nu)$$

p 値を計算

・帰無仮説が正しいときに t が標本での実現値 t^* 以上となる確率を求める

$$P(t \geq t^* ; \nu)$$

スライド 12-16

ウェルチの t 検定の実行例

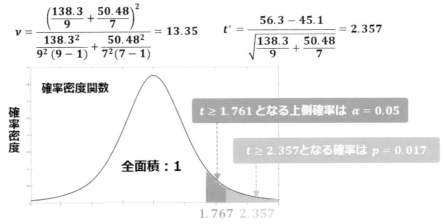

自由度13.35の t 分布を用いて有意水準5%で検定

$$\nu = \frac{\left(\frac{138.3}{9} + \frac{50.48}{7}\right)^2}{\frac{138.3^2}{9^2(9-1)} + \frac{50.48^2}{7^2(7-1)}} = 13.35 \qquad t^* = \frac{56.3 - 45.1}{\sqrt{\frac{138.3}{9} + \frac{50.48}{7}}} = 2.357$$

確率密度関数

確率密度

$t \geq 1.761$ となる上側確率は $\alpha = 0.05$

$t \geq 2.357$ となる確率は $p = 0.017$

全面積：1

1.767 2.357

「t 検定の結果、有意差は認められた（$p = 0.017 > 0.05$）」

▶ スライド 12-16

　具体例で見ると、自由度 13.35 という気持ち悪い数字が出てきます。統計ソフトに p 値を計算してもらうと、0.017 ということで先程とは少しだけ異なる値が出てきます。こちらでも、帰無仮説が棄却されて有意差が認められると結論付けられます。

▶ 等分散性の検定

▶ スライド 12-17

　では、母集団の分散に差があるかどうかを調べる F 検定について学びましょう。

▶ スライド 12-18

　まず、2 つの母集団からの標本が独立に正規分布に従うとき、x は平均 μ_x 分散 σ^2_x 標本サイズ m、y は平均 μ_y 分散 σ^2_y 標本サイズ n とします。この 2 つの標本からそれぞれの標本平均を引き算して 2 乗したものの和を取って分散で割ると、スライドの中程のように書き直すことができます。この変換した結果は $(s_x/\sigma_x)^2$ を $(m-1)$ 倍したものなので自由度 m−1 の χ^2 分布に従うことになります。y も自由度が n−1 の χ^2 分布に従う確率変数であると分かります。

　ここで χ^2 分布に従う確率変数が 2 つ出てきたのですが、それぞれ自由度が m−1 の χ^2 分布に従う確率変数 W_1 を自由度で割ったものを分子に、自由度が n−1 の χ^2 分布に従う

スライド 12-17

目次

1群の標本に対する検定
・母集団の平均が特定の値と差があるか → t 検定

2群の標本に対する検定
・標本群に対応がある場合
　・母集団の平均に差があるか → t 検定
・**標本群に対応がない場合**
　・母集団の平均に差があるか
　　→ t 検定 (分散が同じ場合) or ウェルチのt検定 (分散が異なる場合)
・**母集団の分散に差があるか → F 検定**

3群以上の標本に対する検定
・多重検定の問題，分散分析，多重比較

スライド 12-18

母分散の比の検定：F検定

・**2つの母集団からの標本が，独立に**

$$x_i \sim N(\mu_x, \sigma_x^2) \ (i = 1, \dots, m)$$

$$y_j \sim N(\mu_y, \sigma_y^2) \ (j = 1, \dots, n)$$

を満たすとき，

$$\frac{\sum (x_i - \bar{x})^2}{\sigma_x^2} = \frac{(m-1)s_x^2}{\sigma_x^2} \sim \chi^2(m-1)$$

$$\frac{\sum (y_j - \bar{y})^2}{\sigma_y^2} = \frac{(n-1)s_y^2}{\sigma_y^2} \sim \chi^2(n-1)$$

> $s_x^2, \ s_y^2$ は不偏分散

・**確率変数 W_1 と W_2 が独立に $\chi^2(m-1), \ \chi^2(n-1)$ に従うとき**

$$F = \frac{W_1/(m-1)}{W_2/(n-1)}$$

> 上の例では $F = \frac{\hat{\sigma}_x^2}{\sigma_x^2} \cdot \frac{\sigma_y^2}{\hat{\sigma}_y^2} \sim F(m-1, n-1)$

は自由度 $(m-1, n-1)$ のF分布 $F(m-1, n-1)$ に従う

確率変数 W_2 と自由度で割ったものを分母にした、F という確率変数は、自由度が（m−1, n−1）と 2 つの自由度を持つ F 分布と呼ばれる確率分布に従うことが知られています。いろいろな分布が出てきて本当に面倒な話ですね。ここは「へー、そういうのもあるんだ」と思ってください。極めて簡単に言うと、F 統計量は 2 群の分散の比で考えていると覚え

ておけば十分です。

▶スライド 12-19

　F 分布は自由度によって形が変わってくるのです。スライドのように、自由度に応じた形を取ります。興味のある人のために、確率密度関数の式も示しています。この B というのは、ベータ関数と呼ばれる特殊関数です。参考程度にとどめてもらって問題ないです。このような分布を使って、F 統計量で「2 群間の分散の差が等しい」との帰無仮説が棄却できるかどうかを判定します。

▶スライド 12-20

　ということで、ここまで 2 群の標本に対する平均の差について、分散も含めた検定の話をしてきました。少しまとめておきましょう。まず、母集団の分布が正規分布と仮定できるかどうかが、最初の分岐点です。ここまでは、正規分布を仮定して考えてきました。次に、対応の有無で分岐しました。対応があるなら t 検定を、対応がない場合も、等分散の場合は t 検定を、分散が違うときには Welch の t 検定を使います。ただ、最近では分散の異同を考えずに、Welch の t 検定を使う、という考え方も多いようです

　ここまでは全部、パラメトリックな検定です。パラメトリックというのは、例えば母集団の分布を正規分布として仮定して、正規分布のパラメーターを使って検定するという手法のことです。正規分布は、平均と分散という 2 つのパラメーターで分布が決まるので、こ

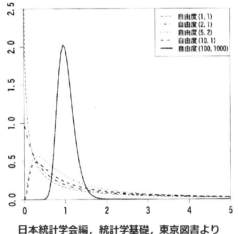

スライド 12-19

F分布

F分布の確率密度関数

- 自由度(p,q)のF分布の確率密度関数：

$$f(x; p, q) =$$

$$\frac{p^{p/2}q^{q/2}}{B(p/2, q/2)} \cdot \frac{x^{p/2-1}}{(px+q)^{(p+q)/2}} \; (x > 0)$$

ただし

$$B(\alpha, \beta) = \int_0^1 x^{\alpha-1}(1-x)^{\beta-1}dx$$

日本統計学会編，統計学基礎，東京図書より

のようなことができるのです。正規分布が代表的ですが、他にも何らかの分布のパラメーターを使うような手法はパラメトリックと呼ばれます。そのようなパラメーターを使わずに検定する手法は、ノンパラメトリックと呼ばれます。

　この講義の中では、ノンパラメトリック手法の詳細については触れませんが、一部紹介だけしておきます。例えばノンパラメトリックな場合にも、対応がない場合とある場合で手法が異なります。それぞれ、対応がないときには Mann-Whitney の U 検定を、対応があるときは Wilcoxon の符合順位検定という方法が広く使われます。

　次回で少し触れますが、簡単にポイントだけお伝えします。ノンパラメトリックな手法では、データの値をそのまま使うのではなくて順位に置き換えて解析します。そうすることにより、外れ値の影響を小さくできます。順位に置き換えることで、外れ値が平均に与える影響などを軽減できるメリットが有るのです。もう 1 つは、一見すると直線上にのっていないような関係性も取り扱うことが可能になるのです。正規分布が仮定できないときはノンパラメトリックな手法で、という意見が多い一方で、学派によっては標本サイズや分布のことを気にせずに使えるメリットがあるので、全部ノンパラメトリックでやったほうがいいという立場の人もいます。ノンパラメトリックな手法では、検出力が弱くなって保守的になってしまうという性質があるのですが、統計では「保守的なのは良し」とされることが多いので、そういう点もノンパラメトリック推進派の後押しになっています。分野などによって考え方に差があるので、ご自身が使う場合には分野の先輩や先生にも相談しながら使ってみてください。

スライド 12-20

2群の標本に対する平均の差の検定

標本群の性質によって使い分けが必要

1　母集団の分布が正規分布と仮定できるか

仮定できる　→パラメトリック検定

仮定できない　→ノンパラメトリック検定

2　群間に対応があるか

パラメトリック検定		ノンパラメトリック検定	
対応なし	対応あり	対応なし	対応あり
t検定（等分散） Welchのt検定（異分散）	t検定	Mann-Whitneyの U検定	Wilcoxonの 符号順位検定

この講義では触れないが重要

スライド 12-21

目次

▶ 多重検定の問題

▶スライド 12-21

続いて、「3 群以上の標本に対する検定」に入っていきたいと思います。

▶スライド 12-22

3 つ、あるいはそれ以上の母集団それぞれから抽出された標本を使って、計算された標本平均から母集団の母数、今回は母平均がそれにあたりますが、それが等しいかどうかを検定する、というのがここでのテーマになります。

▶スライド 12-23

具体的に考えてみましょう。ある物質の血中濃度の測定結果について、3 つの群から得られたので、スライド左の表のようにまとめています。群は異なる母集団からの標本にあたり、水準と呼ばれることもあります。

この 3 つの群が有する母集団の平均に差があるかどうか調べるときに用いられる手法が、この後学ぶ分散分析、英語では analysis of variance の略で ANOVA と略されるものになります。ここまでに学んだ 2 群に対する t 検定とどう違うのでしょうか。そもそも、3 群あるとはいえ、例えば 1 群と 2 群、2 群と 3 群、1 群と 3 群、等 2 つの群に対する t 検定を 3 通りやればそれで十分なようにも思えます。なぜ、新しい方法を学ぶ必要があるのでしょうか。

スライド 12-22

3群 (以上) の標本に対する検定

三つの母集団からそれぞれ抽出された標本から
母数が等しいかどうかを検定

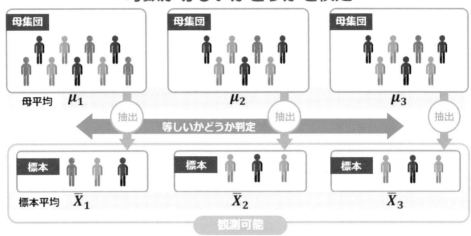

スライド 12-23

3群以上の標本に対する平均の差の検定

3群以上の母集団の平均に差があるか調べたい
→ 分散分析 (analysis of variance: ANOVA)

「群」を「水準」と
呼ぶことも多い
(例：1要因3水準)

ある物質の血中濃度の測定結果

群1	群2	群3
9.5	10.1	11.3
9.7	10.5	10.7
10.1	9.6	10.2
9.8	9.3	
9.3		

3群以上まとめて分散分析
≠ 2群に対する t 検定の繰り返し

例：3群について2群ずつ有意水準5%の
　　t検定を3回行うことを考える
少なくとも1組に有意差が認められる確率は
　　$1 - 0.95 * 0.95 * 0.95 = 0.1426$
→ 有意水準14%の検定を意味する！

2群に対する分散分析
= 2群に対する t 検定 (両側確率)

　実は、このように 3 群について 2 群ずつ有意水準 5%の t 検定を 3 回行うと、仮に帰無仮説が正しくて全体として有意差がなかったとしても、少なくとも 3 回の t 検定の内の 1 回に誤って有意差を認める第一種過誤を起こす確率は 1 から、3 回とも第一種過誤を起こ

さない確率 0.95 を 3 回かけたものを引き算する形になるので、0.14 となります。つまり、全体の有意水準としては、実は 14% の検定を行っていることを意味します。結果的に、帰無仮説が棄却されやすい検定になってしまっているのです。ここが大きな問題点なのです。

ちなみに、2 群に対する分散分析は、2 群に対する t 検定を両側検定で行ったものと同じです。

▶ スライド 12-24

今説明した、繰り返して行う検定のことを多重検定と言います。3 群に対して全ての組み合わせである 3 通りの検定を行うと第一種過誤は 14% になりましたが、4 群に対して全ての組み合わせとなる 6 通りの検定を繰り返すと第一種過誤は 26% と、さらに大きくなります。

▶ スライド 12-25

このように、多重検定の影響は繰り返した数に応じてどんどん大きくなります。例えば、サイコロを振って 1 の目が出たら第一種過誤、有意水準 1/6＝16.7% と判断するような例で考えると、サイコロを振る回数が増えるにつれて、1 回でも 1 の目が出て第一種過誤が起こる確率はスライドのグラフのように増えていきます。5 回繰り返すと 60% の確率、10 回繰り返すと 80% を超える確率となり、20 回も繰り返すとほぼ確率 1 で、20 回のうち 1 回は 1 の目が出ることになってしまうのです。

スライド 12-24

多重検定の問題

3群（A・B・C）での平均の差を比較するとき

- A群 ⟺ B群、　B群 ⟺ C群、　C群 ⟺ A群の3回検定を行うと
  $1-0.95^3=0.14$ と第一種過誤が大きくなる
  例）新薬A、新薬Bと同効既存薬Cの比較など

4群（A・B・C・D）での平均の差を比較するとき

- A群 ⟺ B群、　A群 ⟺ C群、　A群 ⟺ D群
  B群 ⟺ C群、　B群 ⟺ D群、　C群 ⟺ D群の6回検定を行うと
  $1-0.95^6=0.26$ と第一種過誤が大きくなる
  例）経過観察群A、手術実施群B、抗がん剤使用群C、手術・抗がん剤併用群Dの比較など

手術で体力が落ちて抗がん剤の副作用に
耐えられない人が多くなるかも？

▶スライド 12-26

　一般的な有意水準 5% の検定を繰り返す場合も、1 回でも第一種過誤が起こる確率は、20 回で 6 割、40 回で 9 割弱と増えるので、何も考えずに多重検定を繰り返すことの危険性が分かってくるのではないでしょうか。こういう問題点に対応する必要性から、この後学ぶ分散分析と多重比較が重要になってきます。

スライド 12-25

▎多重検定で起こりうること

▎サイコロを振って ● がでたら、第一種過誤（α=0.167）と判断することにする。　　　　　　　　　　　　　　　　　　　▎有意水準

▎サイコロを振る回数が増えれば、1回でも ● がでる（第一種過誤が起こる）可能性は増える。

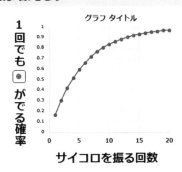

スライド 12-26

▎多重検定の結果

▎有意水準0.05の検定を繰り返した時に、1回でも第一種過誤が起こる確率

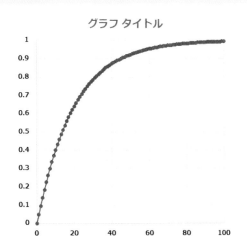

354

スライド 12-27

『目次

1群の標本に対する検定
- 母集団の平均が特定の値と差があるか → t 検定

2群の標本に対する検定
- 標本群に対応がある場合
  - 母集団の平均に差があるか → t 検定
- 標本群に対応がない場合
  - 母集団の平均に差があるか
    → t 検定 (分散が同じ場合) or ウェルチのt検定 (分散が異なる場合)
  - 母集団の分散に差があるか → F 検定

3群以上の標本に対する検定
- 多重検定の問題, **分散分析**, 多重比較

▶ 分散分析

▶スライド 12-27

　では、分散分析についてお話しします。若干込み入った内容になっていますので、ゆっくり理解していってください。

▶スライド 12-28

　まず、データのばらつきを表す指標の用語についての確認です。分散分析では、その名の通り分散について考えていきますので、分散関連について再確認しましょう。

　まず、x_1 から x_n まで n 個の観測値としてのデータがあるとして、そのばらつきを定量化していくことを考えます。直感的には例えば 1 次元にデータが並べられる場合には、スライド上のように密に集まっているものは「ばらつきが小さく」て、その下のようにまばらに並んでいる状態を「ばらつきが大きい」と言います。

　そして、平均との差である「偏差」、英語では deviation、というものでした。標本を代表する平均値からのずれを見たもので、自然な考え方ですね。ただ、これは 1 個 1 個のデータの平均からのずれの評価に過ぎず、そのままでは全体としてのばらつきを表すことができていません。では、偏差の平均値はどうかというと、平均してしまうと実際には 0 になるのは皆さんも知ってのとおりです。

　ということで、偏差の平方の和を考えるのでした。絶対値でもいいといえばいいのです

スライド 12-28

データのばらつきを表す指標

データ (観測値) $x_1, \ldots, x_n$ のばらつきを定量化したい

偏差 (deviation)

- $x_i - \bar{x}$：平均値からのずれ
- ただし $\bar{x} = \dfrac{x_1 + \cdots + x_n}{n} = \dfrac{1}{n}\sum_{i=1}^{n} x_i$

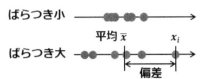

変動 (variation) or 平方和 (sum of squares, SS)

- $Q = (x_1 - \bar{x})^2 + \cdots + (x_n - \bar{x})^2$：偏差の平方和
  $= \sum_{i=1}^{n}(x_i - \bar{x})^2$

　　　　５５４４５４：$Q = 1.5$
　　　　１７６３２８：$Q = 41.5$

不偏分散 (unbiased variance)

- $Q/(n-1)$：不偏性のある標本分散
- $n-1$：自由度 (平方和で独立に動かせる成分の数)

が、微分して最小化したりするなど、一般化して計算につなげようとすると絶対値では計算がややこしい一方、平方和は扱いやすいので、平方和がよく使われるのです。平方和は英語で sum of squares で SS と略されますが、今回は同じことを意味する変動：variation という言葉も出てきますので、ここで同じ意味であることを確認しておいてください。

　この、偏差の平方和の平均が分散でしたね。分母が n だったり n−1 だったりと混乱させてきましたが、母分散の推定のように不偏性が望ましい場面では、不偏分散を使いたいので、分母が自由度と同じ、n ではなくて n−1 のものを使います。

▶スライド 12-29

　では、「分散分析の考え方」についてお話ししましょう。これは結構大事なスライドなのでよく理解してほしいのですが、基本的にはデータのずれ、ばらつきを分解して考えてみたときの図です。全体の標本平均からのずれについて、属した群という要因の影響があった上で、さらに偶然の影響の 2 つ影響によってずれが生じている、と考えるのです。

　この図では、横軸がデータの値になっていて、曲線がデータの分布を表しています。標本全体の平均値が縦線のところにありますが、赤い点は「群 1 の標本平均まで左に寄ったはず」という前提の上で、正規分布のような偶然の影響で抽出されたのではないか、と考えるのです。この赤い点の、全体の平均からのずれは、そもそも群 1 から出ているという要因による影響とした上で、群 1 内での無作為抽出的な偶然性で追加された群 1 の標本平均からのずれの合計の結果、と分解します。

スライド 12-29

分散分析の考え方

データのずれを要因の影響と偶然の影響に分けて説明する

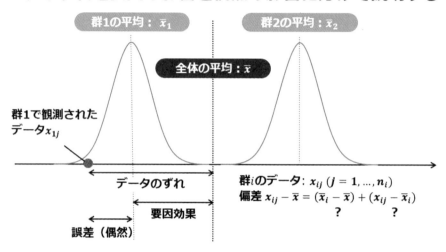

式で書くと図右下のようになりますが、括弧を外してしまうと標本平均は相殺してなくなって、結局、全体平均からの偏差になるので、ここまでの考え方は妥当だと分かりますね。これが非常に大事な考え方なのです。

▶スライド 12-30

この図は、今の話をもう少しイメージしやすくしたものです。3つの群がありますが、結局、群1、群2、群3とそれぞれの分布があるはずなのです。全体の平均は赤い線で示されたところにあたりますが、これと、各群の平均値との差が要因効果となります。全体の変動は、要因効果としての群間の変動と、誤差としての群内の変動の和になることが証明できます。これを使って分散分析を考えていきます。

▶スライド 12-31

分散分析では、データの全体の標本平均からの変動を2つの成分に分けます。1つは群間の変動で、群ごとに差があるのか、です。我々はこの差に強い関心を持っているのですね。全体平均と各群平均の差、群間偏差の平方和で計算します。

一方、群内での変動は、先ほどの偶然による誤差に該当します。これについては、各群内の平均からの差である群内偏差の平方和で評価します。この数値が大きいと、興味がある群間の変動が埋もれてしまうので、この2つの比較をしながら判断していきます。

もう少し具体的に見ていきましょう。元のデータを表のままで表現しています。全体は

スライド 12-30

分散分析の考え方

全体の変動 ＝群間の変動（要因効果）＋群内の変動（誤差）

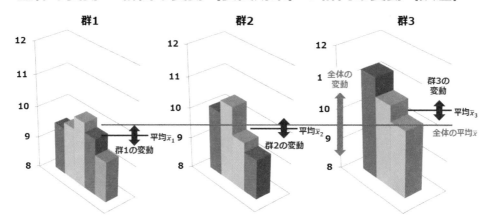

スライド 12-31

分散分析の考え方

データの（全体平均からの）変動を二つの成分に分ける

群間の変動 (群によって差があるか)　この大小をみたい

・全体平均と各群平均の差（群間偏差）の平方和

群内の変動 (偶然による誤差)　これが大きいと群間の変動が埋もれる

・各群内の平均からの差（群内偏差）の平方和

ベースとして、全体の平均から考えて、そこに要因効果としての群間偏差と、誤差成分としての群内偏差が加わって、各データにつながると考えます。ですので、まず全体平均の10.01 を分解して 1 つ目の表に示しています。2 つ目の表では、群間偏差として群 1 の 5 つに全体平均と群 1 平均との差である −0.33 を、群 2 の 4 つには全体平均と群 2 平均との差である −0.13 を、群 3 の 3 つには全体平均と群 1 平均との差である 0.72 を追加していま

す。最後の 3 つ目の表では、個別データの群内平均からの差を表現しています。このように、全体平均フィルターと各群平均フィルターを通した結果、群内偏差が残ったというようにイメージできます。

▶スライド 12-32

　このように要因が群間という 1 つの場合は、より厳密には「一元配置分散分析」と呼ばれます。この手法では、証明したい対立仮説が「いずれかの母平均は違う」となり、帰無仮説としては「全ての母平均は等しい」で検証を開始します。

　「分散分析表を計算」のように分散比を計算し、F 分布の中で標本のような帰無仮説から外れる、まれな事象が起こる確率を求めて帰無仮説の棄却の可否を判断します。例えば、Excel も「分析ツール」でこの表を作ってくれますので、皆さんが実際にこの分散分析表を計算するのはこの講義の中でだけになると思いますが、中身は追いかけておきましょう。図は一般化しているので分かりにくいのですが、群の数は群 1 から群 I まで I 個あり、それぞれの i 番目の群には n_i 個データがあるという設定になっています。

　まず、群間の変動を計算します。i 番目の群は n_i 個データがあるので、全体の平均と i 群の平均の差の 2 乗を n_i 倍したものを 1 から I 群まで全部の群に関して足し合わせて、群間変動を算出します。

　一方、群内変動は、そのデータが属している群の平均との引き算の 2 乗を全部足して計算します。この 2 つの合計が、実は全体の偏差の平方和、欄外の一番下にある SS_T と同じ

スライド 12-32

一元配置分散分析

| 仮説を設定 | | 群 i の平均 $\bar{x}_i = \frac{1}{n_i}\sum_{j=1}^{n_i} x_{ij}$ |

| 帰無仮説 | ・ **すべての母平均は等しい**$(\mu_1 = \mu_2 = \cdots = \mu_I)$ | 全体平均 $\dot{x} = \frac{1}{n}\sum_{i=1}^{I}\sum_{j=1}^{n_i} x_{ij}$ |

| 対立仮説 | ・ **いずれかの母平均は異なる** $(\mu_i \neq \mu_{i'}\ for\ some\ i, i')$ |

分散分析表を計算 (x_{ij} : **群 i のデータ, $j = 1, ..., n_i$**)

変動要因 SV	平方和 SS	自由度 df	平均平方 MS	分散比 （F値）
群間変動	$SS_A = \sum_{i=1}^{I} n_i(\bar{x}_i - \bar{x})^2$	$\phi_A = I - 1$	$MS_A = \dfrac{SS_A}{\phi_A}$	$F_{Ae} = \dfrac{MS_A}{MS_e}$
群内変動 (誤差 wc)	$SS_e = \sum_{i=1}^{I}\sum_{j=1}^{n_i}(x_{ij} - \bar{x}_i)^2$	$\phi_e = \sum_{i=1}^{I}(n_i - 1)$	$MS_e = \dfrac{SS_e}{\phi_e}$	自由度 (ϕ_A, ϕ_e) の F 分布に従う
合計	$SS_T = \sum_{i=1}^{I}\sum_{j=1}^{n_i}(x_{ij} - \bar{x})^2$	$\phi_T = \sum_{i=1}^{I} n_i - 1$	$MS_T = \dfrac{SS_T}{\phi_T}$	

$$SS_A + SS_e = SS_T \qquad \phi_A + \phi_e = \phi_T$$

になりますので、3 行目の合計は個別に計算する必要はありません。そのことが、群間変動の大きさを表す量 SS_A と、群内変動の大きさを表す SS_e の和 SS_T として記載されているのです。このように「変動」についても群内＋群間＝全体となるのです。ぜひ一度、式を展開して確認してもらうとさらによく理解できると思います。

　次に、それぞれの自由度を確認して次の列に記載します。一番上の群間変動の自由度は I 群あるので 1 つ自由度を減じて I－1 になります。2 行目の群内変動の自由度は各群 i の平均という制約が入ってくるので、それぞれ n_i から 1 を引いて全ての群を合計したものになります。3 行目の全体の自由度は、全ての個数から 1 を引いたものになりますが、先ほどと同様、群間変動の自由度 ϕ_A と群内変動の自由度 ϕ_e の合計が全体の自由度 ϕ_T になっていることを確認してみてください。こちらは丁寧に考えればすぐに確認できると思います。

　次の列は平均平方と書いてありますが、冒頭で確認した、偏差平方和を自由度で割った不偏分散のことになります。あとは、等分散性の検定のところで使った 2 つの分散、群間と群内の平均平方（不偏分散）の比を F 値として求め、この量が自由度（ϕ_A, ϕ_e）の F 分布に従うということを用いて検定を行います。

▶ スライド 12-33

　実際に数字を入れて計算してみましょう。スライドのように分散分析表を数字で埋めることができます。F 値は 5.401 と計算できます。F 値は自由度 (2, 9) の F 分布に従いますが、この有意水準の 5％に対応する部分は F 値が 4.256 よりも上側に該当するので、帰無仮説が棄却され、有意差が認められると判断します。逆に、F 値 5.401 に対応する p 値 0.029

スライド 12-33

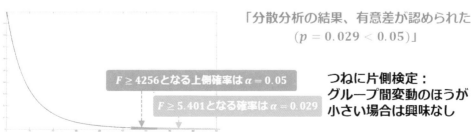

一元配置分散分析の実行例

自由度 (2, 9) の F 分布を用いて有意水準 5％で検定

$\bar{x}_1 = 9.680 \quad \bar{x}_2 = 9.875 \quad \bar{x}_3 = 10.73 \quad \bar{x} = 10.01$

変動要因 SV	平方和 SS	自由度 df	平均平方 MS	分散比 (F 値)
グループ間変動	2.187	2	1.094	5.401
グループ内変動	1.822	9	0.202	
合計	4.009	11	0.365	

「分散分析の結果、有意差が認められた
$(p = 0.029 < 0.05)$」

$F \geq 4256$ となる上側確率は $\alpha = 0.05$

$F \geq 5.401$ となる確率は $\alpha = 0.029$

つねに片側検定：
グループ間変動のほうが
小さい場合は興味なし

が有意水準 0.05 よりも小さいので帰無仮説が棄却されると判断することも可能です。

　基本的には分散分析ではいつも片側検定を用います。なぜなら、我々はグループ間の変動が大きいかどうかに興味がありますが、グループ間の変動の方が小さいということは、個別のばらつきに群間の影響が埋もれているということで、想定外になるからです。

▶ スライド 12-34

　Excel の「分析ツール」を用いると、分散分析表を自動で作成してくれます。皆さんも自分たちで研究などを行うときには、このようにソフトウェアを活用できますので、細かい計算方法を覚えたり、計算したりする心配はありません。とはいえ、この統計入門の講義の中ではどのような計算方法だったか復習しておいてください。実際、統計検定®のテスト等でもよく出題されています。

▶ スライド 12-35

　今度は、対応がある場合の 1 要因の一元配置分散分析を考えてみましょう。例えば、3匹の猫に 4 種類の猫缶を与えて到達する秒数を比較することで、「猫まっしぐら度」に差があるかどうか調べてみる例です。

　今回は 4 群とも同じ個体の比較になっているので、対応のある検定が用いられます。4群とも猫の個性が調整できているということです。そうすると、先ほどのばらつきを分けるという観点で考えると、猫という変動の要因がさらに 1 個追加されて、個体間の変動が加わったとも考えられます。

スライド 12-34

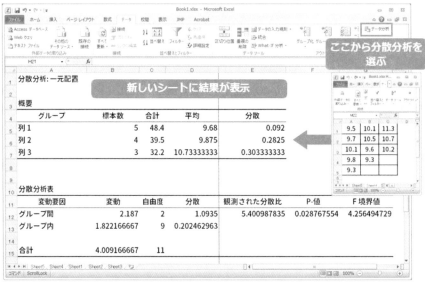

▶スライド 12-36

　先ほど同様、元のデータを表のままで表現してみましょう。先ほどは全体の平均にプラスして群間の変動偏差と誤差による偏差だけだったのですが、ここでは個体間、猫での違いといった部分も一緒に考慮する形になります。ただ、今回の目的でも、猫缶の違いという群間の差に興味があるので、着目するのは群間の変動の部分ということになります。

スライド 12-35

対応のある一元配置分散分析

4種類の猫缶の猫まっしぐら度に違いはあるだろうか？

3匹の猫にそれぞれを提示し、そこに到達するまでの秒数を計測した

	猫缶1	猫缶2	猫缶3	猫缶4
猫A	3.11	5.85	8.59	8.81
猫B	4.13	8.66	8.30	8.71
猫C	7.37	6.86	9.30	12.11

前の例 (対応のない場合) との違い

- 各群 (猫缶) における個体が共通
- 猫の個性によるばらつきを考慮する必要がある

スライド 12-36

対応のある一元配置分散分析

データの (全体平均からの) 変動を三つの成分に分ける

個体間の変動 (標本によって差があるか)

群間の変動 (群によって差があるか)

誤差による変動

元のデータ

	猫缶1	猫缶2	猫缶3	猫缶4	平均
猫A	3.11	5.85	8.59	8.81	6.59
猫B	4.13	8.66	8.30	8.71	7.45
猫C	7.37	6.86	9.30	12.11	8.91
平均	4.87	7.12	8.73	9.88	7.65

=

全体の平均

	猫缶1	猫缶2	猫缶3	猫缶4
猫A	7.65	7.65	7.65	7.65
猫B	7.65	7.65	7.65	7.65
猫C	7.65	7.65	7.65	7.65

+

個体間の変動

	猫缶1	猫缶2	猫缶3	猫缶4
猫A	-1.06	-1.06	-1.06	-1.06
猫B	-0.20	-0.20	-0.20	-0.20
猫C	1.26	1.26	1.26	1.26

ここに興味がある

+

群間の変動

	猫缶1	猫缶2	猫缶3	猫缶4
猫A	-2.78	-0.53	1.08	2.23
猫B	-2.78	-0.53	1.08	2.23
猫C	-2.78	-0.53	1.08	2.23

+

誤差による変動

	猫缶1	猫缶2	猫缶3	猫缶4
猫A	-0.7	-0.2	0.9	0.0
猫B	-0.5	1.7	-0.2	-1.0
猫C	1.2	-1.5	-0.7	1.0

▶スライド 12-37

　視覚化すると、今度は 3 次元的になります。ベースとしての全体の平均に、行の効果と列の効果と誤差が加わって個々のデータが得られた、と考えられますね。

▶スライド 12-38

　ここまでは、猫缶の違いという因子に興味があって、その中に猫という別のばらつき原因もあるという見方でしたが、そもそも猫缶と猫という複数の因子に対する分散分析と見ることもできます。このように 2 つの因子に対して考える分散分析は、対応のない（繰り返しのない）二元配置の分散分析と考えることもできるのです。

▶スライド 12-39

　ということで、まとめてみましょう。標本群の性質によって使い分けがあるのは 2 群のときと同じです。正規分布と仮定できるかどうかによって、パラメトリックなものとノンパラメトリックなものに大きく分けられます。群間の対応がなかったらそのまま通常の一元配置の分散分析になるし、対応があるときには繰り返しありの一元配置分散分析、ないし繰り返しなしの二元配置の分散分析になります。

スライド 12-37

対応のある一元配置分散分析

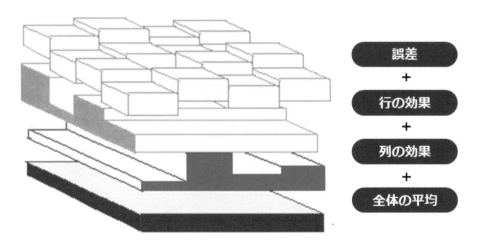

誤差 + 行の効果 + 列の効果 + 全体の平均

http://www.geisya.or.jp/~mwm48961/statistics/bunsan2.htm

　一方、ノンパラメトリックにも対応なしの場合とありの場合で、Kruskal-Wallis の検定や Friedman の検定などあります。これらについてはこの講義では扱いませんが、経済学など応用上は重要な手法です。必要になったときには、復習しながら先に進んでください。

スライド 12-38

繰り返しのない二元配置分散分析

さきほどの例は「猫缶」という因子と「猫」という因子の二つがあるとも見ることができる

両方の因子に注目した分析が可能

- 「猫」のほうに注目した一元配置分散分析も可能
  - 「猫によって猫缶の嗜好に差があるのか？」を検証
- 「繰り返しのない二元配置分散分析」ということもできる

スライド 12-39

3群以上の標本に対する検定

標本群の性質によって使い分けが必要

1　母集団の分布が正規分布と仮定できるか

仮定できる　→パラメトリック検定

仮定できない　→ノンパラメトリック検定

> Bartlett検定の結果
> 標本群の分散が異なる場合にも

2　群間に対応があるか

パラメトリック検定		ノンパラメトリック検定	
対応なし	対応あり	対応なし	対応あり
一元配置分散分析	二元配置分散分析	Kruskal-Wallis検定	Friedman検定

講義では触れないが重要

スライド 12-40

目次

▶ 多重比較

▶ スライド 12-40

　それでは、最後に多重比較について説明します。

▶ スライド 12-41

　これは事後検定とも呼ばれます。分散分析（ANOVA）によって帰無仮説「全ての母平均は等しい」が棄却されて、「いずれかの群の母平均が異なっている」のが分かったとすると、次には一体どの群の母平均が違うのかを知りたいと思いますね。

　でも、一方で有意水準5%のt検定を繰り返すなどの多重検定は危ないということも学びました。

▶ スライド 12-42

　そこで考えられたのが、多重比較という方法になります。基本的には多重検定の問題、すなわち複数回検定を繰り返すことによって、全体で見たときに帰無仮説が簡単に棄却される確率が上がっていってしまうといった問題を考慮した方法、ということになります。複数の2群間の差の検定を同時に何回も行っても、第一種過誤をあらかじめ定めた有意水準以下に抑える、といった検定方法になります。

　ここでは Bonferroni 法、Tukey 法、Dunnett 法の3つを挙げていますが、他にもいろいろ

スライド 12-41

事後検定(host hoc test)

分散分析（ANOVA）によって、
帰無仮説「すべての母平均は等しい」が棄却され、
「いずれか群の母平均が異なる」と分かったら？

> 「どの群が異質なのか知りたい！」

> 「でも、0.05のt検定を繰り返すのは危険そうだ・・・」

スライド 12-42

多重比較

多重検定の問題を考慮した方法

> 複数の2群間の差の検定を同時に行っても、一つ以上の2群間の差が
> 有意となる確率をあらかじめ定めた有意水準以内にする検定方法

Bonferroni法	・ 全体として有意水準が満たされるよう有意水準を下げて すべての群間でそれぞれ個別に検定（有意水準を調整）
	改良手法：Holm法・Shaffer法
Tukey法	・ 母平均について群間ですべての対比較を 同時に検定（分布を調整）
Dunnett法	・ １つの対照群と２つ以上の処理群があって、母平均について 対照群と処理群の対比較のみを同時に検定（分布を調整） ・ 各処理群の母平均が対照群の母平均と比べ 「異なるかどうか」 だけでなく「小さいといえるか」または「大きい といえるか」を判定

な手法が提案されていて、これでやれば大丈夫というのはないのですが、専門領域に合わせて使ってもらうのが現実になります。医学領域では Bonferroni 法が使われる場面が多いかもしれません。多重比較は大きく分けて先に示した 3 パターンのアプローチがあって、1つは有意水準を調整する方法です。複数回検定するとしたら、各仮説検定の有意水準をうまく調整することで全体の有意水準をきちんと保つ方法で Bonferroni 法が該当します。もう 1 つが確率分布をうまく調整して、棄却されやすくなるのを抑える方法です。Dunnett 法や Tukey 法が該当します。他に、統計量を調整するという方法もあります。

スライド 12-43

Bonferroni修正法

3群に対する多重検定 → 各群間に対してそれぞれ検定を行う

有意水準 $\frac{\alpha}{3}$ として個別に検定 ($\alpha = 0.05 \rightarrow p < 0.0167$ ならば有意差あり)

・$1 - (1 - 0.167)^3 = 0.049$ とほぼ5％に

ある物質の血中濃度の測定結果

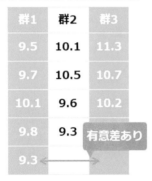

群1	群2	群3
9.5	10.1	11.3
9.7	10.5	10.7
10.1	9.6	10.2
9.8	9.3	有意差あり
9.3		

▶スライド 12-43

　ここでは、理解しやすい Bonferroni 法について説明します。

　発想は非常に単純で、例えば 3 群に対して多重検定するときには、3 つ組み合わせがありますが、各群間それぞれ検定を行います。全体として有意水準を α に設定するときは、おのおのの検定の有意水準を $\alpha/3$ に厳しくして個別に検定します。この場合は 1 回でも第一種過誤が出る確率は 0.049 となります。スライドの式を見てもらうと、展開していくと新しく設定した有意水準が 2 乗以上ではかなり小さくなって影響が小さくなるので、検定回数で元の有意水準を割るという方法なのです。もっと群が増えたときなどには、保守的になりすぎるという欠点も指摘されています。

スライド 12-44

例）ゲノム研究では何万という塩基配列の差をしらべる・・・

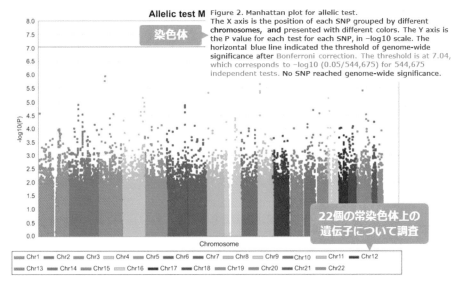

出典：Wu W, Clark EAS, Manuck TA et al. A Genome-Wide Association Study of spontaneous preterm birth in
a European population [version 1; peer review: 2 approved with reservations]. F1000Research 2013, 2:255
(https://doi.org/10.12688/f1000research.2-255.v1) Figure 2. Manhattan plot for allelic test.　より引用

▶スライド 12-44

　例えば、実際のゲノム研究では何万という塩基配列の差を調べる必要があります。スライドの例では、22 個の常染色体上の遺伝子にある 544,675 個の遺伝子が与える影響について調べるために、544,675 回の検定をしているので、Bonferroni correction として有意水準 0.05 を 544,675 で割った値を用いています。その値は 10 の −7 乗に相当するということで、縦軸も −log10 で表現されています。このようなグラフはマンハッタンの景色をイメージして、マンハッタンプロットと呼ばれます。このように、医学では Bonferroni 法は登場機会が多い手法になっています。

スライド 12-45

3群以上の標本に対する検定

1 まずは分散分析で全群の母平均が等しいのかどうかをしらべる

2 帰無仮説「すべての母平均は等しい」が棄却され、
「いずれか 群の母平均が異なる」と分かったら

3 補正を加味した事後検定で「どの群間に差があるのか」を調べる

（分散分析を省ける場合もあるが、分散分析を経た方が安全）

▶ スライド 12-45

　最後、まとめになります。3群以上の標本に対する検定という場合には、通常はまず分散分析をして、全群の母平均が等しいのかどうかをまず調べます。これは省く場合もありますが、オーソドックスにはこの過程を経ます。帰無仮説「全ての母平均が等しい」が棄却されたら、補正を加味した事後検定を使うことで、どの群間に差があるのかを調べていきます。以上が分散分析でした。お疲れさまでした。

第13回

相　関

スライド 13-1

目次

統計入門第 13 回は「相関」です。

▶スライド 13-1

ここからは二変量についての関係を取り扱います。今回は相関、次回が回帰についてです。まずは、Pearson の相関係数から始めます。

▶ 二変量の関係・相関係数

▶スライド 13-2

ここで考える二変量というのは、2 つの確率変数ということです。この、2 つの変数間にどのような関係があるのかと考えるというのは、データ解析では頻繁に出てきます。まずは、散布図を描いて確認することが必要です。

スライドは、微積分学のスコアと物理学のスコアです。この表は行が各学生に対応していて、その人の微積分学と物理学の科目の試験結果が並んでいます。散布図では横軸が微積分学のスコア、縦軸が物理学のスコアになるように点をプロットしています。各点がそれぞれの学生の 2 つの成績を表しています。

そうすると、微積分学のスコアが高い右側に行くと、物理学のスコアが上側に上がっていく、直線的な関係が見えてきます。この関係性を定量的に評価していくのが今回の相関でのテーマです。

スライド 13-2

二変量の関係

復習　散布図を用いて変数間の関係を視覚化する

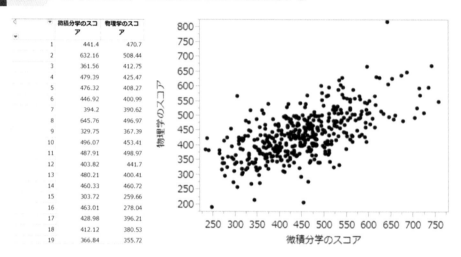

スライド 13-3

二変量の関係

変数間の関係は「相関」や「回帰」で分析できる

相関 (correlation) は二変数 x, y を区別せずに対等に扱う

・一方が増えたときに他方が増える（減る）関係性を調べる
・例：身長と体重

回帰 (regression) は変数 x で変数 y を説明する

・一方から他方が決定される様子や程度を調べる
・例：年齢と血圧、所得と消費

▶スライド 13-3

　二変量の関係は相関や回帰で分析できます。相関、英語で correlation は、2 つの変数を対等なものとして考えます。片方が増えたときに、もう片方が増える、あるいは減るといった関係性を定量的に調べる手法です。

　身長と体重の関係が一例になります。身長の高い人は一般には体重も重いですね。こういうのを正の相関といいます。どちらが先になっているとか原因になっているとかについ

ては踏み込みません。

　一方、回帰は regression と言いますが、これはある変数 x でもう片方の変数 y を説明するものです。従って、変数 y が x で説明されるという関係がありますが、両者は対等ではないです。一方から他方が決定されるような様子、あるいはその程度を調べるのが回帰の分析です。年齢と血圧、あるいは所得と消費の関係が例として挙げられます。基本的には年齢が上がっていくと血管が硬くなっていって、血圧が上がっていきますね。年齢によって血圧が定まっていくような関係です。逆に、血圧が上がるから年齢が上がるというのは違いますね。

　あるいは、所得と消費ということについても、消費が増えたら所得が増えるのは不自然で、所得が多いから消費が多くなり、所得で消費を説明すると考えられます。回帰はこのような使い方をします。

▶ スライド 13-4

　では、相関について詳しく見ていきましょう。先ほども言ったように、相関の議論をするときには散布図の確認が大事です。詳細な分析の前に、傾向を把握します。微積分学と物理学の成績のように、正の傾きを持った直線的関係は、正の相関といいます。

　一方、スライド右の、ホットドッグのナトリウム含有量と重さ当たりのコストの関係は、逆に右肩下がりの傾きの直線の上にデータがのっているようにみえるので、負の相関と考えます。

スライド 13-4

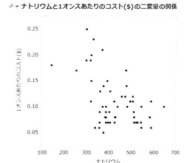

相関関係の正負

まずは散布図を確認することが大事

詳細な分析の前にデータの傾向を直感的に把握する

物理と微積のスコアに正の相関

物理学のスコアと微積分学のスコアの二変量の関係

ホットドッグのナトリウム含有量と重さ（1オンス）あたりのコストに負の相関

ナトリウムと1オンスあたりのコスト($)の二変量の関係

（注：JMP付属の人工的なサンプルデータ）

374

スライド 13-5

相関係数

二変数 x, y に対するPearsonの (積率) 相関係数 r_{xy}

単に相関係数 (correlation coefficient) と呼ぶことも多い

$r_{xy} > 0$：正の相関　　$r_{xy} < 0$：負の相関　　$r_{xy} = 0$：無相関

$-1 \leq r_{xy} \leq 1$ の値を取る

$$r_{xy} = \frac{\sum_{i=1}^{n}(x_i - \bar{x})(y_i - \bar{y})}{\sqrt{\sum_{i=1}^{n}(x_i - \bar{x})^2}\sqrt{\sum_{i=1}^{n}(y_i - \bar{y})^2}}$$

$\bar{x}, \bar{y}$ はそれぞれ x_i, y_i $(i = 1, ..., n)$ の平均

$$\bar{x} = \frac{1}{n}\sum_{i=1}^{n} x_i \quad \bar{y} = \frac{1}{n}\sum_{i=1}^{n} y_i$$

※ 以降 r_{xy} を単に r と表記することも

▶ スライド 13-5

　高校でも習ったように、相関の定量化では相関係数が代表的です。単に相関係数（correlation coefficient）と呼ぶことも多いですが、Pearson の積率相関係数とも言い、スライドの式で定義されます。x と y という確率変数の実現値は x_i、y_i で i は 1 から n まで n 個ですが、x_i、y_i はペアになっていて、同じ i の、例えば x_1 と y_1 が対応しています。

　分母は x と y それぞれの偏差平方和のルートの積になっています。分子は 1 つの点に関して x と y それぞれの標本平均からの偏差をかけたものを 1 から n まで合計したものです。

　この値 r_{xy} は、−1 から 1 までの範囲を取るものになっていて、正になるときには正の相関、負になるときには負の相関、0 になるときは無相関という言い方をします。以降、r_{xy} を単に r とだけ表記することもあります。

　この分母は x と y の分散の分子の掛け算ですよね。ルートをとっているので、標準偏差といった方がいいかもしれませんが、分散や標準偏差をイメージさせるものです。一方の分子は共分散の分子にあたるものです。

▶ スライド 13-6

　共分散は英語では covariance で、s_{xy} と記されることも多いですが、偏差積の平均で得られるもので、その名の通り二変量データのばらつきを表現できます。スライド左下の式で表されるものです。

　高校では分母が n で習ったと思いますが、大学では標本そのものよりも母集団の推測と

スライド 13-6

共分散

二変数 x, y に対する共分散 (covariance) S_{xy}

偏差積の平均 (データのバラツキを表現)

・偏差 $(x_i - \bar{x})$ と偏差 $(y_i - \bar{y})$ の符号が一致 (緑領域) なら＋
・偏差 $(x_i - \bar{x})$ と偏差 $(y_i - \bar{y})$ の符号が不一致 (青領域) なら－

共分散の絶対的な大きさのみでは相関の強さを評価できない

・x, y の単位やスケールに影響されるため

$$S_{xy} = \frac{1}{n-1} \sum_{i=1}^{n} (x_i - \bar{x})(y_i - \bar{y})$$

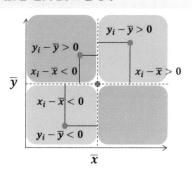

して平均を使うので、不偏分散などと同様、分母が n−1 で考えることが多いです。共分散も不偏的に考えるという趣旨で、ここでは分母が n−1 で進めます。

　この式をよく見ると、x の偏差と y の偏差の ＋ ないし － という符号が一致している場合は、右下の図の緑の領域に該当し偏差積はプラスになりますが、この符号が一致しない場合は、右下の図の青の領域に該当し、偏差積がマイナスになります。これを合計すると、緑の領域と青の領域が打ち消し合って、共分散の大きさが決まります。

　だから、x と y が同じように動いていくのか、あるいは逆方向に動いていくのかといったことを表すことができるのですね。これだけで相関の振る舞いも表現できそうですが、x や y 自体の取る値の大きさに影響を受けてしまうので、絶対的な大きさだけでは、相関の強さまでは表現できません。x と y の単位を、キロメートルで測るのかメートルで測るのかセンチで測るのかとの違いで相関が変わってしまうのは困りますね。

▶スライド 13-7

　ということで、共分散を標準偏差で正規化しようということを考えるわけです。相関係数の分子は共分散 s_{xy} で、分母に x の標準偏差と y の標準偏差の積をおきます。共分散や分散の分母が n でも n−1 でも打ち消し合うので、大きな問題がないことが理解できるのではないでしょうか。ともかく、こういう形で正規化すると、相関係数の取る範囲が ±1 までの範囲に限定されるのです。

　その結果、x や y の確率変数の大きさや単位に関わらず、相関係数は ±1 までの間に収

スライド 13-7

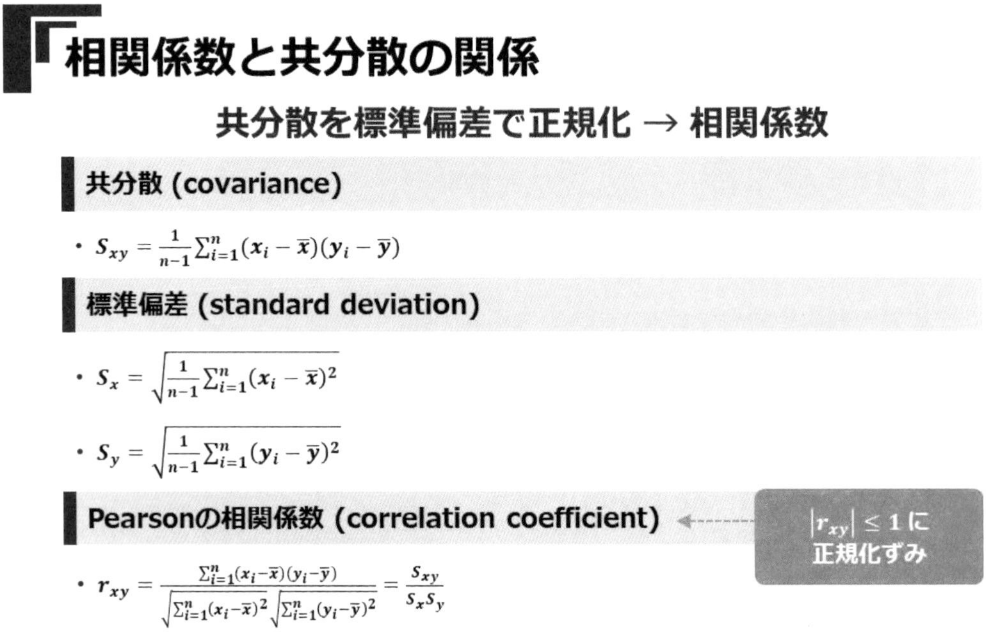

相関係数と共分散の関係

共分散を標準偏差で正規化 → 相関係数

共分散 (covariance)

- $S_{xy} = \frac{1}{n-1}\sum_{i=1}^{n}(x_i - \bar{x})(y_i - \bar{y})$

標準偏差 (standard deviation)

- $S_x = \sqrt{\frac{1}{n-1}\sum_{i=1}^{n}(x_i - \bar{x})^2}$

- $S_y = \sqrt{\frac{1}{n-1}\sum_{i=1}^{n}(y_i - \bar{y})^2}$

Pearsonの相関係数 (correlation coefficient)

$|r_{xy}| \leq 1$ に正規化ずみ

- $r_{xy} = \frac{\sum_{i=1}^{n}(x_i-\bar{x})(y_i-\bar{y})}{\sqrt{\sum_{i=1}^{n}(x_i-\bar{x})^2}\sqrt{\sum_{i=1}^{n}(y_i-\bar{y})^2}} = \frac{S_{xy}}{S_x S_y}$

まるので、相関の強さがどれだけあるかを評価することができるようになります。

▶ スライド 13-8

　この相関係数の強さは、今定義した相関係数によって決まるのですが、大事なのは、相関係数は直線的な関係性を数値化したものだということです。スライド下の図では、4 種類の相関を示しています。確かに、左から右に行くと相関が強くなっているように見えますし、相関係数も大きくなっています。右端の 0.94 ぐらいになると、ほとんど直線上にデータがのっているとも言えますね。このように、相関係数の絶対値が大きくなると直線に収束していくのです。目安として、相関係数の絶対値が 0.7 以上だと強い相関、0.5 以上で相関あり、0.3 以上で弱い相関、0.3 未満では相関無し、のような取り扱いをすることも多いですが、これは分野によっても違いがあります。

▶ スライド 13-9

　ちなみに、相関関係が直線に載っているかどうかということは、完全に直線に載っているときのことを考えたら理解しやすいかもしれません。全てのデータが直線 y＝ax＋b 上に載っているという場合、スライドの一番下のように、y の平均は x の平均を代入した値で置き換えることができるので、それを上の式に代入して整理してみると、3 行目のようになります。さらに整理すると、分母が √(a²) で分子が a になります。√(a²) はプラスの場合 a ですから、r_{xy} は a/a つまり 1 になります。ただ a は負になることもあるので、その

スライド 13-8

相関関係の強さ

相関係数 r_{xy} は直線的な関連性を数値化

相関係数の値を評価するときの目安

- $0.7 \leq |r| \to$ 強い相関あり
- $0.5 \leq |r| < 0.7 \to$ 相関あり
- $0.3 \leq |r| < 0.5 \to$ 弱い相関あり
- $|r| < 0.3 \to$ 相関なし

$$r_{xy} = \frac{\sum_{i=1}^{n}(x_i - \bar{x})(y_i - \bar{y})}{\sqrt{\sum_{i=1}^{n}(x_i - \bar{x})^2}\sqrt{\sum_{i=1}^{n}(y_i - \bar{y})^2}}$$

左の目安はあくまで便宜的なもの
（相関の有無を調べるには
相関係数の仮説検定を行う）

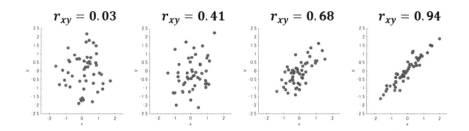

$r_{xy} = 0.03$ 　　$r_{xy} = 0.41$ 　　$r_{xy} = 0.68$ 　　$r_{xy} = 0.94$

スライド 13-9

相関関係＝直線関係

すべてのデータが直線：y=ax+bの上に載っている場合

- $r_{xy} = \dfrac{\sum_{i=1}^{n}(x_i - \bar{x})(y_i - \bar{y})}{\sqrt{\sum_{i=1}^{n}(x_i - \bar{x})^2}\sqrt{\sum_{i=1}^{n}(y_i - \bar{y})^2}}$

$$= \frac{\sum_{i=1}^{n}(x_i - \bar{x})(ax_i + b - (a\bar{x} + b))}{\sqrt{\sum_{i=1}^{n}(x_i - \bar{x})^2}\sqrt{\sum_{i=1}^{n}(ax_i + b - (a\bar{x} + b))^2}}$$

$$= \frac{\sum_{i=1}^{n}a(x_i - \bar{x})^2}{\sqrt{\sum_{i=1}^{n}(x_i - \bar{x})^2}\sqrt{\sum_{i=1}^{n}(a(x_i - \bar{x}))^2}} = \begin{cases} 1 & (a>0) \\ -1 & (a<0) \end{cases}$$

代入

- $\bar{y} = \dfrac{1}{n} * \sum y_i = \dfrac{1}{n} * \sum(ax_i + b) = a * \dfrac{1}{n} * \sum x_i + b = a\bar{x} + b$

ときは分母の $\sqrt{a^2}$ が $-a$ になり、r_{xy} は -1 になります。ということで、直線上にある場合には、相関係数が 1 もしくは -1 になるのです。

▶ 相関係数の検定

▶ スライド 13-10

それでは、続いて相関係数の有意性検定について説明します。

▶ スライド 13-11

母集団の相関係数である母相関係数を ρ としたときに、これが 0 かどうかといった検定

スライド 13-10

『目次

二変量の関係

相関

- Pearsonの相関係数
- **相関係数の有意性検定**
- 順位相関係数
- 相関関係と因果関係

回帰

- 単回帰分析，重回帰分析
- 質的な説明変数とダミー変数
- 回帰係数の検定
- ロジスティック回帰

スライド 13-11

『母相関係数 $\rho = 0$ の検定

データの相関係数 r より母集団の相関を検定したい

相関の有無を調べるうえでの仮説の設定

| 帰無仮説 H_0 | ・相関がない (母相関係数 $\rho = 0$) |
| 対立仮説 H_1 | ・相関がある (母相関係数 $\rho \neq 0$) |

一部が抽出 (観測) されたと考える
母集団 (未知) → 標本 (データ)
検定
$\rho = 0.00$ ← $r = 0.20$

仮説検定の考え方

ρ は正負どちらも
とりうるので両側検定

- **母集団の相関係数が 0 でも標本の相関係数 $r \neq 0$ となりえる**
  - **ただし、帰無仮説 H_0 のもとでは、大きな $|r|$ が出る確率は低いはず**
- **十分大きな $|r|$ が得られたなら帰無仮説 H_0 を棄却して対立仮説 H_1 を採用**
  - **相関があると結論**
- **$|r|$ がそれほど大きくなければ帰無仮説 H_0 を棄却できない**
  - **相関があるともないとも言えない**

を考えます。ρ については未知なので、得られた標本から計算される相関係数 r を使った検定になります。

　仮説設定としては、本音で言いたい「相関がある」を対立仮説に、帰無仮説が「相関はない（母相関係数 $\rho=0$）」で議論を始めます。

　母集団の相関係数 ρ が 0 であったとしても、標本として出てくる相関係数 r は 0 になるとは限らないのは、もう皆さんもお分かりですね。ただ、本当に相関がないのであれば、帰無仮説 H_0 の下では絶対値が大きな相関係数が出る確率は低いはずです。仮に、十分大きな絶対値の相関係数が得られたとすると、帰無仮説を棄却して「相関あり」と判断できますね、ということです。逆に、相関係数の絶対値がそれほど大きくなければ帰無仮説は棄却できません。この場合は他の検定と同じで、相関がないとは判断できず、相関があるともないとも言えないと結論付けます。なお、相関係数は正負両方取り得るので、検定は両側検定になります。

▶ スライド 13-12

　具体的には、母相関係数 ρ が 0 という帰無仮説の下でスライドの中程に示す相関係数 r と標本サイズ n からなる式で求められる t 統計量を計算して評価します。この帰無仮説の下では、t 統計量は自由度 $n-2$ の t 分布に従うことが分かっていて、t が実現値 t* よりもまれな値を取る両側確率を求めると p 値が計算できます。

スライド 13-12

母相関係数 $\rho = 0$ の検定

仮説を設定

帰無仮説 H_0 ・相関がない（母相関係数 $\rho = 0$）

対立仮説 H_1 ・相関がある（母相関係数 $\rho \neq 0$）

t 統計量を計算

> 二変数が独立で正規分布に従うという仮定のもとで

・標本サイズ n の標本の母集団に相関がないとするならば
　t 統計量は帰無仮説の下で自由度 $n-2$ の t 分布に従う

$$t = \frac{r\sqrt{n-2}}{\sqrt{1-r^2}} \sim t(n-2)$$
標本相関係数 r
標本サイズ n

p 値を計算

・帰無仮説が正しいときに t が標本での実現値 t^* 以上にまれな値となる
　確率（両側確率）を求める　$2P(t \geq |t^*|; n-2)$

▶ スライド 13-13

　母相関係数 ρ＝0 の母集団から標本サイズ 30 の標本を 3,000 回抽出して相関係数を計算した分布の例を示しています。もともとの母相関係数 ρ が 0 であっても、標本の相関係数は 0.37 だったり、0.18 だったり、−0.19 だったりいろいろな値を取り得ます。標本相関係数の分布は図右上のような正規分布をとがらせたような分布になっていますし、その下の t 統計量も正規分布をイメージさせる分布になっています。

▶ スライド 13-14

　今度は、母相関係数が 0 ではなく 0.511 という母集団で、先ほどと同じように標本サイズ 30 の標本を 3,000 回抽出して相関係数を計算した分布を描いています。上の標本相関係数の分布はひずんだ形になっていますが、下の t 分布は正規分布をイメージさせる形のままです。このような特徴を活用した検定になっています。

▶ スライド 13-15

　次に、先ほど出てきたホットドッグのナトリウム含有量と 1 ポンド当たりのコストの例で考えてみましょう。標本サイズは 54 で、ナトリウムとコストがペアになっているデータですね。相関係数を計算すると、−0.4818 となっています。示したい「両者の間に相関がある」を対立仮説に、「ナトリウム含有量とコストには相関がない」という帰無仮説で議論を開始します。

スライド 13-13

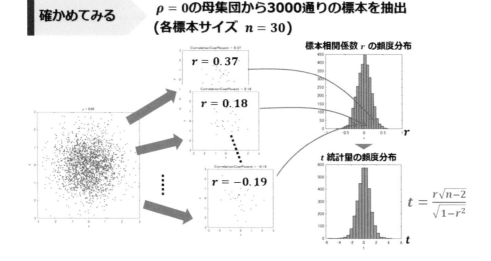

スライド 13-14

相関係数ρ≠0の場合

もし母相関係数 $\rho = 0$ でなければ t 統計量は
自由度 $n - 2$ の t 分布から外れた値が出る

確かめてみる　　$\rho = 0.511$ の母集団から3000通りの標本を抽出
（各標本サイズ $n = 30$）

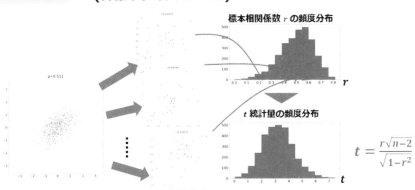

$$t = \frac{r\sqrt{n-2}}{\sqrt{1-r^2}}$$

スライド 13-15

母相関係数 $\rho = 0$ の検定の実行例

母集団に相関があるかどうかを検定したい

例　　ホットドッグのナトリウムと1ポンドあたりのコスト

標本サイズ　　・$n = 54$

・54個のホットドッグを調査
・54個のペアデータ
　・ナトリウム―コスト

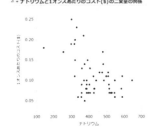

標本の相関係数　　・$r = -0.4818$

・上記54個のデータから計算

仮説検定

帰無仮説　　・ナトリウム含有量とコストには相関がない

対立仮説　　・ナトリウム含有量とコストには相関がある

▶スライド 13-16

　先ほどの式に代入し、自由度が n−2＝52 の t 分布を使って検定します。一般的な有意水準5%の両側検定で考えます。t 統計量は −4.032 となります。自由度52の t 分布の、図の

スライド 13-16

母相関係数 $\rho = 0$ の検定の実行例

自由度54 − 2 = 52の t 分布を用いて有意水準5%で両側検定

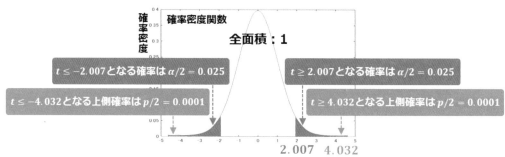

$$t^* = \frac{r\sqrt{n-2}}{\sqrt{1-r^2}} = -\frac{0.4818 * \sqrt{52}}{\sqrt{1-0.4818^2}} = -4.032 \qquad p値 = 2P(t \geq |t^*|; n-2)$$

確率密度関数　全面積：1

$t \leq -2.007$ となる確率は $\alpha/2 = 0.025$　　$t \geq 2.007$ となる確率は $\alpha/2 = 0.025$

$t \leq -4.032$ となる上側確率は $p/2 = 0.0001$　　$t \geq 4.032$ となる上側確率は $p/2 = 0.0001$

2.007　4.032

「検定の結果、有意差は認められた $(p = 0.0002 < 0.05)$」

スライド 13-17

母相関係数 $\rho = 0$ の検定

JMPによる母相関係数の検定を試してみる

[分析]　　[二変量の関係]

「微積分学のスコア」と
「物理学のスコア」を X, Y に割り当る
→ [OK] （X, Yはどちらでもよい）

赤矢印から[確率楕円]　　[0.95]

[相関] を開く（青丸の部分）

注意：このデータは欠損ありのため
　　有効な標本サイズは $n = 436$

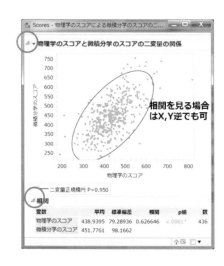

赤の領域のところが有意水準 5% に対応し、これよりも外側に来るので帰無仮説は棄却されます。別の見方では、先ほど計算した t 統計量の実現値 −4.032（オレンジで描かれている部分）に該当する p 値は 0.0002 となっていて、これによっても帰無仮説が棄却されることが分かります。

▶ スライド 13-17

　相関係数の計算や検定は JMP でも行えます。JMP のサンプルデータである物理学と微積分学のスコアを読み込んだ上で［分析］のところで［二変量の関係］を選び、微積分学のスコアと物理学のスコアをそれぞれ X、Y に割り当てると実行できます。

　ウィンドウの赤矢印のところから［確率楕円］を選んで［0.95］としたり、青丸の［相関］を開いて、相関係数や検定結果の確認をしてみたりしてください。ペアになっていない欠損データは対象外となり、この分析では、n＝436 が有効な標本サイズになっているということも分かります。

▶ 順位相関係数・相関と因果

▶ スライド 13-18

　続いて、「相関」の順位相関係数、それから相関関係と因果関係に進みます。

スライド 13-18

目次

二変量の関係

相関
- Pearsonの相関係数
- 相関係数の有意性検定
- **順位相関係数**
- **相関関係と因果関係**

回帰
- 単回帰分析，重回帰分析
- 質的な説明変数とダミー変数
- 回帰係数の検定
- ロジスティック回帰

スライド 13-19

相関係数の例

相関係数のみで捉えられる情報は限られている

散布図を確認しよう

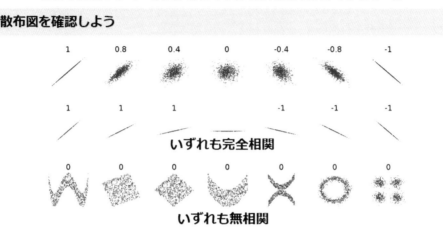

https://upload.wikimedia.org/wikipedia/commons/d/d4/Correlation_examples2.svg

▶スライド 13-19

　これまで相関係数、正確には Pearson の積率相関係数について考えてきたわけですが、実は相関係数だけで捉えられる情報は限られていることもよく理解しておく必要があります。これは最初の方で、相関係数は直線的な関係を把握するための道具だと説明したことにも大きく関係している点です。

　スライドにいろいろな散布図を示しています。最上段では真ん中の相関係数が 0 で、その両脇は ±0.4 で少し直線的な関係が見えてきます。その次の ±0.8 になると、かなりはっきり相関が見えてきて、両端の ±1 だと完全に直線上に載っています。中央の段では全て相関係数が 1 か −1 になっていて直線に載っているのですが、傾きはいろいろあり得ることが認識できますね。逆にいうと、傾きは相関係数では影響されないことが分かります。

　一方、最下段の散布図はいずれも私たちの目には何らかの関係や規則性がありそうに見えます。ただし、相関係数を計算すると全部 0 で、無相関と判断することになります。もちろん、相関係数の使い方として問題はないのですが、それだけでいいのかという疑問も残ります。こういう非線形な関係性もあり得るのですが、Pearson の相関係数では評価が難しいのですね。やはり、最初にまず散布図を見て関係性を把握した上で、相関係数を付加的に見るというやり方が望ましいとされています。その上で、こういった非線形の関係をどうつかまえるかということに対してもいろいろな考え方があります。

スライド 13-20

Spearmanの順位相関係数

順位相関係数は曲線的な関連性を定量化できる（正規性不要）

順位に変換

- $x_1, \ldots, x_n$ を昇順に並べたときの順位を $R_1, \ldots, R_n$
- $y_1, \ldots, y_n$ を昇順に並べたときの順位を $Q_1, \ldots, Q_n$

Spearmanの順位相関係数

- 順位に関するPearsonの相関係数を計算

- $r_S = \dfrac{\sum_{i=1}^n (R_i - \bar{R})(Q_i - \bar{Q})}{\sqrt{\sum_{i=1}^n (R_i - \bar{R})^2}\sqrt{\sum_{i=1}^n (Q_i - \bar{Q})^2}}$

  $= 1 - \dfrac{6}{n(n^2-1)}\sum_{i=1}^n (R_i - Q_i)^2$

  （同順位がある場合は修正項が必要）

Pearsonの相関係数と同様に t 分布で検定できる

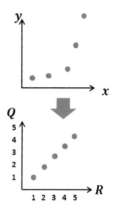

▶スライド 13-20

　ここではその一例として、順位相関係数について触れてみます。前回の講義でも少しノンパラメトリックの話をしましたが、それが該当します。非線形な関連性の中で、曲線的な関係性を定量化し得る手法です。また、ノンパラメトリックな方法なので、正規性の仮定が不要というメリットもあります。

　具体的には、x_1 から x_n というデータについて、まず昇順に並べて順位を R_1 から R_n まで付けます。Y も同様に y_1 から y_n を昇順に並べて Q_1 から Q_n まで順位を付けます。その上で、いま付けた R と Q という順位自体をデータとみなして、その順位に関する Pearson の相関係数を評価します。この方法を Spearman の相関係数といい、曲線的な関係を直線的なものに落とし込んで議論できるのです。

　イメージとしては、スライドの右側のような感じになります。そうすると、上図のような非線形の関係であっても、順位における相関としては直線の関係になっているということなのです。

「Spearmanの順位相関係数を変形

$$r_{xy} = \frac{\sum_{i=1}^{n}(R_i - \bar{R})(Q_i - \bar{Q})}{\sqrt{\sum_{i=1}^{n}(R_i - \bar{R})^2}\sqrt{\sum_{i=1}^{n}(Q_i - \bar{Q})^2}}$$

- $\sum_{i=1}^{n}(R_i - \bar{R})(Q_i - \bar{Q}) = \sum_{i=1}^{n}(R_i - \bar{R})^2 - \frac{1}{2}\sum_{i=1}^{n}(R_i - Q_i)^2$ $y_1, \ldots, y_n$

  - $\bar{R} = \bar{Q} = \frac{1}{2}(n+1)$ （$R_i, Q_i \, (i = 1, \ldots, n)$は1からnまでの順位であるため）

  - $\sum_{i=1}^{n}R_i = \sum_{i=1}^{n}Q_i = \frac{1}{2}n(n+1)$

  - $\sum_{i=1}^{n}R_i^2 = \sum_{i=1}^{n}Q_i^2 = \frac{1}{6}n(n+1)(2n+1)$

- $\sum_{i=1}^{n}(R_i - \bar{R})^2 = \sum_{i=1}^{n}(Q_i - \bar{Q})^2 = \frac{1}{12}(n^3 - n)$

- **上記より**$r_{xy} = 1 - \frac{6\sum_{i=1}^{n}(R_i - Q_i)^2}{n^3 - n}$

▶スライド 13-21

　Spearman の相関係数は変形して整理することができます。R_i や Q_i は、もとのデータを順位に変換したものでした。それぞれの合計は、1 から n までの順位の合計なので 1 から n まで全部足すことなり、結局 1 から n までの自然数を足し算することになります。高校のときに勉強したように、その合計は n(n+1)/2 となります。2 乗したものの和も覚えているかと思いますが、n(n+1)(2n+1)/6 となります。これを使って相関係数を簡単化すると図のような形の式に変形できます。

▶スライド 13-22

　計算例をもう少しみてみましょう。例えば、A から E まで 5 人分の物理と数学の点数が並んでいます。スライド左側の素点を右側のように順位に変換します。順位のデータに置き換えるわけです。この順位を用いて先ほどの相関係数を計算します。上はもともとの定義式どおりに代入して計算してあり、下は簡略化された式に値を入れて計算しています。当然ですが、同じ値が出てきていますね。

▶スライド 13-23

　JMP での計算も紹介します。データを読み込んで、[分析] のメニューのところから [多変量]、[多変量の相関] というのを選びます。列の選択で「微積分学のスコア」と「物理学のスコア」の両方を選択して、[Y, 列] へ割り当て、[OK] を押します。

スライド 13-22

Spearmanの順位相関係数の計算例

学生	A	B	C	D	E
物理素点x	2	4	5	6	3
数学素点y	3	2	6	5	4

順位に変換 →

学生	A	B	C	D	E
物理順位R	1	3	4	5	2
数学順位Q	2	1	5	4	3

- $r_{xy} = \dfrac{\sum_{i=1}^{n}(R_i - \bar{R})(Q_i - \bar{Q})}{\sqrt{\sum_{i=1}^{n}(R_i - \bar{R})^2}\sqrt{\sum_{i=1}^{n}(Q_i - \bar{Q})^2}} = \dfrac{2+0+2+2+0}{4+0+1+4+1} = \dfrac{6}{10} = 0.6$

- $r_{xy} = 1 - \dfrac{6\sum_{i=1}^{n}(R_i - Q_i)^2}{n^3 - n} = 1 - \dfrac{6(1+4+1+1+1)}{125-5} = 1 - \dfrac{48}{120} = 0.6$

スライド 13-23

JMPによる演習

相関係数の信頼区間

- [分析] → [多変量] → [多変量の相関]
- 列の選択にて「微積分学のスコア」と「物理学のスコア」の両方を選択して
  [Y, 列] へ割り当て → [OK]
- 「多変量」の左にある赤矢印から [相関の信頼区間] を選択

Spearmanの順位相関係数

- 同じ赤矢印から [ノンパラメトリック相関係数] → [Spearmanの順位相関係数] を選択

このデータは欠損があるため
$n = 436$ が有効数

　　その後、多変量の左の赤矢印で［相関の信頼区間］を選ぶと、相関係数に関する信頼区間も出力できます。講義では、信頼区間の説明はしておらず、仮説検定の説明のみでしたが、皆さんは検定や信頼区間の考え方を理解できていると思いますので、検定のときに使ったt分布があれば、信頼区間も算出できることは理解できますね。

それから、Spearman の順位相関係数も［ノンパラメトリック相関係数］の赤矢印から［Spearman の順位相関係数］を選択すると実施してくれます。ぜひ、レポート課題の時に試してください。

▶ スライド 13-24

ここまで相関係数を考えてきました。状況に応じて、Pearson の積率相関係数やSpearman のようなノンパラメトリックな相関係数を使って定量化して考えてきました。ただ、相関関係というのは必ずしも因果関係があることを意味しません。相関関係にとどまらず因果関係にも視野を広げる点が、高校から大学への大きな変化と捉えてもらっていいかと思います。

相関関係は英語では correlation ですが、因果関係は causality で、因果応報の因果、つまり原因があって結果があるというのが因果関係です。

例えば、体重と身長が相関の例として出てきました。常識的に考えて関係がありそうですし、多くの場合、データで検証しても相関関係が示せることが多いのではないでしょうか。ただ、体重と身長のいずれかがもう片方を決めるとまでは、言いにくいのではないでしょうか。そういう意味で、これは因果関係があるとは言えません。一般には、因果関係があることを示すのは非常に難しいです。

さらに、見かけ上の相関関係にも注意が必要です。

背後に共通の原因が存在する場合もあり、交絡といったことも考える必要があります。

スライド 13-24

相関関係と因果関係

相関関係は因果関係を含意しない

相関関係 (correlation) があるからといって必ずしも因果関係 (causality) があるわけではない

- **体重と身長の相関は高いが片方が他方を決めるともいえない**
- **因果関係を示すことは難しい**

見かけ上の相関に注意

- **背後に共通原因が存在する場合もある**
- **例：「アイスクリームが売れるとビールも売れる」は本当？**

暑い夏日 ⤜ アイスクリームが売れる / ビールが売れる

他にも原因と結果が逆ではないか？
互いに一方が他方の原因になっていないか？

　例えば、「アイスクリームが売れるとビールも売れる」というデータがとれたとします。でも、おそらくこの 2 つの間に原因と結果の関係などはなく、例えば背後に「暑い夏の日」という共通の要因があって、暑かったらアイスクリームも売れるし、冷たいビールも売れるという結果につながっているのかもしれません。そういう潜在的な別の要因についても考えないといけないですし、原因と結果が逆になっているのではないかといったことも考えなければいけなかったりします。

　このようなことがあって歴史的に、相関にとどまらず因果関係を深く追求する因果推論という学問が発展してきました。

　ところが、最近はビッグデータ活用という考え方も重要性が増してきていることはご存知かと思います。この流れの中では、相関だけでも十分という立場を取るのも、考え方としてはあり得るのです。ビジネスでは結果の重要性が高く評価されることが多いので、相関関係さえ分かって商売として役に立つのなら、その背景の理由や因果関係は気にしない、という立ち位置もあり得るので、データが豊富に取れる近年ではそのような風潮もあります。例えば今アイクリームとビールの関係の話が出てきていましたけれども、よく知られている例として、「紙おむつを買うお客さんはビールを買う」というように、ビールと紙おむつの購買には相関があるということが知られています。これはあるスーパーマーケットでのデータ解析の結果、分かったことで、必ずしも因果関係についてはよく分からなくても、紙おむつの売り場の横にビールを置けば売り上げが伸びる、というのなら、すぐに実行に移そうということになりますね。

　ただ、学術的には因果関係の考察が重視され続けていますし、ここは大学の講義ですので因果関係を追い求める重要性に重きを置く立場で講義をしています。次回学ぶ「回帰」もそれだけで因果関係を示せるわけではないのですが、因果関係により近づく手法で、さらには AI・機械学習等のベースの 1 つにもなっている重要なテーマです。最後まで頑張りましょう。今回はこれで終わります。

回　帰

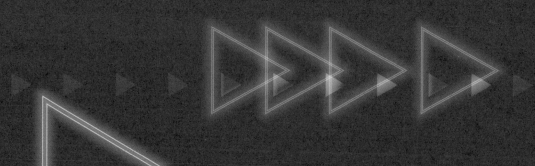

スライド 14-1

目次

▶スライド 14-1

　最終回は「回帰」、特に単回帰分析、重回帰分析、それから質的な説明変数とダミー変数について学びましょう。

▶ 回帰分析

▶スライド 14-2

　まず単回帰分析ですが、これは1つの確率変数で別の変数を説明する手法です。回帰自体は説明する変数が1つに限らず複数あっても構わないのですが、「単回帰」といったときには1つの変数で別の変数を説明します。

　スライドは、横軸が走行距離 kyori で縦軸が車両価格 price で、中古車の走行距離と価格の関係をプロットしている散布図になります。このとき、説明される側の変数、被説明変数を車両価格 price とし、説明変数を走行距離 kyori として、走行距離から車両価格を推定していくことを考えます。そのために、price と kyori との間に直線的な関係を仮定します。この分布のど真ん中に直線を引いて、全体の関係を代表してもらうと、新規中古車が発生したときに、走行距離から「車両価格はこの辺りです」と予測に使えますよね、というのが回帰分析です。特に、説明変数が1個の場合は単回帰分析となります。

394

単回帰分析

単回帰分析は一つの変数で別の変数を説明する

例 車両価格 price を走行距離 kyori で説明する

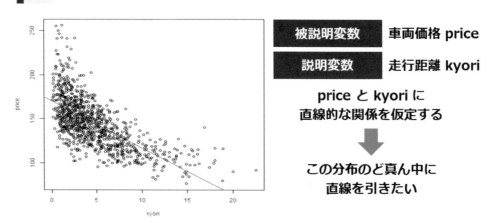

被説明変数 車両価格 price

説明変数 走行距離 kyori

**price と kyori に
直線的な関係を仮定する**

⬇

**この分布のど真ん中に
直線を引きたい**

スライド 14-3

単回帰分析

price も kyori も1000個ずつデータがある → 簡便に表記

price を $y = (y_1, y_2, y_3, …, y_{1000})$ **と表記**

kyori を $x_1 = (x_{1,1}, x_{1,2}, x_{1,3}, …, x_{1,1000})$ **と表記**

	price (万円)	kyori (万km)	
$y_1 →$	241.0	0.6	$← x_{1,1}$
$y_2 →$	124.5	3.0	$← x_{1,2}$
$y_3 →$	128.5	3.7	$← x_{1,3}$
…	…	…	…
$y_{1000} →$	138.5	5.7	$← x_{1,1000}$

スライド 14-4

単回帰分析

最小二乗法 (後述) で回帰を行うと直線を引くことになる

a と b_1 の値次第で直線 $y = a + b_1 x_1$ はなんとでも引ける

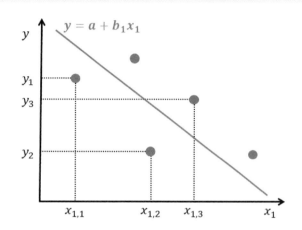

▶スライド 14-3

　この price と kyori が、ペアで 1,000 個分のデータがあるとします。price を y に kyori を x_1 として考えていきます。x_1 としているのは、単回帰なので説明変数は 1 種類ですが、後ほど複数の場合を考えるので、そのときに 1 つ目、2 つ目というので区別できるように備えているからです。

▶スライド 14-4

　ペアになっているデータですので、スライドのように散布図がかけますが、その中で x_1 と y の間の関係を表現するような直線 y＝a＋b₁×x₁ を求めます。この a や b₁ の値をいろいろ変えていけば、いろいろな直線が引けますね。この a や b₁ を決めていきます。

▶スライド 14-5

　図の青い点で示される 5 つのデータに対して、赤い線がそれらの関係を代表し、予測に使えるような直線だとします。そうすると、例えばこの $x_{1,1}$ のデータに対応する本当のデータは y_1 ですが、この直線で予測されるのは $\hat{y}_1$ と、ハットが付いているところになります。他の番号についてもそうですね。そういった形で全部のデータに関して、真の y の値とは別に予測される赤で書いたハットが付いた予測値が計算されます。

スライド 14-5

単回帰分析

直線による良いフィッティングとは何か考える

各 $x_{11}, x_{12}, x_{13}, ..., x_{1,1000}$ に対して

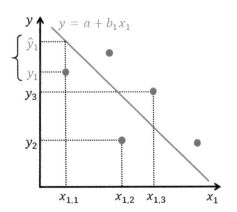

- $\hat{y}_1 = a + b_1 x_{1,1}$
- $\hat{y}_2 = a + b_1 x_{1,2}$
- $\hat{y}_3 = a + b_1 x_{1,3}$

$\cdots$

- $\hat{y}_{1000} = a + b_1 x_{1,1000}$
- この値と各 $y_1, y_2, y_3, ..., y_{1000}$ との差の二乗和を求める
  - $(y_1 - \hat{y}_1)^2 + (y_2 - \hat{y}_2)^2$
    $+ (y_3 - \hat{y}_3)^2 + \cdots$
    $+ (y_{1000} - \hat{y}_{1000})^2$

　この予測値と、それぞれの本当の y_1 から y_{1000} との誤差を小さくしたいのですが、このような評価には差の2乗和を用いてきました。今回も同様に差の2乗和で考えていきます。

▶ スライド 14-6

　この考え方を一般化して、n 個データがあったときに、その差の2乗和を最小にするような直線を引くことを考えます。このことを最小二乗法と呼んでいます。この例では直線ですから、$\hat{y}_i$ という予測値は切片 a、傾き b、実際の値 x_i で決まります。この a と b をいろいろ変えていったときに、この最小2乗和が最小になるような a と b を見つけていこうというのが最小化問題の本質です。

　この最小化問題ですけれども、これは結局 a と b に関する2変数の関数になっているわけですが、それを a および b で互いに反対の変数を定数とみる偏微分というのを行って、a と b に関する連立一次方程式を解いて求めることができます（詳細は気になる方だけしっかり勉強していただくので十分です）。その結果、b は前回の相関で確認した共分散を x の分散で割ったものになっていて、この b に加えて、x と y の平均を直線に代入することで a も計算できます。繰り返しますが、この作業を皆さんにしていただく必要はなく、ソフトウェアに任せてもらって問題ないです。

スライド 14-6

単回帰分析

最小二乗法 (Ordinary Least Squares, OLS) による推定

最小二乗和を最小化する a と b を探す

> 添え字がややこしいので
> ここでは b_1 は b としておく
> $x_{1,i}$ も x_i とする

- $S^2 = \min \sum_{i=1}^{n}(y_i - \widehat{y}_i)^2 = \min_{a,b} \sum_{i=1}^{n}\{y_i - (a + bx_i)\}^2$

単回帰式の回帰係数 a, b の推定

- S^2 を a および b で偏微分してそれぞれ 0 とおき連立方程式を解く

- $b = \dfrac{\sum_i (x_i - \overline{x})(y_i - \overline{y})}{\sum_i (x_i - \overline{x})^2} = \dfrac{S_{xy}}{S_{xx}}$
- $a = \overline{y} - b\overline{x}$

x と y の共分散：$S_{xy} = \dfrac{1}{n-1}\sum_{i=1}^{n}(x_i - \acute{x})(y_i - \overline{y})$

x の分散：$S_{xx} = \dfrac{1}{n-1}\sum_{i=1}^{n}(x_i - \acute{x})^2$

スライド 14-7

単回帰分析

OLSで中古車価格を走行距離に回帰させてみた

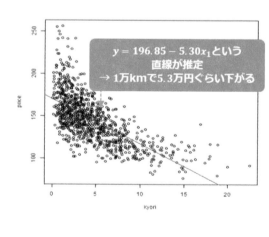

> $y = 196.85 - 5.30x_1$ という
> 直線が推定
> → 1万kmで5.3万円ぐらい下がる

データ $(x_{1,i}, y_i)\ (i = 1, \ldots, 1000)$ から

$b_1 = \dfrac{\sum_{i=1}^{1000}(x_{1,i} - \overline{x})(y_i - \overline{y})}{\sum_{i=1}^{1000}(x_{1,i} - \overline{x})^2}$

$a = \overline{y} - b_1\overline{x}$ 　　　　を推定

実際の計算には以下の式が便利：

$$\sum_{i=1}^{n}(x_i - \overline{x})(y_i - \overline{y}) = \sum_{i=1}^{n} x_i y_i - n\overline{x}\overline{y}$$

$$\sum_{i=1}^{n}(x_i - \overline{x})^2 = \sum_{i=1}^{n} x_i^2 - n\overline{x}^2$$

▶スライド 14-7

　先ほどの中古車価格のところで、最小二乗法で傾き b_1 と切片 a を求めると、回帰直線 $y = 196.85 - 5.30x_1$ が求まります。意味としては、走行距離が 1 万キロ増えると、車の値段は 5.3 万円ぐらい下がるということです。

398

▶スライド 14-8

このように単回帰分析ができますが、最小になっているとはいえ、予測値と実測値の間には誤差が残ります。この誤差が分かるように誤差だけをプロットすると、右図のようになります。この差を残差（residuals）と言いますが、このことについてもう少し考えてみる必要があります。

▶スライド 14-9

先ほどの中古車価格のデータの残差をプロットすると、スライドのようになり、走行距離によっては 100 万円近くと、かなり大きい差があります。もう少し精度を上げる方法はないのでしょうか。

▶スライド 14-10

1 つのアプローチとしては、直線ではなくて曲線で回帰して、説明するという方法があります。具体的には、変数として使う走行距離を 2 乗した項を追加して 2 次式的に、場合によっては 3 乗以上の項も使って回帰させます。また、対数を用いることもあります。こうした場合も係数については 1 次式なので線形回帰といいます。

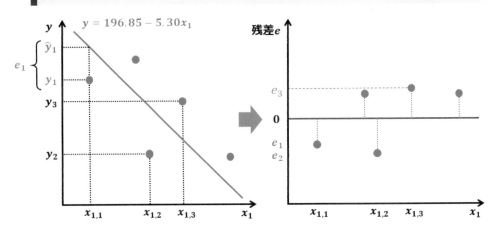

スライド 14-9

単回帰分析の残差

残差 (residuals) は回帰直線で説明できない価格

$y_i - \hat{y}_i = e_i\ (i = 1, \ldots, 1000)$をプロットしてみる

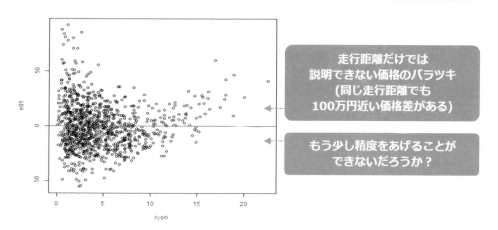

走行距離だけでは
説明できない価格のバラツキ
(同じ走行距離でも
100万円近い価格差がある)

もう少し精度をあげることが
できないだろうか？

スライド 14-10

曲線で回帰する

曲線的関係を説明するにはデータの非線形関数を用いる
（係数に関しては線形になっていることに注意！）

二次式 $y = a + b_{11}x_1 + b_{12}x_1^2$で回帰する

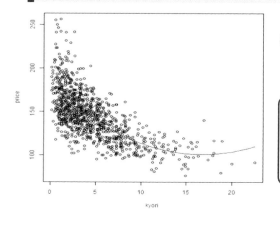

三次式、四次式・・・も使える
(ただし推定すべき係数が増える)

対数などの関数も利用できる

ただし、むやみに複雑な関数を
使えばいいというわけではない
(既知データの説明能力は高くなるが
未知データの予測性能が悪化する)

▶スライド 14-11

　重回帰分析と言う、説明変数を増やして精度を上げる方法はもあります。先ほどの単回帰では１種類の説明変数を使いましたが、重回帰では複数の説明変数を用います。次数を上げていくというのもある意味、説明をする項が増えているのですが、ここでは種類の異

スライド 14-11

重回帰分析

重回帰分析：説明変数を複数用いて回帰を行う

車検残月数を説明変数に加える (走行距離と車検残月数に着目)

説明変数 (数値) が二つになると散布図は三次元になる

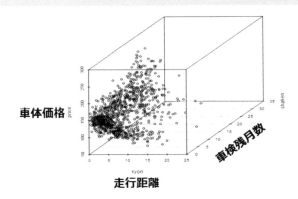

スライド 14-12

重回帰分析

走行距離と車検残月数とで車両価格を説明する

この散布図の「ど真ん中に」(今度は直線ではなく) 平面を描く

x_1が走行距離 (kyori) / x_2が車検残月数 (shaken)

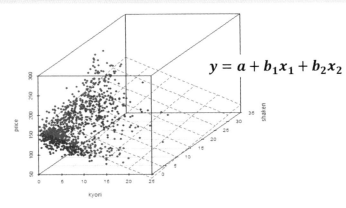

$$y = a + b_1 x_1 + b_2 x_2$$

なる説明変数を加えるようになっています。

　例えば、先ほどは走行距離で中古車の価格を表現しようとしましたが、車検までの残り期間も変数に加えてみてはどうか、という考え方です。そうすると、当然、車体価格を表現するのに走行距離と車検の残り月数という、もう1個の軸が増えますので、この散布図は3次元になります。従って、車体価格は面で回帰させて予測するイメージになります。

　このように多項式や高次式の形にしていくことで説明の精度を高められるのですが、aやbという係数に関しては原則として一次式、というところに注意してください。

▶ スライド 14-12

　重回帰でも、回帰させる平面の代表性を高めるために考えるのは二乗誤差です。先ほどのように、a、b_1、b_2という係数が決まれば予測平面が決まり、予測値が与えられます。

▶ スライド 14-13

　この予測値と実測値との差の二乗和を求め、最小になるようなa、b_1、b_2を算出します。

　コンピューターが計算してくれた係数をまとめ、この場合の推定をすると、スライド右下のような回帰式が得られます。車検の残り月数が1ヶ月増えると中古車価格としては8,580円高くなると解釈できます。ちょっと影響が大きすぎるかもしれませんね。他の要素と交絡している可能性などもあり得ますので、本当はもう少し検討を深める必要があるかもしれません。

スライド 14-13

重回帰分析

二乗和最小化による平面のフィッティング

各 $x_{11}, x_{12}, x_{13}, \ldots, x_{1,1000}$ に対して

- $\hat{y}_1 = a + b_1 x_{1,1} + b_2 x_{2,1}$
- $\hat{y}_2 = a + b_1 x_{1,2} + b_2 x_{2,2}$

$\ldots$

- $\hat{y}_{1000} = a + b_1 x_{1,1000} + b_2 x_{2,1000}$

$y = a + b_1 x_1 + b_2 x_2$

この値と各 $y_1, y_2, y_3, \ldots, y_{1000}$ との差の二乗和を求める

- $(y_1 - \hat{y}_1)^2 + (y_2 - \hat{y}_2)^2 \cdots + (y_{1000} - \hat{y}_{1000})^2$

この値を最小化する a, b_1, b_2 を求める

- $\min\limits_{a, b_1, b_2} \sum_{i=1}^{1000} \{ y_i - (a + b_1 x_{1,i} + b_2 x_{2,i}) \}^2$

推定結果は
$y = 161.7 - 4.837 x_1 + 0.858 x_2$
1ヶ月あたり8580円
（ちょっと高すぎ？）

▶スライド 14-14

　ここまでは説明変数として量的な変数だけを考えてきましたが、質的な変数を回帰の中に盛り込んで議論したいということが多々あります。その場合は、ダミー変数というもので対応します。

スライド 14-14

ダミー変数

説明変数が質的変数の場合はダミー変数を加える

二項目 (水準, level)　　ダミー変数　　　　　　　　切片で調整する

- ナビ：{無, 有}

ナビ	x_3
無	0
有	1

- $y = a + b_1 x_1 + b_3 x_3$

ナビ無： $y = a + b_1 x_1$
ナビ有： $y = a + b_1 x_1 + b_3$

三項目以上の質的変数

- 色：{シルバー, 黒, 白, 青, 赤, 紺, パープル, ワイン, 緑}
- ある値 (シルバー) には全てのダミー変数に
  0 を割り当て、残りはどれか一つが 1

$$y = a + b_1 x_1$$
$$+ b_{41} x_{41} + b_{42} x_{42} + \cdots + b_{48} x_{48}$$

一つの項を除きあとはゼロ

色	x_{41}	x_{42}	...	x_{48}
シルバー	0	0	...	0
黒	1	0	...	0
白	0	1	...	0
...	...	...	...	...
緑	0	0	...	1

スライド 14-15

ダミー変数

車体の色で回帰してみる

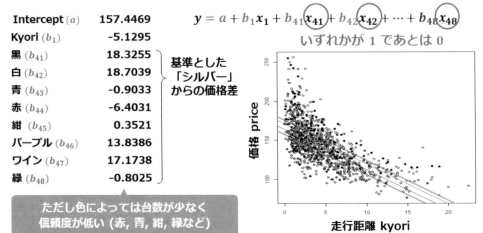

Intercept (a)	157.4469
Kyori (b_1)	-5.1295
黒 (b_{41})	18.3255
白 (b_{42})	18.7039
青 (b_{43})	-0.9033
赤 (b_{44})	-6.4031
紺 (b_{45})	0.3521
パープル (b_{46})	13.8386
ワイン (b_{47})	17.1738
緑 (b_{48})	-0.8025

基準とした「シルバー」からの価格差

$$y = a + b_1 x_1 + b_{41} x_{41} + b_{42} x_{42} + \cdots + b_{48} x_{48}$$

いずれかが 1 であとは 0

ただし色によっては台数が少なく
信頼度が低い (赤, 青, 紺, 緑など)

　具体的には「カーナビが有るのか、無いのか」のような2値をとる変数が該当します。ダミー変数として、カーナビが「無い」を0、「有る」を1とし、このダミー変数に係数b_3を割り当てます。ナビが無い車では、この項が一律で0になる一方、カーナビが有る車では一律で1×係数b_3が残り、定数のように全体を押し上げます。

　この考え方は3項目以上の質的な変数に対しても使えて、車の色などについても、各色に対して色の数の分だけの項を用意し、その色に対応する項だけ1に、残りの色の項は0になるような変数で対応します。例えば、x_{41}からx_{48}まで8種類の色の例で考えます。黒はx_{41}の項だけ1で、残りの項は全部0になるような変数にします。白は2つ目のx_{42}が1で、残りは全部0になるような変数として扱い、この係数は最小二乗法で決定するのです。

▶スライド 14-15
　色をダミー変数として説明変数に追加して回帰すると、係数がスライド左の表のように求められます。この例では、シルバーを基準として、そこからの価格差として理解しました。色ごとに平行移動した回帰直線になっているということですね。このようなやり方で質的変数を回帰に取り込むことができます。

▶ 回帰係数の検定

▶スライド 14-16
　次に回帰係数の検定に入っていきます。

スライド 14-16

目次

スライド 14-17

回帰係数の検定

回帰係数が 0 とは異なる値を持つかどうか検定したい

簡単化のため単回帰式 $y_i = a + bx_i + e_i$ の傾きの検定を考える

母回帰式 ・ $Y_i = \alpha + \beta X_i + \epsilon_i$（誤差）

誤差は正規分布に従うと仮定 ・ $\epsilon_i \sim N(0, \sigma_\epsilon^2)$

仮説を設定（両側検定）

帰無仮説 H_0 ・ 母回帰係数 $\beta = 0$

対立仮説 H_1 ・ 母回帰係数 $\beta \neq 0$

帰無仮説が棄却できれば回帰係数はゼロではない（有意）といえる

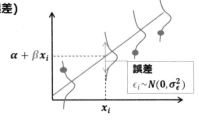

回帰係数の推定式から b は正規分布に従う

$$b \sim N\left(0, \frac{\sigma_\epsilon^2}{\sum_i (x_i - \bar{x})^2}\right)$$

ただし分散 σ_ϵ^2 は未知なので代わりに残差 e_i の分散を使う（t 分布）

▶ スライド 14-17

　回帰係数が 0 とは違う値を持つかどうか、言い換えると、回帰式の中で説明変数が被説明変数の説明に有効なのか、必要なのか、という点を検定することになります。というのも係数が 0 ということは、その項が必要ないということになるからです。ですので、係数が 0 と異なるかどうか、値を持つかどうかを調べるのは極めて重要なのです。

　ここでは簡単化のために単回帰の場合で考えてみます。標本から得られる回帰式 $y_i = a + bx_i + e_i$ の背景には母集団の回帰式があるはずで、この母回帰式は a、b とは違う係数で $Y_i = \alpha + \beta X_i + \epsilon_i$ と表されるとします。また、この誤差 ϵ_i は平均が 0 で分散が σ という正規分布に従うと仮定します。このときに説明変数の項は残って欲しいので、対立仮説は「母回帰係数の β が 0 ではない」となります。従って、議論は帰無仮説「母回帰係数の β が 0」で始め、帰無仮説が棄却できるなら回帰係数は 0 ではなく、有意な項、その説明変数は必要な変数である、と結論付けられます。

　詳細についてはここでは説明しませんが、b は正規分布に従います。ただし、この分散は分かりませんので、代わりに残差の分散を使って、不偏分散の形で代入すると、自由度が $n-2$ の t 分布に従います。

　前回の、相関係数が 0 かどうかの検定と同じですね。そういうこともあり、この単回帰の b は、相関係数と実は同じなのです。

スライド 14-18

回帰係数の推定値の信頼度

	推定値	標準誤差 (s.e.)	t 値	p 値
Intercept(切片)	145.7957	2.1715	67.14	< 2e-16
nenshiki22	5.8859	0.8461	6.96	6.40E-12
nenshiki23	18.0248	1.1256	16.01	< 2e-16
nenshiki24	36.7806	1.5557	23.64	< 2e-16
kyori	-5.3287	0.2861	-18.63	< 2e-16
kizuきれい	5.8874	1.111	5.3	1.40E-07
kizuすごくきれい	13.4597	1.115	12.07	< 2e-16
kizu修復歴あり	-9.8257	1.247	-7.88	8.80E-15
gradeG	2.022	1.0719	1.89	0.05953
gradeL	-7.5986	1.1084	-6.86	1.30E-11
selectionnon	-9.1865	1.4322	-6.41	2.20E-10
selectionTS	1.2891	1.5134	0.85	0.39455
selectionTSG	21.2552	3.9547	5.37	9.60E-08
shaken	0.1749	0.0466	3.75	0.00019
colorパープル	-1.935	2.7408	-0.71	0.48036
colorワイン	4.4577	3.1501	1.42	0.15737
color黒	10.7112	0.9668	11.08	< 2e-16
color紺	-1.8801	2.8826	-0.65	0.51441
color青	-0.7098	1.3655	-0.52	0.60332
color赤	1.4964	2.178	0.69	0.4922
color白	9.7579	0.8493	11.49	< 2e-16
color緑	3.4953	4.6082	0.76	0.44834
NV	2.995	0.6889	4.35	1.50E-05
SR	12.6954	1.8678	6.8	1.90E-11
kawa	15.9355	1.8632	8.55	< 2e-16
I(kyori^2)	0.1408	0.0178	7.91	6.90E-15

最もありそうな推定値　　母回帰係数が0であるという帰無仮説のもとでの*p*値

▶スライド 14-18

　重回帰でもそれぞれの説明変数に対して、係数と対応する t 値、p 値を計算できますので、統計ソフトで計算した結果をまとめるとスライドのような表が作れます。その上で、各項の、説明変数が必要かどうかを判断していくのです。

　p 値の列に e の何とか乗とあるのは、10 のマイナス何乗という意味なので、p 値が非常に小さな値では、帰無仮説「係数が 0」が棄却されてその係数が残り、説明変数として必要だと判断します。

▶スライド 14-19

　次に、回帰のあてはまりのよさについて考えてみます。評価指標としては、決定係数あるいは寄与率と呼ばれるものが代表的です。定義としては、もともとのデータの変動のうち、回帰式で説明できる変動の割合になります。残差が小さくなる方が説明力、すなわち

スライド 14-19

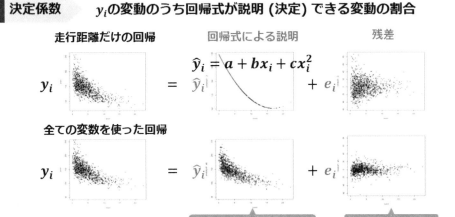

決定係数

回帰のあてはまりのよさは決定係数 (寄与率) で評価する

決定係数　　y_iの変動のうち回帰式が説明 (決定) できる変動の割合

走行距離だけの回帰　　　　　回帰式による説明　　　　残差

$$\widehat{y}_i = a + bx_i + cx_i^2$$

y_i　　　　　=　　　$\widehat{y}_i$　　　　　+　　e_i

全ての変数を使った回帰

y_i　　　　　=　　　$\widehat{y}_i$　　　　　+　　e_i

こっちの回帰のほうが説明力 (決定力) が高そう

残差も小さい

スライド 14-20

決定係数

決定係数：y_i の変動のうち回帰式が説明できる変動の割合

y_iの変動は以下のように分解できる

$$\sum_{i=1}^{n}(y_i - \overline{y})^2 = \sum_{i=1}^{n}(\widehat{y}_i - \overline{y})^2 + \sum_{i=1}^{n}(y_i - \widehat{y}_i)^2$$

変動を $n-1$ (or n)で割って分散としても同様の議論ができる

y_i の変動　　　回帰式の予測 $\widehat{y}_i$ が　　残差の平方和
　　　　　　　　　　説明できる変動　　$\sum_{i=1}^{n}e_i^2$

決定係数 (寄与率)

全体のばらつき (変動)：$\sum_{i=1}^{n}(y_i - \overline{y})^2$

$$\eta^2 = \frac{\sum_{i=1}^{n}(\widehat{y}_i - \overline{y})^2}{\sum_{i=1}^{n}(y_i - \overline{y})^2} = 1 - \frac{\sum_{i=1}^{n}e_i^2}{\sum_{i=1}^{n}(y_i - \overline{y})^2}$$

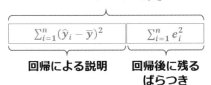

決定係数は 0~1 の値を取る

回帰による説明　　回帰後に残るばらつき

決定力が高いと考えるのです。スライドの図を見てもらった方がイメージしやすいかもしれませんが、実際のデータの変動は回帰式で説明できる部分と残った残差に分解できて、全体から残差を引いた変動の、変動全体に対する割合が寄与率にあたります。

▶ スライド 14-20

　数式で説明すると図のような形になります。定義は、先ほども言ったとおり、実際のデータの変動のうち、回帰式が説明できる変動の割合なのですが、ポイントは、y_i の変動は回帰式が予測する $\hat{y}_i$ の変動と残差の平方和に分解できる点です。第 12 回の分散分析の変動の分解と似ていますね。

　ちなみに、この決定係数は η^2 や大文字の R^2 で表現されることが多いですが、先ほどの分解式を展開していくとスライド左下のように定義されます。解釈すると、1 から残差の全体の変動に対する割合を引いたものですね。この結果、決定係数は 0 から 1 の値を取り、1 に近ければ近いほど回帰式の寄与率が高く、決定係数が高いということになります。

▶ スライド 14-21

　丁寧に数式を展開していくとこのスライドのように数学的に証明できるので、腕に自信がある方は一度試してみてください。ただ、ほとんどの皆さんは回帰式の変動と残差の平方和に分解できるという結果のイメージを覚えてもらうだけで十分です。

　式の展開について簡単に追いかけておきましょう。全体の変動は標本平均からの差の

スライド 14-21

y_i の変動の分解（単回帰の場合）

$$\sum_i (y_i - \bar{y})^2 = \sum_i \{(\hat{y}_i - \bar{y}) + (y_i - \hat{y}_i)\}^2$$

$$= \sum_i (\hat{y}_i - \bar{y})^2 + \sum_i (y_i - \hat{y}_i)^2 + 2\boxed{\sum_i (\hat{y}_i - \bar{y})(y_i - \hat{y}_i)}$$

（第3項）/2 $= \sum_i \{\bar{y} + b(x_i - \bar{x}) - \bar{y}\}\{y_i - \bar{y} - b(x_i - \bar{x})\}$ 　　$\hat{y}_i = a + bx_i$
$= \bar{y} + b(x_i - \bar{x})$

$$= b \sum_i (x_i - \bar{x})\{(y_i - \bar{y}) - b(x_i - \bar{x})\}$$

$a = \bar{y} - b\bar{x}$

$$= b \sum_i (x_i - \bar{x})(y_i - \bar{y}) - b^2 \sum_i (x_i - \bar{x})^2$$

$$= (n-1)\left\{\frac{S_{xy}}{S_{xx}} \cdot S_{xy} - \left(\frac{S_{xy}}{S_{xx}}\right)^2 \cdot S_{xx}\right\}$$
　　$b = \dfrac{S_{xy}}{S_{xx}}$

$$= 0$$

2 乗和です。右側では y_i と $\bar{y}$ の引き算の間に $\hat{y}_i$ をはさんで 2 つに分解しています。ここから括弧でまとめて展開すると、3 つの項に分かれます。第 3 項は、前半の最小二乗法のところで出てきた $a=\bar{y}-b\bar{x}$ と $b=S_{xy}/S_{xx}$ をここでも使って代入することで、最終的に 0 になると分かります。従って、前の 2 項が残って回帰式で表現できる変動と残差の平方和の合計であると分かります。

▶ スライド 14-22

　決定係数の見方については先ほど触れたとおり、1 に近いほど説明力が高く、逆に 0 に近い値になってくると、回帰式では十分に説明できていない、と判断します。また、決定係数は前回出てきた相関係数の 2 乗に等しくなるということが知られていて、先ほど言ったように R^2 で表現されることも多いです。

▶ スライド 14-23

　参考までに証明もつけていますが、かなり難度が高いので多くの方は飛ばしていただいて結構です。ここも結果として決定係数が相関係数の 2 乗と等しいということだけ頭の片隅に入れておいてください。

▶ スライド 14-24

　実際に中古車の例で決定係数を計算してみると、走行距離だけでは 2 乗の項を入れても 0.4845 止まりですが、全ての変数を使った回帰では 0.878 と、ずっと大きな値になります。

スライド 14-22

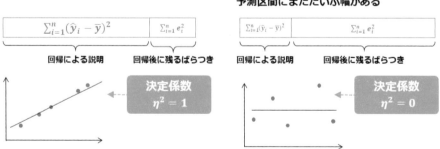

スライド 14-23

決定係数＝相関係数の２乗

決定係数:　$\eta^2 = \dfrac{S_{\hat{y}\hat{y}}}{S_{yy}} \underset{①}{=} \dfrac{r_{xy}^2 S_{yy}}{S_{yy}} = r_{xy}^2 \underset{②}{=} r_{y\hat{y}}^2$

$n-1$でもOK

$$\bar{\hat{y}} = \frac{1}{n}\sum_i \hat{y}_i = \frac{1}{n}\sum_i \{\bar{y} + b(x_i - \bar{x})\} = \bar{y}$$

①:　$S_{\hat{y}\hat{y}} = \dfrac{1}{n}\sum_i (\hat{y}_i - \bar{\hat{y}})^2 = \dfrac{1}{n}\sum_i (\hat{y}_i - \bar{y})^2 = b^2 \dfrac{1}{n}\sum_i (x_i - \bar{x})^2$

$$= \left(\frac{S_{xy}}{S_{xx}}\right)^2 \cdot S_{xx} = \left(\underbrace{\frac{S_{xy}}{\sqrt{S_{xx}}\sqrt{S_{yy}}}}_{r_{xy}}\right)^2 \cdot S_{yy} = r_{xy}^2 S_{yy}$$

②:　$r_{y\hat{y}} = \dfrac{S_{y\hat{y}}}{\sqrt{S_{yy}}\sqrt{S_{\hat{y}\hat{y}}}} = \dfrac{bS_{xy}}{\sqrt{S_{yy}}\sqrt{b^2}\sqrt{S_{xx}}} = \dfrac{S_{xy}}{\sqrt{S_{yy}}\sqrt{S_{xx}}} \cdot \mathrm{sgn}(b)$

$$= \frac{S_{xy}}{\sqrt{S_{yy}}\sqrt{S_{xx}}} \cdot \mathrm{sgn}(S_{xy}) = |r_{xy}|$$

スライド 14-24

決定係数の見方

決定係数:　y_iの変動のうち回帰式が説明できる変動の割合

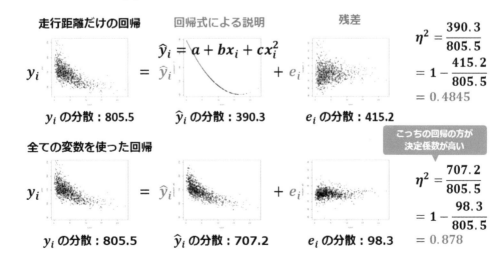

▶スライド 14-25

　また、決定係数が高いほうが予測区間を狭くできます。当たり前といえば当たり前ですが、予測区間は残差のばらつきの大きさに左右されます。走行距離だけの回帰のときの残

スライド 14-25

決定係数と予測区間

決定係数が高い方が予測区間を狭くできる

| 問 | 「走行距離が3万kmのプリウスはいくらぐらいですか？」 |

| 走行距離による回帰 | ・「(売られている車の95%が) 113〜193万円」 |

| 全変数による回帰 | ・「22年式で、すごくきれいなシルバーで、グレードLのセレクション無し、車検は残っていなく、ナビもサンルーフも革も要らないなら、(売られている車の95%が) 113〜153万円」 |

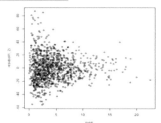

走行距離だけの回帰の残差

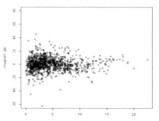

全ての変数による回帰の残差

スライド 14-26

自由度調整済決定係数

説明変数の個数の異なるモデル比較には使用できない

説明変数が増えるほど $\hat{y}_i$ （つまりは e_i）の分散を計算する自由度が減少
（決定係数が大きくなる）

p 個の説明変数の場合

| 重回帰式 | $\hat{y}_i = a + b_1 x_1 + b_2 x_2 + \cdots + b_p x_p$ |

| 決定係数 | $R^2 = 1 - \dfrac{\sum_{i=1}^{n} e_i^2}{\sum_{i=1}^{n}(y_i - \bar{y})^2} = 1 - \dfrac{\frac{\sum_{i=1}^{n} e_i^2}{n-1}}{\frac{\sum_{i=1}^{n}(y_i - \bar{y})^2}{n-1}}$ |

自由度調整済決定係数

$$adj.\,R^2 = 1 - \frac{\frac{\sum_{i=1}^{n} e_i^2}{n-1-p}}{\frac{\sum_{i=1}^{n}(y_i - \bar{y})^2}{n-1}} = 1 - (1 - R^2)\frac{n-1}{n-p-1}$$

差に比べたら、全変数を使ったときの方が残差が小さくなり、決定係数が大きいので、言い換えると少なくともこの標本に関しては、予測区間はぐっと狭く、より精度の高い予測ができているということです。走行距離が 3 万キロのプリウスは、走行距離による回帰では売られている車の 95% が 113〜193 万円の間にあると予測できるのに対し、22 年式ですごくきれいなシルバーで、グレード L のセレクション無し、車検は残っていなくて、カーナビもサンルーフも革も要らないなら、売れている車の 95% が 113〜153 万円の間にある、とより狭い範囲で予測できるということです。

▶ スライド 14-26

　説明変数が増えるほど決定係数が大きくなるので、どんどん増やせばいいと考えてしまいますが、分散を計算する自由度が減少することを間引いて考える必要があり、自由度調整済み決定係数という考え方をする必要が出てきます。例えば、p 個の説明変数を使用するような回帰を考えたとき、普通の決定係数の定義の中で、ある種ペナルティーとして − p を入れた形で決定係数を評価します。こうすることで、影響が小さい説明変数の追加ではかえって決定係数が下げる要因となり、適切な説明変数の選択につながるのです。

▶ ロジスティック回帰

▶ スライド 14-27

　それでは、いよいよ最後のロジスティック回帰に入りましょう

スライド 14-27

目次

二変量の関係

相関
- Pearsonの相関係数
- 相関係数の有意性検定
- 順位相関係数
- 相関関係と因果関係

回帰
- 単回帰分析，重回帰分析
- 質的な説明変数とダミー変数
- 回帰係数の検定
- **ロジスティック回帰**

ロジスティック回帰

ロジスティック回帰　　質的変数 (名義尺度) を説明するモデル

- 走行距離 (量的変数) や車体色 (質的変数) をつかって
  その車が売れるかどうか (質的変数) を説明する
- より正しくは売れる「確率」([0, 1]の値)

> 被説明変数 (従属変数)が
> 質的**変数**

(重) 回帰分析　　　量的変数を説明するモデル

- 走行距離 (量的変数) や車体色 (質的変数) をつかって
  価格 (量的変数) を説明する

> 被説明変数 (従属変数)が
> 量的**変数**

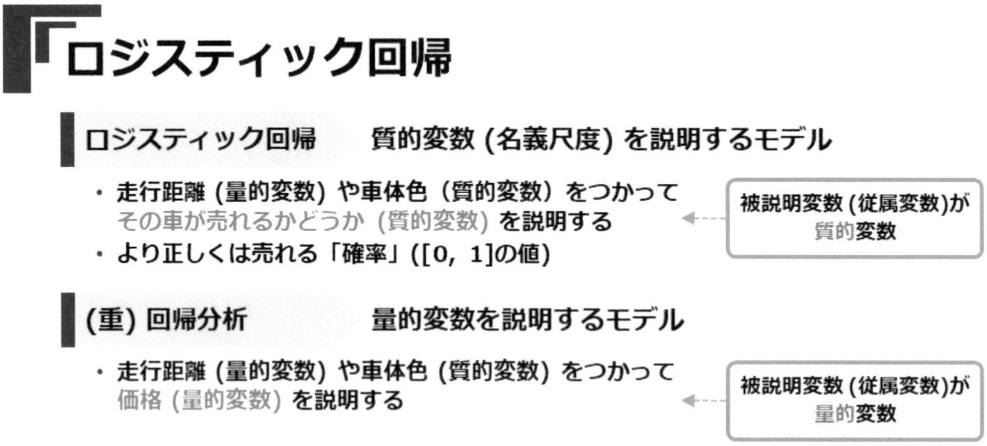

▶ スライド 14-28

　このロジスティック回帰というのは、質的変数を説明するようなモデルになっています。先ほど説明変数が質的な変数である例が出てきましたが、被説明変数は量的変数だったので重回帰分析の中にダミー変数を入れました。今回は、目的となる被説明変数が質的な場合になります。

▶ スライド 14-29

　ロジスティック回帰の考え方は非常にシンプルで、シグモイド関数と言われる、プロットすると図のようにS字になる関数を使います。横軸 x は±任意の実数値を取り得ますが、その結果出てくる縦軸の値は0から1の間に限定されるものです。この0から1におさまる性質を使って、その結果を確率と見なすことができるという関数になります。被説明変数は、例えば、死ぬ＝1・死なない＝0や、合格＝1・不合格＝0のような実現値をもつものを、回帰式によって0から1の確率で予測するイメージになります。

　先ほどまで考えてきた回帰では、例えば $y=a+b_1×x_1$ でしたが、この $a+b_1×x_1$ をそのまま予測値にするのではなくて、$a+b_1×x_1$ をこのシグモイド関数の σ の x に入れる点が異なります。その結果、導かれた y を回帰の出力とするので、0から1の間の値を取ります。

　さらにこの関数を使うとスライドの一番下のように、対数オッズをとると、通常の回帰の式になっているというのも重要です。

スライド 14-29

ロジスティック回帰

シグモイド関数を用いて確率に変換する

（標準）シグモイド関数

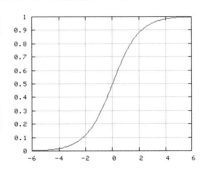

- $\sigma(x) = \frac{1}{1+e^{-x}}$
- 0 と 1 の間の値をとる
  - 確率としてみることができる

ロジスティック回帰

- $y = \sigma(a + b_1 x_1)$
  - 参考：通常の回帰　$y = a + b_1 x_1$
- 対数オッズが通常の回帰モデルになっている
  - $\log \frac{y}{1-y} = a + b_1 x_1$

スライド 14-30

＜補足＞対数オッズが回帰式

$$y = \frac{1}{1 + e^{-(a_1 x_1 + a_2 x_2 + \cdots + a_n x_n + b)}}$$

$$1 - y = \frac{e^{-(a_1 x_1 + a_2 x_2 + \cdots + a_n x_n + b)}}{1 + e^{-(a_1 x_1 + a_2 x_2 + \cdots + a_n x_n + b)}}$$

$$\frac{y}{1-y} = e^{(a_1 x_1 + a_2 x_2 + \cdots + a_n x_n + b)}$$

両辺の対数を取ると

$$\log\left(\frac{y}{1-y}\right) = a_1 x_1 + a_2 x_2 + \cdots + a_n x_n + b$$

▶スライド 14-30

　最後の対数オッズのところを確認してみましょう。ここでは p が先ほどの y にあたります。1 から p を引いたものは 2 行目ですね。オッズを取ると両方の分母が同じなので打ち消し合って、1−p の分子はマイナスを取ることで分母から分子に移って、3 行目のようになります。あとは対数の定義通り最終行のようになり、通常の回帰式になることが分かりますね。

スライド 14-31

重回帰（多変量回帰）の役割

複数の変数をコントロールした分析 　　**交絡因子について考慮できる**

- 交絡＝観測値において，ある要因の効果が他の要因の効果と混ざって分離できない状態
- 回帰係数＝0かどうかの検定により、有意な説明変数かどうかを判断
- ロジスティック回帰の場合、係数はオッズ比としての意味を持つ

予測モデルの作成 　　**機械学習につながる**

- サンプル数の1/10程度を上限とする説明変数が妥当とされる
- 赤池情報量規準(AIC)に基づくstepwise法が使われたりする

▶ スライド 14-31

　ここまで考えてきた、ロジスティック回帰も含めた重回帰の役割は、1つは複数の変数を制御しながら分析して、交絡因子について考慮できる点です。説明変数をいろいろ制御しながら回帰係数の検定も加えると、その変数が本当に有意な説明変数なのかどうかを判断することができます。また、ロジスティック回帰の場合、係数はオッズ比としての意味を持っているので解釈につなげることができる点も重要なところです。

　それから、予測モデルの作成ができるというポイントも重要です。未知のデータに対して「これはこのようになるだろう」というのを予測したいというのが多くの場合の目的になります。まさに AI などに代表される機械学習の考え方につながるもので、実際に機械学習でもよく使われています。

　モデルの作成時には、サンプル数に比べて 1/10 ぐらいの説明変数が妥当とされることも多いです。それよりも説明変数が増えると、自由度調整済み決定係数が低下したりするなどの問題点があるのと、後で出てくる過剰適合という問題もあるからです。なお、1/10 というのはあくまで目安で、絶対的な数字ではありません。

　具体的には、説明変数がどれだけ必要かを決めるときには赤池弘次先生が考えられた情報量規準、Akaike's Information Criterion：AIC 等に基づいて変数を1つずつ増減させる stepwise 法なども使われます。実際に皆さんが研究などで使っていくようになると、必要になってくるので、そのときに改めて勉強してください。

スライド 14-32

回帰から機械学習へ

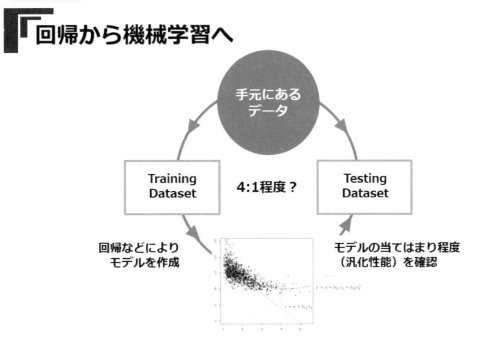

▶ スライド 14-32

　この図は、回帰から機械学習へと発展していくイメージを模式化しています。まず、手元にあるデータを 4：1 等に分割し、大きい方を訓練用の Training Dataset として位置づけて重回帰などを使ってモデルを作成します。次に、モデルの検証として、残った小さい方のデータセットを Testing Dataset として使って、モデルの当てはまりの程度、汎化性能を確認するのです。トレーニングで使っていないデータに対してどれだけ性能が出るのかということで、「汎化性能」と言われます。機械学習ではこれを何度も、それこそ機械的に繰り返して、自動的により良いモデルを作っていくのです。回帰は、そのベースになっている技術の 1 つなのですね。

スライド 14-33

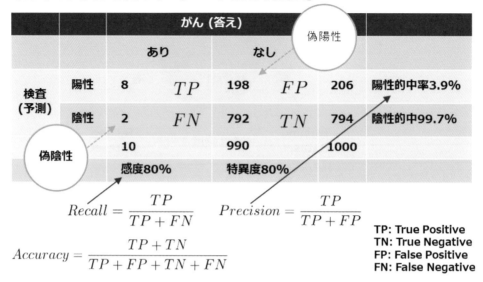

▶スライド 14-33

　機械学習の結果は、ロジスティック回帰を使った分類問題では混同行列と言われるもので示します。この講義で何回も出てきていた二元分割表と同じですが、用語が少し異なります。例えば、検査の結果は回帰の結果の予測にあたるのですが、この予測値が、陽性か陰性かを縦に、一方の真の答えである、実際にがんのある・なしを横に並べて、表を作成します。

　検査の結果陽性で、がんも実際にあった場合は True Positive、混合行列でも同じように予測が当たった場合は True Positive となります。検査の結果や予測の結果、陰性で実際にがんもない場合も、真に正しく陰性だとなり True Negative で混合行列でも同じです。一方、検査結果や予測は陽性なのだけれども実際にはがんではなかった、偽陽性は False Positive ですし、逆に偽陰性は False Negative ですね。この統計入門の中では第 4 回の e-learning 教材で、がんがある人をしっかり検査で陽性と見つけられることを感度と言うと触れましたが、True Positive /（True Positive ＋ False Negative）で計算されるもので、機械学習の結果の混合行列では Recall という用語が当てはまります。また、陽性的中率と説明したものは、True Positive /（True Positive ＋ False Positive）で、機械学習では Precision と呼びます。また、機械学習では（True Positive ＋ True Negative）/ 全体を Accuracy と呼んで評価しますが、いわゆる古典的な統計学ではこの指標はあまり使いません。このように機械学習では、評価する尺度や呼び名が少し異なりますが、我々が学んできた統計ともかなり重なるのだということを知っておいてください。

スライド 14-34

モデルの複雑さと汎化性能

汎化性能にはピークがある

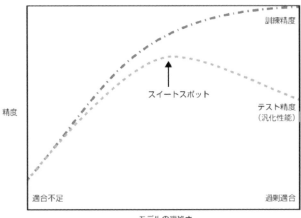

図2-1 モデルの複雑さと訓練精度とテスト精度
A.C.Muller,S.Guido 著、"Pythonではじめる機械学習"、オライリージャパン（2017）より引用

▶スライド 14-34

　機械学習絡みでもう少し補足します。機械学習にもつながる回帰モデルの複雑さを上げていくと、決定係数が上がって予測性能はどんどん良くなります。しかし、あまりにも複雑さを上げ過ぎると、その訓練データに特化したモデルになってしまって、他のデータで使ったときの汎化性能は悪くなってしまうことが指摘されています。ある適当な、スイートスポットと呼ばれる適切な複雑さというのがある、ということを頭の片隅に置いておいてください。

スライド 14-35

「（再掲）p 値について

アメリカ統計学会の声明（2016）： p値の誤用について

http://amstat.tandfonline.com/doi/abs/10.1080/00031305.2016.1154108
（京都大学からは電子ジャーナルでダウンロード可能． p.131-132が声明． ）

- ・ p値は何を意味するか
- ・ **p < 0.05 で機械的に意思決定するのは poor decision making**
- ・ **p-hackingの話題**
  など，6点の指針が示されている

非常に大きな反響 --- 統計的検定は様々な意思決定で使われている

- ・ The issues touched on here affect not only research, but research funding, journal practices, career advancement, scientific education, public policy, journalism, and law.

約1ページの内容なので，ぜひ読んでみてください．

▶ スライド 14-35

　それでは、統計入門最後のスライドになります。この講義で何度も出てきた p 値ですが、皆さんも自分で解析をするようになると、とにかく 0.05 を下回る p 値が欲しくなります。卒業がかかってくるとなおさらです。でも、もう一度、p 値が何を意味するのかを振り返ってみてほしいのです。2016 年にアメリカ統計学会の声明が発表され、京都大学では電子ジャーナルで閲覧できます。そこでは p 値が何を意味するのか、0.05 未満で機械的に意思決定することの問題点、0.05 未満の p 値を求めて何度も検定したり、自分に都合の良い検定方法を使ったりすることなどの問題点が指摘されています。

　これは世界的にも大きな反響を呼びました。

　非常に短い英語で読みやすいですので、この講義の締めくくりとして、ぜひ一度読んでみられることをおすすめします。

　それでは、これで統計入門の全講義を終了します。4 ヶ月間本当にお疲れさまでした。

あとがき

京都大学　データ科学イノベーション教育研究センター
田村　寛

　本プロジェクトのとりまとめを担当させていただきました。特に指名された訳ではないのですが、データ科学イノベーション教育研究センター（CIREDS）立ち上げから残る稀少メンバーであることから、教科書を作らなければならない理由も逆になかなか進まない理由も知っている、というのが担当の経緯と言えるかも知れません。

　自分が深く関わるなら、話し言葉の教科書にしたいという野望を持っていました。振り返れば、自分自身が学生だったころに、苦手科目ほど有名予備校講師の講義を話し言葉でまとめたシリーズに頼っていたことも大きいかと思います。

　その後に聞きかじった教育の歴史の文脈で、教育での言語と日常での言語との乖離や統一化の難しさについて知ったことに加えて、自身の留学生活での苦労も思い出し、我々が日本語で世界一流のことを学べる素晴らしさを再認識しました。そんなこんなで、やはり慣れ親しんだ話し言葉で学べるようにしたいというのが大きな動機でした。

　自身が統計の本当の意味での専門家ではないうえに、話し言葉での定義の難しさもあり、内容には課題も残ったかと思います。また、執筆中に「統計入門」は政府が進める「数理・データサイエンス・AI」認定プログラムに含まれました。それに伴って、シラバスの改訂も行ったのですが、本書の中では十分に反映できずに終わっています。対応策の一部として、新型コロナ対応で進んだ「メディア授業」としての動画コンテンツでの補完などの工夫もしたのですが、特例が終わった「メディア授業」としての今後の発展・収束では模索も続いています。さらに、締め切りもある中で、調整しきれない点も多く、内容としては古い年度の講義を反映させたものにとどめざるを得なくなった心残りもあります。

　このように完璧とは言い難い完成度ですが、それでも本書が少しでも誰かの役に立つと信じるとともに、残った課題も含めて改善する機会が来ることを願いつつ、現代図書のみなさまの大きな支援もあり、なんとか脱稿に至ることができました。

　最後に、「統計入門」の開発や発展に貢献された多くの先生方への感謝とともに、貴重なご助言をくださった酒井博之先生、また各種方面にわたって多大な支援をしてくださった寺川雅さん、小見山由紀子さん、塩見香保里さんにもこの場をお借りして、深くお礼を申し上げます。

令和 5 年 1 月

著者紹介

京都大学　国際高等教育院附属
データ科学イノベーション教育研究センター

構成メンバー

山本　章博

林　和則

田村　寛

原　尚幸

瀧川　一学

FLANAGAN Brendan John

植嶋　大晃

岡本　雅子

構成メンバーの詳細は
ホームページを参照ください

https://ds.k.kyoto-u.ac.jp/introduction/member/

- 本書のスライドで使用したソフトウェア画面例は、JMP® Pro 16 を用いています。
- 本書のスライドで使用した Excel は、Microsoft Corporation の米国及びその他の国における商標または登録商標です。
- 統計検定®は一般財団法人統計質保証推進協会の登録商標です。本書籍の内容について、一般財団法人統計質保証推進協会は関与しておりません。

講義実録 統計入門

2023 年 3 月 31 日　初版第 1 刷発行

著　者　京都大学　データ科学イノベーション教育研究センター
発行者　池田　廣子
発行所　**株式会社現代図書**
　　　　〒 252-0333　神奈川県相模原市南区東大沼 2-21-4
　　　　TEL　042-765-6462　　　　FAX　042-765-6465
　　　　振替　00200-4-5262
　　　　https://www.gendaitosho.co.jp/
発売元　**株式会社星雲社**（共同出版社・流通責任出版社）
　　　　〒 112-0005　東京都文京区水道 1-3-30
　　　　TEL　03-3868-3275　　　　FAX　03-3868-6588
印刷・製本　**株式会社丸井工文社**